KB249443

PERFECT GUIDE

기계시리즈 2

열역학

김정배 지음

머리말

열역학은 공업계 고등학교에서 기계계열 대학교에서 중요한 전공필수 교과로 이수했으리라 본다. 본 수험서는 국가기술자격시험 및 공무원, 철도청, 회사공채, 편입시험에 필수적인 기계계열의 중요한 과목이다.

본 서는 십여 년간의 강의 경험과 현장실무를 바탕으로 시험에 응시했던 수험생들의 의견을 모아 그 동안 시행하지 못했던 On-line 및 Off-line 강의를 이 교재를 통해서 할 수 있게 되어, 인터넷을 통하여 강의를 들을 수 있도록 하였다.

본 교재는 수험생이 알아야 할 중요한 내용을 요약·정리하였고, 예상문제 및 기출문제를 엄선하여 수록했으며 쉽고 자세한 해설을 넣었다.

질의·응답 및 동영상 강의 사이트
www.khanyang.com

[본 수험서의 특징]

- 국가기술자격시험 및 공무원, 철도청, 회사공채, 편입시험을 단기간에 완성할 수 있도록 하였다.
- 각 단원별로 요약정리 및 예상문제를 엄선하여 수록하고, 쉽고 자세한 해설을 넣어 학습자 스스로가 문제를 해결할 수 있도록 하였다.
- 최근 출제문제 및 예상문제를 넣어 학습한 내용을 확인하고 스스로 평가할 수 있도록 하였다.
- On-line과 Off-line 강의를 동시에 실시하므로 학습효과가 뛰어나다.

본 교재를 충분히 공부하여 공무원, 철도청, 회사공채, 편입, 국가기술자격시험에 합격되시기를 기원하며 차후 변형되는 출제경향 및 기출문제 등을 수록하여 보완해 나갈 것이며, 본서를 출간함에 있어 도움을 주신 도서출판 세진사 직원 여러분에게 진심으로 감사를 드립니다.

저 자

차례

제1편. 열역학

제1장 열역학에 대한 개념 및 정의

제2장 열에너지와 기계에너지

제3장 이상기체와 열적 상태량 관계

제4장 열역학 제2법칙(자연현상 법칙)

제5장 압축기

제6장 증기(실제기체)

제7장 증기동력 사이클

제8장 가스동력 사이클

제9장 냉동사이클

제10장 열·유체 흐름

제11장 연 소

제2편. 부록

열역학

제1장. 열역학에 대한 개념 및 정의

1-1 열역학의 정의

열역학이란 어떤 물질이 발생하는 열(heat) 또는 태양열과 같은 에너지와 인간생활에 필요로 하는 기계에너지와 변화관계를 밝히는 학문으로서 이론과 실제에 따라 밝혀야 하는 경험(자연의 현상)을 열기관, 냉동기, 공기조화, 자동차 공학에 적용해야 할 의무가 있다. 적용하는 방법으로서는 열적 상태량인 압력과 체적 및 온도와의 관계를 밝히는 것이 가장 중요하다고 볼 수 있으며 본서에서는 기계열역학을 중점적으로 다루기로 한다.

1-2 계와 동작물질

1. 계(system)의 정의

구성하고 있는 물질의 영역으로서 경계(boundary) 내에 존재한 모든 상태를 계라 한다. 계를 구분할 때는 에너지 발생근원을 밝히기 위하여 밀폐계와 개방계로 구분한다.

1) **밀폐계**(closed system) : **비유동계**

계를 통하여 질량체는 이동이 없으나 체적변화에 따라 에너지 변환이 이루어진다. 즉, 내연기관의 피스톤 운동을 생각하면 되고, 에너지가 체적의 함수란 것을 기억해야 한다.

2) **개방계**(open system) : **정상유동계**

질량체가 계를 통한 유동이 있고 압력변화에 따른 에너지의 변환이 밝혀진다. 즉, 펌프나 수차를 예로 들 수 있고, 에너지가 압력의 함수란 것을 기억해야 한다.

3) **단열시스템**(adiabatic system)

계가 열을 이동시킬 수 없을 경우를 가정한 이상적인 계를 말하며 여기서도 열을 제외한 일 즉, 기계에너지는 발생시킬 수 있다. 따라서 열량 $\delta Q = 0$인 계를 의미한다.

4) **고립계**(isolated system)

계의 경계를 통하여 물질이나 에너지 전달이 없는 계를 말한다.

2. 작동물질(동작물질)의 정의

에너지를 발생시킬 수 있는 모든 물질을 작동물질이라 하며 에너지를 저장 또는 운반할 수 있어야 한다. 그러기 위해서는 어떤 온도나 압력변화에 따라 상(phase) 변화가 쉽게 발생되어야 한다.

1-3 성질 및 상태량

1. 성 질

1) **강도성 성질**

질량 및 체적에 관계없이 일정한 값으로 압력 및 온도, 비체적과 같이 분수로 이루어진 것은 강도성 성질이다.

2) **종량성(용량성) 성질**

질량 및 체적에 비례하는 것을 의미한다. 예로서 엔탈피, 체적, 질량 등이 있다.

2. 열적 상태량

성질 중에서 서로 상관관계를 갖고 있는 특성으로서 함수로 보면 점함수(point function)로 나타낼 수 있는 것을 말한다.

• 점함수 미분기호의 예

$$\Delta T = \int_{t_1}^{t_2} dT = t_2 - t_1, \qquad \Delta P = \int_{P_1}^{P_2} dP = P_2 - P_1$$

등과 같은 점함수를 상태량 또는 성질이라 한다.

• 경로함수(path function) 미분기호의 예

$$\text{일(work)} : \ {}_1W_2 = \int_1^2 \delta W$$

$$\text{일}(Q) : \ {}_1Q_2 = \int_1^2 \delta Q$$

위에서 보는 바와 같이 일과 이동열량은 경로함수로서 과정에 의존하므로 성질(상태량)이라 할 수 없다.

1) **밀도**(density)

단위 체적당 질량을 밀도라 하고 표기는 ρ로 한다.

$$\rho = \frac{M}{V}[\text{kg/m}^3]$$

M : 질량
V : 체적

물의 밀도 $\rho_w = 1{,}000[\text{kg/m}^3]$

2) **비중량**(specific weight)

단위 체적당 중량을 비중량이라 하고 표기는 r로 한다.

$$r = \frac{G}{V} = \frac{M}{V} \cdot g = \rho \cdot g[\text{N/m}^3]$$

물의 비중량 : $r_w = 9{,}800[\text{N/m}^3]$

3) **비체적**

단위 kg당 체적으로서 표기는 v로 한다.

$$v = \frac{V}{\text{kg}} = \frac{1}{\rho}\left(= \frac{1}{r}\right)[\text{m}^3/\text{kg}]$$

4) **압 력**

① 대기압

㉠ 표준대기압(물리학 기압) : 해수면을 기준으로 측정한 평균값

1기압 = 1[atm] = 760[mmHg] = 101325[Pa]
= 1.01325[bar] = 1013.25[hPa]
∴ 1[bar] = 10^3[hPa] = 10^5[Pa]

㉡ 공학기압 : 물(Aqua) 10[m]의 깊이에 해당하는 압력을 1기압이라 한다.

1기압 = 98[kPa] = 10[mAq] = 10[mH_2O] = 1[kg/cm^2]

② 게이지(gage) 압력

대기압을 기준으로 비교하여 측정한 압력을 게이지 압력이라 한다.

㉠ 진공압 : 대기압보다 적은 음의 값

㉡ 게이지압 : 대기압보다 큰 양의 값

③ 절대압력

완전진공 기준으로 측정한 실제압력을 말한다.

절대압 = 대기압 − 진공압력 = 대기압 + 게이지 압력

- 진공도 : 대기압에 대한 진공압을 %로 나타낸 값

$$진공도 = \frac{진공압}{대기압} \times 100[\%]$$

개념예제

1. 진공도 90[%]이면 절대압력은 몇 [hPa]인가?

Sol) 절대압은 대기압의 10[%]이므로 1,013.25[hPa]×0.1=101.325[hPa]

5) 온도(temperature)

① 섭씨온도(celsius temperature) : t[℃]

빙점 0[℃]에서 비등점 100[℃]를 100등분한 값

② 화씨온도(fahrenheit temperature) : t[°F]

빙점 32[°F]에서 비등점 212[°F]를 180등분한 값

$$섭씨와\ 화씨의\ 환산값 : t[°F] = 32 + \frac{180}{100}t[℃] = \frac{9}{5}t[℃] + 32$$

③ 랭킨온도(Rankine)

$$R = t[°F] + 460$$

④ 절대온도(Kelvin)

실제온도를 나타내는 값으로 절대온도 환산값은 $K = t[℃] + 273.13$으로 나타내며 문제에 적용되는 온도이다.

1-4 단 위

국제단위는 SI단위로서 질량[M], 길이[L], 시간[T], 몰[mole]로 구성된다.

1. 힘

Newton의 운동방정식 $F = M \cdot a = M\frac{dv}{dt}$ 에서

① 1[N] = 1[kg·m/s^2] = 10^5[dyne] (1[dyne] = 1[g·cm/s^2])

② 1[kg중] = 1[kg·g] = 1[kg] × 9.8[m/s^2] = 9.8[N]를 무게 1[kg]이라고 읽는다.

2. 에너지(Joule)

에너지는 힘과 거리의 상승적을 나타내며 단위는 다음과 같다.

1[J] = 1[N·m] = 1[kg·m^2/s^2] = 10^7[erg] (1[erg] = 1[dyne · cm])

3. 동력(일률) : 공률

단위시간당 행한 에너지(일)로서 Watt로 표기한다.

1) **와트**

1[Watt] = 1[W] = 1[J/s]

1[kW] = 1,000[N·m/s] = 102[kg·m/s] = 860[kcal/h]

1[kW] = 10^3[J/s] = 1[kJ/s]

2) **마력**

1[Ps] = 735[W] = 0.735[kW] = 0.735[kJ/s]

= 75[kg·m/s] = 632.3[kcal/h]

1-5 과정과 사이클

1. 과정(process)

한 점에서 다른 상태로 변하며 진행되는 상태이다.

1) **가역과정**(reversible process)

진행되는 상태에서 열적, 역학적, 화학적으로 평형이 유지되며 마찰과 손실을 수반하지 않는 과정으로 실제 상태와는 맞지 않는 극히 이론에 국한된 과정이다.

2) **비가역과정**(irreversible process)

자연의 현상은 실제로서 가역이 존재할 수 없으며 얼마만큼 손실이 생겼는지도 모르게 마찰과 손실을 수반하는 과정을 비가역과정이라 한다.

① 등적과정 : 진행 중에 체적변화가 없는 과정으로 $dv=0$인 과정

② 등압과정 : 진행 중에 압력이 변하지 않는 과정으로 $dp=0$인 과정

③ 등온과정 : 진행 중에 온도변화가 없는 과정으로

$T=C,\ PV=C,\ dT=0,\ d(pv)=Pdv+vdp=0$인 과정

④ 단열과정 : δQ가 0인 과정으로 열출입이 없는 과정

2. 사이클(cycle)

1) **가역사이클**(reversible cycle) : 가역으로 이루어진 사이클이다.

2) **비가역사이클** : 실제 사이클로서 마찰과 손실을 수반한 비가역 과정으로 이루어진 사이클이다.

1-6 특성 및 열량 열효율

1. 비열(specific heat)

비열은 C로 표시하며 단위 [kg]을 단위온도 (dt) 상승시키는데 필요한 미소열량(δQ)을 비열이라 하며 다음과 같이 나타낸다.

$$C=\frac{\delta Q}{\text{kg}\cdot dt}\,[\text{J/kg}\cdot\text{k}]$$

2. 열량

단위로서는 J, kcal, B.T.U, C.H.U가 있으나 국제단위인 J 및 kJ을 사용한다. 식으로서는 $\delta Q=M\cdot C\cdot dt$[J]이다.

1) **비열 C가 상수일 때**

$${}_1Q_2=M\cdot C\cdot(t_2-t_1)\,[\text{kJ 또는 J}]$$

2) **비열 C가 온도의 함수일 때** : $C=f(t)$

$${}_1Q_2=MC_m(t_2-t_1)=\int_{t_1}^{t_2}M\cdot C\cdot dt$$

여기서 평균비열 C_m은 다음과 같이 구할 수 있다.

$$C_m = \frac{1}{t_2 - t_1}\int_{t_1}^{t_2} C dt$$

3) **열효율**(thermal efficiency)

① 발열량[J/kg]

② 연료 소비율[kg/s]

③ 정미동력[J/s] : 실제 얻은 동력

④ 효율은 공급한 열에 대한 출력의 비

$$\text{효율}(\eta) = \frac{\text{출력}}{\text{입력}} = \frac{\text{정미동력[J/s]}}{\text{발열량} \times \text{연료소비율[J/s]}}$$

4) **증기소비율 : 단위 출력 당 증기소비량**

1-7 열역학 제0법칙(The zero law of thermodynamics)

고온물체와 저온물체를 혼합하면 고온물체는 온도가 내려가며 열을 잃고 저온물체는 온도가 올라가며 열을 얻는데, 이때 평균온도에 이르면서 얻은 열량과 잃은 열량이 같아지는 현상을 **열역학 제0법칙**이라 한다.

즉, 열평형 법칙을 의미하며 식으로 예를 들면 t_2가 t_1보다 클 때

1) 얻은 열량 : $M_1 C_1 (t_m - t_1)$

2) 잃은 열량 : $M_2 C_2 (t_2 - t_m)$

3) $M_1 C_1 (t_m - t_1) = M_2 C_2 (t_2 - t_m)$

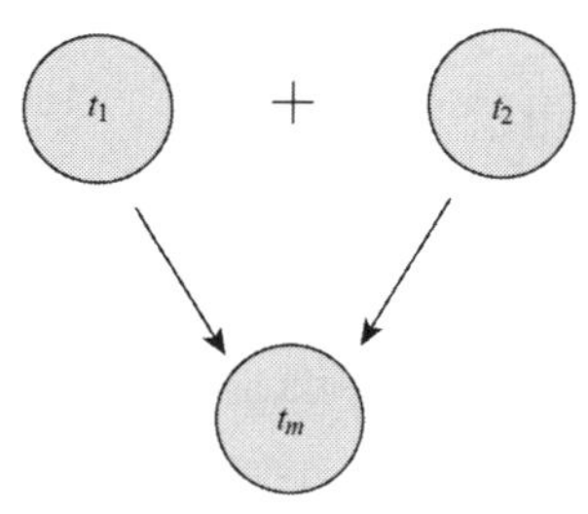

참고

⌘ 접두어에 의한 크기 비교

$1\text{GPa} = 10^3\text{MPa} = 10^6\text{kPa} = 10^9\text{Pa}$

1-8 중량단위와 국제단위의 관계

1. 힘

$1[kg]$중$=1[kg_f]=1[kg\cdot g]=1[kg]\cdot 9.8[m/s^2]=9.8[N]$에서

질량 $1[kg]=\frac{1}{9.8}[kg_f\cdot s^2/m]$가 되지만 무게 표기는 $1\,kg=9.8\,kg\cdot m/s^2=9.8N$으로 한다.

2. 일(에너지) : 열량

$1[kJ]=10^3[J]=10^3[N\cdot m]=102[kg_f\cdot m]$

$1[kcal]=4.186[kJ]=4,186[N\cdot m]=\frac{4,186}{9.8}[kg\cdot m]\fallingdotseq 427[kg\cdot m]$의 관계가 된다.

참고

⌘ **열량단위**

① 1[kcal] : 1[kg] 물을 1[℃] 등분 상승시키는데 필요한 열
② 1[B.T.U] : 1[Pound]를 1[°F] 등분 상승시키는데 필요한 열
③ 1[C.H.U] : 1[Pound]를 1[℃] 등분 상승시키는데 필요한 열

$\therefore\ 1[kcal]=\frac{1}{0.252}[B.T.U]=\frac{1}{0.4536}[C.H.U]$

3. 동 력

$$
\begin{aligned}
1[kW] &= 10^3[W]=10^3[J/s]=10^3[N\cdot m/s]\\
&=\frac{10^3}{9.8}[kg\cdot m/s]\\
&=102[kg\cdot m/s]\\
&=102\times\frac{1}{427}[kcal/s]\\
&=102\times\frac{3,600}{427}[kcal/h]\\
&=860[kcal/h]
\end{aligned}
$$

$$
\begin{aligned}
1\text{마력} &= 1[Ps]=75[kg\cdot m/s]\\
&=\frac{75\times 3,600}{427}[kcal/h]\\
&=632.3[kcal/h]
\end{aligned}
$$

제1장 적중 예상문제

01

다음 중 섭씨온도와 화씨온도가 같아지는 점은 얼마인가?

㉮ 40 ㉯ -40 ㉰ $\frac{9}{5}$ ㉱ $\frac{5}{9}$

02

무게가 4,900[N]인 유체의 체적이 500[l]이었다. 이 유체의 비중은 얼마인가?

㉮ 1 ㉯ 0.5 ㉰ 2 ㉱ 2.5

03

다음 중 표준대기압이 아닌 것은?

㉮ 760[mmHg] ㉯ 1,013[hPa]
㉰ 10.33[mAq] ㉱ 980[Pa]

04

대기압이 1[atm]이고 진공계가 150[mmHg]이었다. 절대압은 몇 [Pascal]인가?

㉮ 81,326.64 ㉯ 78,000
㉰ 1,013.25 ㉱ 101,325

05

다음 중 동작물질을 옳게 설명한 것 중 틀린 것은?

㉮ 에너지를 저장 또는 운반하는 물질이다.
㉯ 열적 상태량이 쉽게 변하는 물질이다.
㉰ 수증기나 공기도 동작물질이다.
㉱ 상태는 변하지 않아도 열에너지가 발생되면 동작물질이다.

해설 및 정답

01

$t[°F]=\frac{9}{5}t[℃]+32$에서

$x=\frac{9}{5}x+32,\ -\frac{4}{5}x=32$

$\therefore\ x=-40$

답 ㉯

02

체 적 : $v=500[l]=0.5[m^3]$

비중량 : $\gamma=\frac{G}{V}=\frac{4,900}{0.5}=9,800[N/m^3]$

비 중 : $s=\frac{\gamma}{\gamma_w}=\frac{9,800}{9,800}=1$

 ㉮

03

표준대기압 1기압

1[atm]=760[mmHg]=101,325[Pa]
=1,013.25[hPa]=10.33[mAq]

 ㉱

04

절대압 = 대기압−진공압

$=101,325[Pa]-\frac{150}{760}\times101,325[Pa]$

$=81,326.64[Pa]$

 ㉮

05

동작물질은 에너지의 원천으로서 상태변화가 쉽게 변해야 한다.

 ㉱

06

다음 중 동력의 단위를 옳게 나타내지 못한 것은?

㉮ Watt ㉯ kw ㉰ kJ/s ㉱ J/h

07

0[℃] 물과 200[℃]의 물체를 혼합하여 120[℃]의 온도에 이르렀다. 어느 법칙에 적용되는가?

㉮ 열역학 제0법칙 ㉯ 열역학 제1법칙
㉰ 열역학 제2법칙 ㉱ 열역학 제3법칙

08

다음 중 진공도가 90[%]란 절대압력이 얼마임을 뜻하는가?

㉮ 1,013.25[hPa] ㉯ 101.325[hPa]
㉰ 980[hPa] ㉱ 10.3[bar]

09

대기압이 750[mmHg]이 진공도 80[%]이면 절대압력이 몇 [bar]인가?

㉮ 0.1999[bar] ㉯ 1.01325[bar] ㉰ 2.0265[bar] ㉱ 1013.25[bar]

10

다음 중에서 성질이 다른 것은 어느 것인가?

㉮ 압력 ㉯ 체적 ㉰ 비체적 ㉱ 온도

11

다음 중에서 성질이 아닌 것은 어느 것인가?

㉮ 일 ㉯ 엔트로피 ㉰ 엔탈피 ㉱ 압력

12

다음 중 강도성 물질이 아닌 것은?

㉮ 압력 ㉯ 온도 ㉰ 질량 ㉱ 비체적

해설 및 정답

06
Watt나 Joule의 단위는 사람 이름이므로 대문자로 나타내야 한다.

답 ㉯

07
열역학 제0법칙은 열평형 법칙이다.

답 ㉮

08
진공도 90[%]란 절대압이 대기압의 10[%]라는 뜻
1,013.25[hPa]×0.1=101.325[hPa]를 의미

답 ㉯

09
절대압력은 대기압의 20[%] 즉,

$$760[mmHg] \times \frac{1.01325[bar]}{760[mmHg]} \times 0.2 = 0.1999[bar]$$

답 ㉮

10
강도성 성질 : 압력, 온도, 비체적, 밀도, 비중량
용량성 성질 : 질량, 체적

답 ㉯

11
경로함수 : 일, 열
점함수(상태량 : 성질) : 압력, 온도, 엔탈피

답 ㉮

12
용량성 물질 : 질량, 체적

답 ㉰

13

질량이 1/3로 줄면 용량성 성질은 어떻게 변하는가?

㉮ 답이 없다. ㉯ 일정하다.
㉰ 3배로 증가한다. ㉱ 1/3배로 비례한다.

해설 및 정답

13

강도성 성질은 불변하고 용량성 성질은 질량에 비례한다.

답 ㉱

14

일은 열로 쉽게 변할 때 일과 이동열량을 옳게 설명한 것은?

㉮ 점함수이다.
㉯ 성질 및 상태량이다.
㉰ 엔탈피와 같이 경로함수이다.
㉱ 과정에 의존하므로 상태량이 아니다.

14

일과 이동열량은 경로함수로서 과정에 의존하므로 성질이 아니다.

답 ㉱

15

10[℃]의 물 0.08[m^3] 속에 3[kg]의 600[℃] 쇠뭉치를 넣으면 물의 온도는 몇 [℃]가 되겠는가? (단, 쇠뭉치의 비열은 0.6[kJ/kg·℃]이다.)

㉮ 4.8[℃] ㉯ 13.14[℃]
㉰ 19.14[℃] ㉱ 24.73[℃]

15

• 얻은 열량

$M_1C_1(t_m - t_1) = 80 \times 4.2 \times (t_m - 10)$

• 잃은 열량

$M_2C_2(t_2 - t_m) = 3 \times 0.6 \times (600 - t_m)$

$80 \times 4.2(t_m - 10) = 3 \times 0.6 \times (600 - t_m)$

$$\therefore \quad t_m = \frac{3 \times 0.6 \times 600 + 80 \times 4.2 \times 10}{80 \times 4.2 + 3 \times 0.6} = 13.14[℃]$$

답 ㉯

16

10[℃], 20[℃], 30[℃]인 A, B, C의 3종류의 액체가 있다. A와 B를 동일 중량으로 섞으면 12[℃]가 되고 A와 C를 섞으면 25[℃]가 된다. B와 C를 동일 중량으로 혼합하면 몇 [℃]가 되겠는가?

㉮ 18.3[℃] ㉯ 29.23[℃]
㉰ 26.24[℃] ㉱ 6.34[℃]

16

각각의 비열 C_A, C_B, C_C 라 하면

$A+B$에서

$M_AC_A(12-10) = M_B \cdot C_B(20-12)$,

$2C_A = 8C_B$, $C_A = 4C_B$

$A+C$에서

$M_AC_A(25-10) = M_C \cdot C_C \cdot (30-25)$,

$15C_A = 5C_C$, $C_C = 3C_A$

$B+C$에서

$M_BC_B(t-20) = M_C \cdot C_C(t_0 - t)$,

$C_B(t-20) = C_C(30-t)$

$\therefore \ \frac{C_A}{4}(t-20) = 3C_B(30-t)$,

$t - 20 = 12(30-t)$, $13t = 12 \times 30 + 20$

$\therefore \ t = 29.23[℃]$

 ㉯

17

2[kg]의 물 20[℃]에서 100[℃]까지 600[W]의 전열기로 가열하려 한다. 전열기 발생열은 전부 물의 온도상승에 사용된다면 몇 분 정도 걸리겠는가? (물의 비열은 4.2[kJ/kg℃]이다.)

㉮ 12.06분　　㉯ 48.4분
㉰ 18.66분　　㉱ 52.44분

18

비틀림 모멘트가 20,000[N·m]인 증기터빈의 매분 회전수가 3,600[rpm]이다. 이 터빈에서 얻을 수 있는 동력은 얼마인가?

㉮ 4,736[kW]　　㉯ 5,417[kW]
㉰ 6,740[kW]　　㉱ 7,536[kW]

19

매시 30[kg]의 연료를 소비하는 출력 100[kW]의 열기관의 이론 열효율은 얼마인가? (단, 연료의 발열량은 43,680[kJ/kg]이다.)

㉮ 0.24[%]　　㉯ 20.7[%]
㉰ 27.47[%]　　㉱ 30[%]

20

효율 40[%]인 열기관에서 연료 소비율이 10[kg/min]이다. 이 연료의 발열량이 45,000[kJ/kg]이라면 이 열기관에서 얻을 수 있는 출력은 몇 [kW]인가?

㉮ 2,000[kW]　　㉯ 2,500[kW]
㉰ 3,000[kW]　　㉱ 4,000[kW]

21

엘리베이터 안에 600[N]의 물체를 싣고 분당 20,400[m]를 이동할 때 소요되는 동력은 몇 [kW]인가?

㉮ 102[kW]　　㉯ 152[kW]
㉰ 184[kW]　　㉱ 204[kW]

해설 및 정답

17

- **전열기 발생열** : 600[W]=0.6[kJ/s]
- **온도상승 열량** :

$Q_2 = MC \cdot (T_2 - T_1)$

$= 2 \times 4.2 \times (100 - 20) = 672[kJ]$

0.6[kJ] : 1S=672[kJ] : x

$\therefore\ x = \frac{672}{0.6} S = 1120 \cdot S$

$= \frac{1,120}{60}[min] = 18.66$분

답 ㉰

18

동력=비틀림 모멘트×각속도

$= T \cdot w = 20,000 \times \frac{2\pi N}{60}$

$= \frac{20,000 \times 2\pi \times 3,600}{60}$

$= 7,536[kW]$

답 ㉱

19

효율 $= \frac{출력}{발열량 \times 연료소비율}$

$= \frac{100[kJ/s]}{43,680[kJ/kg] \times 30[kg/h]}$

$= \frac{3600 \times 100}{43.68 \times 30} = 0.2747$

답 ㉰

20

효율 $\eta = \frac{출력}{발열량 \times 연료소비율}$에서

출력 = 효율 × 발열량 × 연료소비율

$= 0.4 \times 45,000[kJ/kg] \times 10[kg/60s]$

$= 3,000[kW]$

답 ㉰

21

동력 = 힘×속도

$= 600[N] \times 20,400[m/min]$

$= \frac{600 \times 20,400}{60}[N \cdot m/s]$

$= 204[kW]$

답 ㉱

22

어떤 매개체의 비열 C가 다음과 같은 온도의 함수로 이루어졌다. 이때 매개체 21[kg]을 0[℃]에서 100[℃]까지 가열할 때 평균비열은 얼마인가? (단, C=0.2+0.002t [kJ/kg·℃]이다.)

㉮ 0.1[kJ/kg·K] ㉯ 0.2[kJ/kg·K]
㉰ 0.3[kJ/kg·K] ㉱ 0.4[kJ/kg·K]

23

가솔린 기관에 있어서 1[kW·h]당 가솔린 소비율이 $G=0.3$[kg]이면 이 가솔린 기관의 열효율은 얼마인가?
(단, 가솔린 발열량은 H_l =46,200[kJ/kg]이다.)

㉮ 23% ㉯ 25.9% ㉰ 28.7% ㉱ 32.5%

24

중량 3[kg], 온도 350[℃]인 철(鐵)을 온도15[℃]인 물에 넣어 평형상태가 된 후의 온도가 20[℃]가 되었다. 열손실이 없다면 물의 양은 몇 [kg]인가? (단, 철의 비열은 0.47[kJ/kg·K]이다.)

㉮ 5.21[kg] ㉯ 10.83[kg]
㉰ 17.42[kg] ㉱ 22.15[kg]

25

7[kg], 온도 600[℃]의 구리를 20[℃], 8[kg]의 물속에 넣으면 물의 온도는 약 몇 [℃] 상승되겠는가? (단, 구리의 비열은 0.3843[kJ/kg℃]이고 물의 비열은 4.2[kJ/kg℃]이다.)

㉮ 36[℃] ㉯ 43[℃]
㉰ 54[℃] ㉱ 72[℃]

26

열량(heat)과 일량(work)에 관한 다음 설명 중 옳은 것은?

㉮ 계의 상태변화 과정에서 나타난다.
㉯ 계의 경계에서 관찰된다.
㉰ 도정함수(path function)이다.
㉱ 항상 두 양의 합은 일정하다.

해설 및 정답

22

• 평균비열

$$C_m = \frac{1}{t_2-t_1}\int Cdf$$
$$= \frac{1}{t_2-t_1}\left(0.2(t_2-t_1)+\frac{0.002}{2}(t_2^2-t_1^2)\right)$$
$$= 0.2+\frac{0.002}{2}(t_2+t_1)$$
$$= 0.2+0.001(100+0^\circ) = 0.3[\text{kJ/kg·K}]$$

답 ㉰

23

$$\eta = \frac{출력}{입력} = \frac{1\times 3,600}{0.3\times 46,200} = 0.2597$$
$$= 25.97[\%]$$

답 ㉯

24

$_1Q_2 = M_1C_1(t_2-t_m) = M_2C_2(t_m-t_1)$에서
$3\times 0.47\times(350-20) = M_2\times 4.2\times(20-15)$
$\therefore\ G = 22.15[\text{kg}]$

답 ㉱

25

$M_1C_1(t_2-t_m) = M_2C_2(t_m-t_t)$
$= 7\times 0.3843(600-t_m)$
$= 8\times 4.2\times(t_m-20)$
$t_m(7\times 0.3843+8\times 4.2)$
$= 7\times 0.3843\times 600+8\times 4.2\times 20$
➡ $t_m = 62.99[℃]$
$\therefore\ \Delta t = t_m-20 = 43[℃]$

답 ㉯

26

일과 이동열량은 경로함수이므로 열역학 제1법칙에 의하여 공급한 열량 총합은 이루어진 일의 합과 같다.

답 ㉰

27

점함수(point function)란 무엇을 말하는가?

㉮ 일과 같은 것을 말한다.
㉯ 열과 같은 것을 말한다.
㉰ 계의 상태량을 말한다.
㉱ 상태변화의 경로(path)에 관계되는 것을 말한다.

28

60W의 전등을 매일 7시간 사용하는 집이 있다. 1개월(30일) 동안 몇 [MJ]을 사용하게 되는가?

㉮ 45.36[MJ]　　㉯ 15.02[MJ]
㉰ 17.42[MJ]　　㉱ 19.22[MJ]

29

열효율이 25[%]이고 수증기 1[kg]당 출력이 800[kJ/kg]인 증기기관의 증기소비율은 몇 [kg/kWh]인가?

㉮ 1.125　　㉯ 4.5
㉰ 800　　㉱ 18

30

무게 1[kg]의 강구를 50[m] 높이에서 낙하시킬 때 운동에너지는 전부 강구의 온도를 높여준다고 할 때 강구의 온도상승은 얼마인가? (단, 강구의 비열은 0.42[kJ/kg℃]이다.)

㉮ 0.585[℃]　　㉯ 0.854[℃]
㉰ 1.17[℃]　　㉱ 8.54[℃]

31

출력 10,000[kW]의 터빈플랜트의 매시 연료소비량이 5,000[kg/hr]이다. 이 플랜트의 열효율은? (단, 연료의 발열량은 33,600[kJ/kg]이다.) [중량단위로 본 문제임]

㉮ 10.9[%]　　㉯ 21.4[%]
㉰ 25[%]　　㉱ 40[%]

해설 및 정답

27

답 ㉰

28

$$ {}_1Q_2 = 60 \times \frac{1}{1,000} \times 7 \times 30 \times 3,600 = 45,360[kJ] = 45.36[MJ] $$

답 ㉮

29

$$ 증기소비율 = \frac{소비량}{출력} = \frac{3600}{800} = 4.5[kg/kWh] $$

답 ㉯

30

$$ Mgh = MC\Delta t $$

$$ \therefore\ \Delta t = \frac{9.8 \times 50}{0.42 \times 10^3} = 1.17[℃] $$

답 ㉰

31

$$ \eta = \frac{출력}{입력} = \frac{10,000}{33,600 \times 5,000 \times \frac{1}{3,600}} = 0.214 $$

답 ㉯

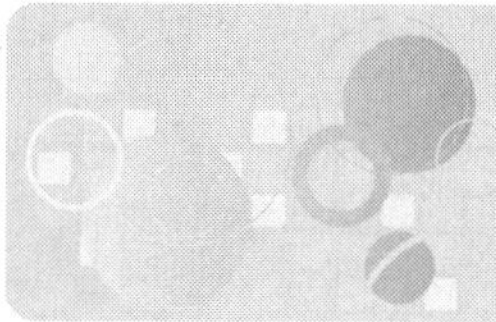

제2장. 열에너지와 기계에너지

2-1 에너지(energy) : 일(work)

1. 절대일 : 가역 비유동과정 일

밀폐계에서 공급한 열에너지가 기계에너지로 변할 때 체적의 함수로 나타내며, 체적이 증가할 때 얻을 수 있는 에너지로 정의한다. 예를 들어, 실린더 내에 피스톤이 왕복운동 중 점화 후 팽창된다고 가정할 때 열적상태량이 $P.V.T$의 관계로 선도상에서 생각해 보면

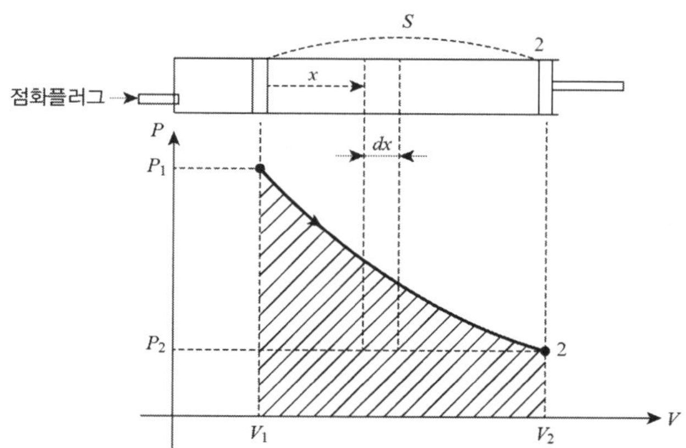

피스톤이 1에서 2까지 이동할 때 에너지는 압력 P_1에 단면적을 곱하면 힘이 되고 힘에 행정거리를 곱하면 일을 구할 수 있을 것 같으나 그렇지 않다. 즉, ${}_1W_2 = F \cdot S = P_1 \cdot A \cdot S = P(V_2 - V_1)$이 될 수 없다(이유는 압력이 변하므로). 그러므로 미소에너지 식으로 나타낼 수밖에 없다.

$$\therefore \text{ 미소일 } \delta W = P \cdot A \cdot dx = P \cdot dv$$

따라서 v_1에서 v_2까지 피스톤이 이동하며 얻을 수 있는 일은 다음과 같다.

$${}_1W_2 = \int_{v_1}^{v_2} Pdv$$

$P-v$ 선도에서 v쪽으로 적분된 면적이 있다. 점함수와 경로함수의 미분기호 표시는 다음과 같다.

$$\int_1^2 \delta W = \int_{v_1}^{v_2} Pdv$$

여기서 P(압력)가 일정하다고 가정하면 다음과 같이 된다.

$$\int_1^2 \delta W = \int_{v_1}^{v_2} Pdv = {}_1W_2 = P(v_2 - v_1) = P\Delta V$$

비유동과정일, 팽창일을 절대일이라 하며, 식은 $\delta w = Pdv$로 기억하기로 한다.

2. 공업일

체적이 팽창될 때 P쪽으로 적분된 값을 가역 공업일이라 하고 기호는 W_T로 쓰며 식은

$${}_1W_{T_2} = -\int_{P_1}^{P_2} VdP$$

를 의미한다. 역으로 체적이 적어지고 압력이 높아질 때는 압축일이라 하여

$${}_1W_{C_2} = \int_{P_1}^{P_2} VdP$$

로 표기하는데 소비되는 에너지는 음(−) 값으로 표기할 수 없으므로 압축일은 공업일에서 부호만 바뀐 식이 된다. 즉, 에너지는 앞으로 진행된다 하여 소비되고 반대로 뒤로 후퇴한다고 저축되는 것이 아니다라는 의미이다.

2-2 열역학 제1법칙

밀폐계가 임의의 사이클을 이룰 때 공급한 열의 합은 이루어진 일의 합과 같다고 정의하며, 일과 열은 양적 크기로 서로 상호전환 가능함을 나타낸 식으로 에너지보존법칙이라 정의할 수 있다.

1. 비유동 과정에서 열역학 제1법칙

밀폐계가 cycle을 이룰 때 공급한 열의 합은 이루어진 일의 합과 같다는 의미로서 즉, 열과 일의 관계를 식으로 쓰면

$$\oint \delta Q = \int_1^2 \delta Q + \int_2^1 \delta Q = \oint \delta W = \int_1^2 \delta W + \int_2^1 \delta W$$

위 식과 같이 표시되는 것을 열역학 제1법칙이라 한다. 또한 열과 일과 내부에너지 관계를 밀폐계에 적용해 보면

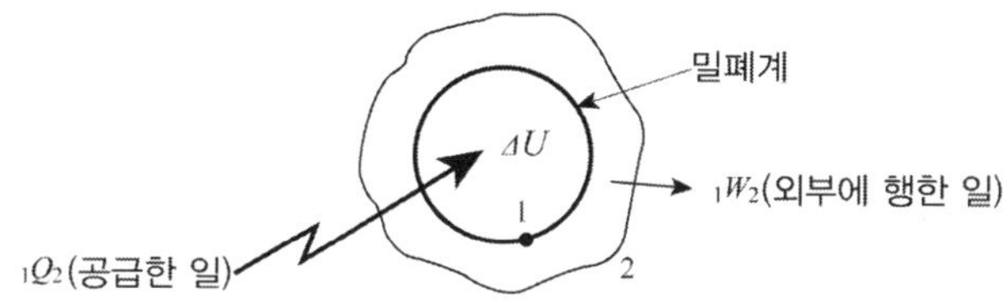

밀폐계에서 위치에너지와 운동에너지는 무시할 수 있으므로

$${}_1Q_2 = \Delta U + {}_1W_2$$

$_1Q_2$: 공급열
$_1W_2$: 이루어진 일
ΔU : 내부에너지(일하고 남은 잔류에너지로 온도만의 함수)

즉, 미분기호를 쓰면 다음과 같다.

$$\delta Q = du + \delta w, \quad dw = Pdv$$

여기서 du는 유효한지 무효한지 밝힐 수 없는 잔류에너지로서 온도만의 함수로서 내부에너지라 칭한다.

참고

⌘ **제1종 영구운동 기계**

열을 공급받지 않고 연속적으로 일할 수 있는 기계 : 1법칙에 위배

2. 엔탈피(Enthalpy) : H

우주계속에서 밀폐계, 개방계에 관계없이 에너지라는 양적인 용어속에 온도의 함수로 나타낼 수 있는 에너지원이 있음을 알 수 있다. 즉, 온도만의 함수로 정의된 내부에너지와 열적 상태량에서 압력과 체적의 상승적 또한 $P \cdot V = RT = f(t)$라는 온도의 함수인 유동에너지가 있는데 이 두 에너지의 합(내부에너지+유동에너지)을 엔탈피라 정의하며 식으로는 다음과 같다.

$$H = U + PV \text{[J]}$$

위 식을 분해한다는 측면으로 미분기호로 나타내 보면

$$dH = dU + PdV + VdP$$

엔탈피 속에 미소에너지와 밀폐계에 적용되는 체적의 함수인 절대일, 압력의 함수인 개방계에 적용되는 에너지가 발견된다. 여기서 열역학적 에너지로 표기를 바꿀 때 열량은 다음과 같다.

$$\delta Q = dU + PdV = dH - VdP \text{[J]}$$

또한 비열량은 다음과 같이 구한다.

$$\delta Q = dU + PdV = dH - VdP \text{[kJ]}$$

δQ : 공급열량
dU : 내부에너지
$dw = PdV$: 절대일
dH : 엔탈피
$dw_T = -VdP$: 공업일

절대일과 공업일을 비교할 수 있는 $P-v$ 선도 위에서 참고해 보면 다음 그림과 같다.

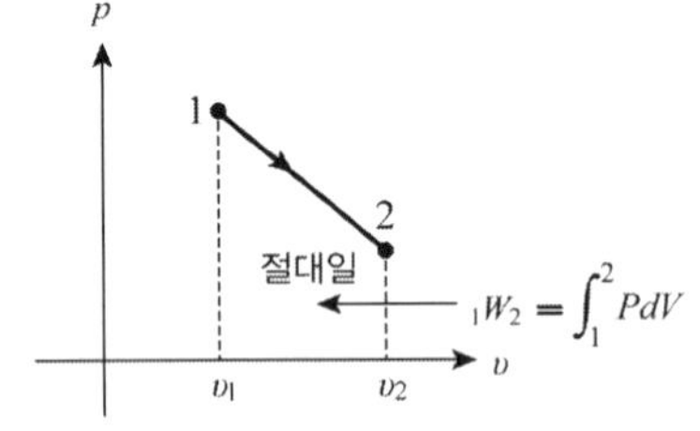

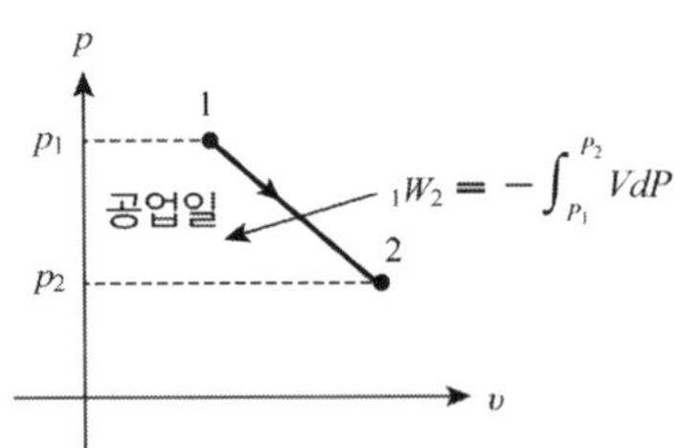

참고

※ 소비되는 에너지는 (−)값이 없다.

3. 정상유동 상태에서 열역학 제1법칙

열역학적 성질(속도, 밀도, 압력, 체적)이 시간에 따른 변화율이 없는 흐름으로 단위시간당 유입된 전체 에너지와 유출된 에너지가 같을 때 적용되는 식이다.

1) **에너지 종류**

① 공급열량 : Q[J/s]

② 운동에너지 : $\frac{1}{2}\dot{M}V^2$[kg/s · m²/s² : kg · m/s²·m/s : N · m/s＝J/s]

③ 위치에너지 : $\dot{M}g \cdot Z$[kg/s · m/s²· m : J/s]

④ 엔탈피 : $\dot{H} = \dot{U} + P\dot{V}$ [J/s] = $\dot{U} + P\dot{V}$[J/s](내부에너지＋유동에너지)

2) **적용**

열역학 제1법칙을 정상유동 방정식에 적용하면

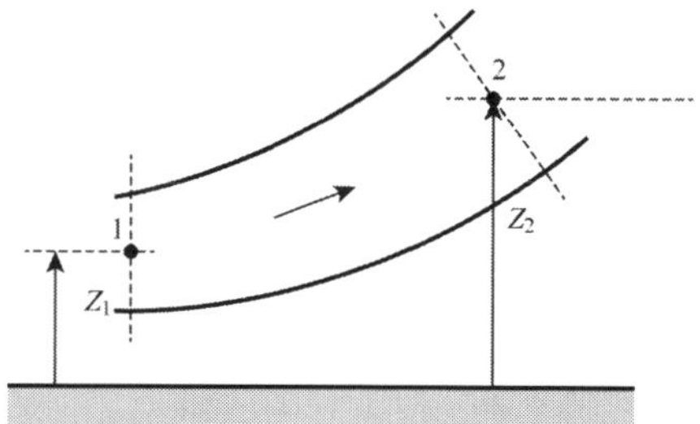

정상유동시 에너지 보존법칙을 적용하면

$$ {}_1Q_2 + \dot{H}_1 + \frac{\dot{M}V_1^2}{2} + \dot{M}gZ_1 = {}_1\dot{W}_{T_2} + H_2 + \frac{1}{2}\dot{M}V_1^2 + \dot{M}gZ_2 $$

위 식에서 만약 수령관 노즐속에 단열유동시 엔탈피와 속도관계를 명시해 보면

$$ H_1 + \frac{\dot{M}}{2}V_1^2 = H_2 + \frac{\dot{M}}{2}V_2^2 $$

$$ \therefore \ \dot{H}_1 - \dot{H}_2 = \dot{M}(h_1 - h_2) = \frac{\dot{M}}{2}(V_2^2 - V_1^2)\text{[J/s]} $$

그러므로 엔탈피차 Δh는 다음과 같이 구한다.

$$ h_1 - h_2 = \frac{V_2^2 - V_1^2}{2}\text{[J/kg]} $$

여기서 (＋)값이면 엔탈피 감소($h_1 - h_2$이므로), (－)값이면 엔탈피 증가한다.

입구속도를 무시하고 출구속도를 구하면 다음과 같다.

$$V_2 = \sqrt{2(h_1 - h_2)}$$

h : J/kg=N · m/kg
V: m/s

2-3 정적비열과 정압비열

열역학 제1법칙과 온도상승할 때의 비열량을 적용하면 쉽게 해결할 수 있다.

1. 정적(등적)비열 : C_v

$\delta q = C \cdot dt = du + pdv = T \cdot ds$ 에서 등적의 표시는 δv가 0이고 첨자로 v를 쓰는 약속형으로

$$C_v = \left(\frac{\delta q}{dt}\right)_v = \left(\frac{du}{dt}\right)_v = \left(\frac{Tds}{dt}\right)_v \text{[J/kg℃]}$$

로 나타낸다.

∴ 비내부 에너지 식 : $du = C_v \cdot dt$[J/kg]
내부 에너지 식 : $du = M \cdot C_v \cdot dt$[J]$= \mathrm{M} \cdot \mathrm{C_v} \cdot \mathrm{dt}$[J]

로 표기한다.

2. 정압(등압)비열 : C_p

$\delta q = C \cdot dt = dh - vdp = Tds$ 에서 $vdp = 0$ 이므로

$$C_p = \left(\frac{\delta q}{dt}\right)_p = \left(\frac{dh}{dt}\right)_p = T\left(\frac{ds}{dt}\right)_p$$

로 나타내며 비엔탈피 식 $dh = C_p dt$[J/kg]은 [kg]당 엔탈피이고 엔탈피 식은 다음과 같다.

$$dH = M \cdot C \cdot dt\text{[J]}$$

2-4 열역학 제1법칙을 적용하는 보기

1. 보일러(boiler)

보일러는 수부와 증기부로 나누어지는데 목적으로는 증기를 추출하는데 있으므로 자연 등압가열이 된다. 따라서 $\delta q = dh - vdp$에서 $dp = 0$이므로 열량은 엔탈피로 표시하고 선도상에서는 $h-s$ 선도를 사용한다.

2. 교축과정(팽창밸브) : 비가역과정

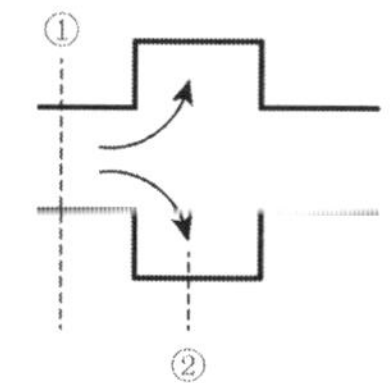

가역과정에서 $dh = C_p \cdot dt$로서 $h_2 - h_1 = C_p(t_2 - t_1)$이 되나 교축과정에서 엔탈피는 일정하고 압력과 온도가 떨어지므로 위 식이 성립하지 않는다. 그러므로 비가역과정이 되며 엔트로피는 증가한다.

즉, $P_2 < P_1$, $T_2 < T_1$, $h = C$, $S_2 > S_1$

3. 노즐(nozzle)

노즐은 단열로 취급되며 일반적으로 입구속도를 무시하는데 그 이유는 노즐은 운동에너지 상승을 목적으로 사용하기 때문이다. 결과는 유속증가 즉, 압력감소, 단면적 감소, 엔탈피 감소현상이 된다.

$$h_1 = h_2 + \frac{V_2^2}{2}$$

$\therefore\ V_2 = \sqrt{2(h_1 - h_2)}$ [m/s] (h[J/kg]의 출구속도를 구할 수도 있음)

4. 디퓨저(diffuser)

노즐과 반대현상으로 정압상승을 목적으로 사용된다.

5. 압축기 · 터빈

압축기와 터빈은 단열과정으로 취급되며 $\delta q = dh - vdp = 0$으로 표기한다. 여기서 $dh = vdp$로서 압축일은 ${}_1W_{C_2} = \int vdp = h_2 \times h_1$을 의미하며, 공업일은 ${}_1W_{T_2} = -\int vdp = h_1 - h_2$로 나타내는데 이 부분은 다음 장 기체의 압축에서 다루기로 한다.

참고

⌘ **중량단위로 본 값**

출구속도 $V_2 = \sqrt{2(h_1 - h_2)}\,[h\ :\ \text{J/kg}] = \sqrt{427 \times 2g(h_1 - h_2)}\,[h\ :\ \text{kcal/kg}]$

$= 91.48\sqrt{h_1 - h_2}\,[h\ :\ \text{kcal/kg}]$

제2장 적중 예상문제

01

열역학 제1법칙을 옳게 설명한 것은?

㉮ 열평형 법칙이다.
㉯ 열은 고온체에서 저온체로 흐른다.
㉰ 열량과 팽창일은 같다.
㉱ 가역과정을 설명하는 에너지 보존법칙이다.

01

답 ㉱

02

절대일에 대한 설명 중 옳은 것은?

㉮ 가역, 비유동 과정일　　㉯ 가역, 정상유동일
㉰ 정상유, 비가역 과정일　　㉱ 밀폐계, 정상유동일

02

답 ㉮

03

공업일($-\int Vdp$)에 대한 설명 중 옳은 것은?

㉮ 가역, 정상유동일　　㉯ 밀폐계, 정상유동일
㉰ 정상, 비가역 과정일　　㉱ 가역, 비유동 과정일

03

답 ㉮

04

엔탈피를 나타낸 것 중 틀린 것은?

㉮ $C_p \cdot dt$　　㉯ $u+P \cdot v$　　㉰ $du+Pdv$　　㉱ $\delta q+vdp$

04

$h = u + p \cdot v$에서

$dh = du + pdv + vdp$
$= \delta q + vdp$
$= C_p \cdot dt$

답 ㉰

05

다음 동적비열(C_v)을 나타낸 식 중 옳은 것은? (단, s는 엔트로피, p는 압력, T는 온도, u는 내부에너지이다.)

㉮ $\left(\frac{\partial u}{\partial t}\right)_v$　　㉯ $\left(\frac{\partial v}{\partial t}\right)_p$　　㉰ $\left(\frac{\partial u}{\partial t}\right)_t$　　㉱ $\left(\frac{\partial T}{\partial s}\right)_v$

05

등적비열

$C_v = \left(\frac{\partial u}{\partial t}\right)_v = \left(\frac{\partial q}{\partial t}\right)_v = T \cdot \left(\frac{\partial s}{\partial t}\right)_v$

답 ㉮

해설 및 정답 ㉮㉯㉰㉱

06

다음 등압비열(C_p)을 옳게 나타낸 식은?

㉮ $\left(\dfrac{\partial s}{\partial t}\right)_p$ ㉯ $\left(\dfrac{\partial q}{\partial t}\right)_v$ ㉰ $\left(\dfrac{\partial h}{\partial t}\right)_p$ ㉱ $T \cdot \left(\dfrac{\partial q}{\partial s}\right)_p$

06

등압비열

$$C_p = \left(\frac{\partial h}{\partial t}\right)_p = \left(\frac{\partial q}{\partial t}\right)_p = T \cdot \left(\frac{\partial s}{\partial t}\right)_p$$

답 ㉰

07

압력 3[MPa], 온도 450[℃]의 증기($h_1 = 3{,}360$[kJ/kg])가 노즐에 유입되어 압력 0.9[MPa], 온도 300[℃]($h_2 = 3{,}060$[kJ/kg])의 상태로 유출된다. 노즐에서의 마찰과 손실은 없는 것으로 보고 입구속도를 무시할 때 출구속도는 얼마인가?

㉮ 774.6[m/s] ㉯ 674[m/s]
㉰ 574[m/s] ㉱ 547.72[m/s]

07

$h_1 + \frac{1}{2}v_1^2 = h_2 + \frac{1}{2}v_2^2$에서

$$v_2 = \sqrt{2(h_1 - h_2)}$$
$$= \sqrt{2(3{,}360 - 3{,}060) \times 10^3}$$
$$= 774.6\,[\mathrm{m/s}]$$

 ㉮

08

증기터빈에 50[bar], 500[℃]($h = 3{,}200$[kJ/kg])의 증기가 0.5[kg/s]의 정상 유동상태로 2[bar]($h = 2{,}700$[kJ/kg])까지 유출될 때 열손실이 10[kJ/s]라면 이 터빈에서 얻을 수 있는 출력은 몇 [kW]인가?

㉮ 38[kW] ㉯ 118[kW]
㉰ 194[kW] ㉱ 240[kW]

08

에너지 보존법칙 적용하여

$${}_1Q_2 = {}_1W_{T_2} + \Delta h - 10\,[\mathrm{kJ/s}]$$
$$= {}_1W_{T_2} + 0.5(h_2 - h_1)$$
$$= {}_1W_{T_2} + 0.5(2{,}700 - 3{,}200)$$
$$\therefore\ {}_1W_{T_2} = 240\,[\mathrm{kW}]$$

 ㉱

09

어떤 과정 중에 50[kJ]의 일을 받아서 20[kJ]의 에너지가 증가하였다. 이때 과정 중에 전달된 열량은 얼마인가?

㉮ 70[kJ] 공급 ㉯ 70[kJ] 방출
㉰ 30[kJ] 공급 ㉱ 30[kJ] 방출

09

열은 계에 공급될 때(+), 일은 계에서 나올 때(+)

$$\therefore\ {}_1Q_2 = \Delta u + {}_1W_2$$
$$= 20 - 50$$
$$= -30\,[\mathrm{kJ}]$$

➡ 30[kJ]을 방출함

 ㉱

10

노즐속의 유동이 정상류이고 입구속도가 20[m/s]이며 출구속도가 400[m/s]라면 입구와 출구의 엔탈피 차이는 몇 [kJ/kg]인가?

㉮ 79.8[kJ/kg] 증가 ㉯ 79.8[kJ/kg] 감소
㉰ 18.06[kJ/kg] 증가 ㉱ 18.06[kJ/kg] 감소

10

$$h_1 - h_2 = \frac{1}{2}(v_2^2 - v_1^2)$$
$$= \frac{1}{2}(400^2 - 20^2) = 79{,}800$$
$$\therefore\ h_2 - h_1 = -79{,}800\,[\mathrm{J/kg}]$$
$$= -79.8\,[\mathrm{kJ/kg}]$$

 ㉯

11

어떤 강구가 100[m] 높이에서 낙하하고 있다. 이때 강구가 갖고 있는 운동에너지가 전부 강구온도를 상승시켰다고 가정하면 몇 [℃]나 상승되겠는가? (단, 강구비열은 0.45[kJ/kg·℃]이다.)

㉮ 1[℃] ㉯ 2.18[℃] ㉰ 3.1[℃] ㉱ 4.12[℃]

12

밀폐계 내의 압력 P가 $10+20V$[bar]로 나타난다. 이때 체적이 0.1[m^3]에서 0.3[m^3]로 변하는 동안 계가 얻는 에너지는 몇 [kJ]인가?

㉮ 140[kJ] ㉯ 280[kJ] ㉰ 360[kJ] ㉱ 480[kJ]

13

1[kg]의 공기가 압력 2[bar], 체적 0.2[m^3]에서 압력 1[bar], 체적 0.4[m^3]까지 1차 직선적으로 그림과 같이 변했을 때 과정간에 이루어진 절대일은 몇 [kJ]인가?

㉮ 10[kJ]
㉯ 20[kJ]
㉰ 30[kJ]
㉱ 40[kJ]

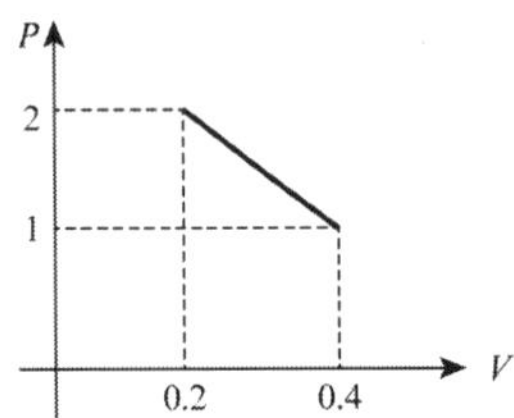

14

물 4[l]를 10[℃]에서 90[℃]까지 가열하는 전열기 4[kW]의 동력이 소비되었다. 이때 소비된 시간은 몇 분이겠는가? (단, 물의 비열은 4.2[kJ/kg·℃]이다.)

㉮ 27분 ㉯ 22.3분 ㉰ 5.6분 ㉱ 2.4분

15

어떤 계의 상태가 내부에너지가 100[kJ], 압력 5[bar], 체적 2[m^3]인 계의 엔탈피는 얼마인가?

㉮ 800[kJ] ㉯ 900[kJ]
㉰ 1,000[kJ] ㉱ 1,100[kJ]

해설 및 정답

11

강구의 위치에너지

$M\cdot g\cdot h = M\times 9.8\times 100$[N·m]=9,800[J]

온도 상승시킨 에너지

$M\cdot C\cdot \Delta t = M\cdot 9.8\times 100$[N·m]

$\therefore \Delta t = \dfrac{9.8\times 100}{c} = \dfrac{9.8\times 100}{0.45\times 1{,}000} = 2.18$[℃]

 ㉯

12

밀폐계 비유동일

$\int pdv = \int_{0.1}^{0.3}(10+20V)\times 10^5 dv$[N·m]

$= [10(0.3-0.1)+10(0.3^2-0.1^2)]\times 10^5$[N·m]

= 280,000[N·m]=280[kJ]

 ㉯

13

절대일(비유동일)은 $\int pdv$에서 v쪽 투영면적이 된다.

$\therefore {}_1w_2 = 1\times 10^5\times(0.4-0.2)+(2-1)\times 10^5\times(0.4-0.2)\times\dfrac{1}{2}$

$= 2\times 10^4 + 1\times 10^4$

$= 3\times 10^4$[N·m] $= 3\times 10^4$[J] = 30[kJ]

 ㉰

14

4[l]의 물을 10[℃]에서 90[℃]까지 가열량

${}_1Q_2 = GC(t_2-t_1) = 4\times 4.2\times(90-10)$[kJ]

=1,344[kJ]

소비동력 4[kW]=4[kJ/s]이므로

4[kJ] : 1S = 1,344 : x

$\therefore x = \dfrac{1{,}344}{4}$[S] = 336[S] = $\dfrac{336}{60}$[min]

= 5.6분

 ㉰

15

엔탈피 $H = U + P\cdot V$

= 100[kJ]+$5\times 10^5\times 2$[J]

=100[kJ]+ $\dfrac{5\times 10^5\times 2}{10^3}$[kJ]

=100+1,000=1,100[kJ]

 ㉱

16

4[bar]인 일정압력 상태에서 0.2[m^3]인 체적이 0.4[m^3]로 변하는 동안 내부에너지 변화량이 100[kJ]이었다. 이때 엔탈피 변화량은 몇 [kJ] 이겠는가?

㉮ 180[kJ] ㉯ 800[kJ]
㉰ 900[kJ] ㉱ 1,000[kJ]

17

40[kg]의 주강 400[℃]에서 200[℃]까지 냉각하는데 필요한 열량은 얼마인가? (단, 주강의 비열은 0.4[kJ/kg·℃]이다.)

㉮ 3,200[kJ] 기열 ㉯ 3,200[kJ] 빙열
㉰ 182[kJ] 가열 ㉱ 182[kJ] 방열

18

어떤 내연기관에서 피스톤의 흡입운동으로 실린더 속에 0.2[kg]의 기체가 들어왔다. 이것을 압축할 때 15[kJ]의 일이 필요했고 10[kJ]의 열을 방출했다면 이 기체가 1[kg]당 변화된 내부에너지는 몇 [kJ/kg] 인가?

㉮ 10[kJ/kg] ㉯ 25[kJ/kg]
㉰ 30[kJ/kg] ㉱ 50[kJ/kg]

19

완전히 단열된 밀실에서 냉장고를 계속 가동시키고 있다. 만일 냉장고 문이 열려 있고 밀실 내에서는 이상적인 교반이 이루어진다고 한다. 시간당 40[kW]의 전력을 소모한다고 할 때 다음 중 옳은 것은?

㉮ 밀실 내의 온도는 일정하게 유지된다.
㉯ 밀실 내의 온도는 올라간다.
㉰ 밀실 내의 온도는 내려간다.
㉱ 밀실 내의 온도는 내려갔다 올라갔다 한다.

해설 및 정답

16

$H = U + P \cdot V$에서

$$H_2 - H_1 = U_2 - U_1 + P_2V_2 - P_1V_1$$
$$= U_2 - U_1 + P(V_2 - V_1)$$
$$= 100[\text{kJ}] + \frac{4\times10^5}{10^3}(0.4-0.2)[\text{kJ}]$$
$$= 100[\text{kJ}] + 80[\text{kJ}] = 180[\text{kJ}]$$

 ㉮

17

열량

$${}_1Q_2 = M \cdot C(t_2 - t_1)$$
$$= 40\times0.4\times(200-400)$$
$$= -3,200[\text{kJ}]$$

 ㉯

18

열량 ${}_1Q_2 = \Delta u + {}_1w_2$에서 $-10 = \Delta u - 15[\text{kJ}]$

$\therefore\ \Delta u = 5[\text{kJ}]$

따라서 1[kg]당 내부에너지

$= \frac{5}{0.2}[\text{kJ/kg}] = 25[\text{kJ/kg}]$

 ㉯

19

이상적인 교반이 이루어지면 시간당 공급되는 전력만큼 밀실 내 온도가 올라가지만 실제 비가역과정에서는 어느 상한선을 넘지 못하고 무효에너지화 되면서 시간이 경과 후에는 일정해진다.

 ㉯

해설 및 정답 ㉮㉯㉰㉱

20

시속 30[km]로 주행하고 있는 중량 3,060[N]의 자동차가 브레이크를 밟았더니 8.8[m]에서 정지했다. 베어링 마찰을 무시하고 브레이크에 의해서 제동된 것으로 보았을 때 브레이크로부터 발생한 열은 몇 [kJ]인가? (단, 차륜(車輪)과 도로면의 마찰계수는 0.4로 한다.)

㉮ 약 5.4[kJ] ㉯ 약 8.4[kJ]
㉰ 약 9.61[kJ] ㉱ 약 10.77[kJ]

20

$$Q = \mu \cdot W \cdot S = 0.4 \times 3060 \times 8.8 = 10771.2 = 10.77[\text{kJ}]$$

답 ㉱

21

압력 2.35[MPa], 450℃인 과열증기(엔탈피 3,352[kJ/kg])를 0.156[MPa](엔탈피 2,693[kJ/kg])로 단열적으로 분출할 경우 출구의 속도가 1060[m/s]이었다. 이때의 속도계수는 얼마나 되겠는가?

㉮ 0.896 ㉯ 1.083
㉰ 0.924 ㉱ 1.936

21

$\dfrac{V'}{V} = C$에서

이론속도 $V = \sqrt{2(h_1 - h_2)} = \sqrt{2(3,352 - 2,693) \times 10^3} = 1,148$

$\therefore\ C = \dfrac{1,060}{1,148} = 0.924$

답 ㉰

22

교축과정(throttling process)에서 처음 상태와 최종 상태의 엔탈피는?

㉮ 처음 상태가 크다. ㉯ 최종 상태가 크다.
㉰ 같다. ㉱ 경우에 따라 다르다.

22

교축과정에서 압력과 온도는 강하되고 엔탈피는 일정하다.

답 ㉰

23

1[kg]이 기체루 구성되는 정지계가 50[kJ/kg]의 열을 받아 15[kJ/kg]의 일을 했을 때의 [kJ/kg]로 계산한 내부에너지 변화는 다음 중 어느 것에 가장 가까운가?

㉮ 65 ㉯ 26
㉰ 15 ㉱ 35

23

$q_2 = \Delta U + {}_1W_2$에서

$\Delta u = 50 - 15 = 35[\text{kJ/kg}]$

답 ㉱

24

이상기체의 내부에너지 및 엔탈피는?

㉮ 압력만의 함수이다. ㉯ 체적만의 함수이다.
㉰ 온도만의 함수이다. ㉱ 온도 및 압력의 함수이다.

24

$T = C$ (등온변화)

내부에너지(u)와 엔탈피(h)는 온도만의 함수이다. → Jolue's law

답 ㉰

25

물체가 외부에 대하여 행하는 일량을 dL, 압력을 p, 체적을 V라고 할 때 다음 관계식 중 옳은 것은?

㉮ $dL = Vdp$ ㉯ $dl = -Vdp$ ㉰ $dL = pdV$ ㉱ $dL = p + dV$

26

봄베(bomb) 열량계의 봄베 내에 연료와 산소를 채우고 연소실험을 하였다. 실험도중 수조 내의 물의 온도가 상승함을 관찰할 수 있었다.봄베 내의 연료와 산소의 혼합물을 열역학적 계로 생각할 때 계의 내부에너지는?

㉮ 증가하였다.
㉯ 감소하였다.
㉰ 변하지 않았다.
㉱ 증가하였는지 감소하였는지 알 수 없다.

27

어떤 증기터빈에 0.4[kg/s]로 증기가 공급되어 260[kW]의 출력을 낸다. 입구의 증기 엔탈피 및 속도는 각각 h_1=3,000[kJ/kg], V_1= 720[m/s], 출구의 증기 엔탈피 및 속도는 각각 h_2=2,500[kJ/kg], V_2=120[m/s]이면 이 터빈의 열손실은 몇 [kW]가 되는가?

㉮ 15.9[kW] ㉯ 40.8[kW] ㉰ 20.0[kW] ㉱ 104[kW]

28

어떤 기체가 25[kJ]의 열을 받고 15[kJ]의 일을 하였다. 이 때의 내부에너지의 변화량은 얼마인가?

㉮ 10[kJ] ㉯ 5[kJ] ㉰ $\sqrt{10}$ [kJ] ㉱ $\sqrt{5}$ [kJ]

29

수축-확산 노즐 내를 포화증기가 가역단열 과정으로 흐른다. 유동중 엔탈피 감소는 493[kJ/kg]이고 입구에서의 속도는 무시할 정도로 느리다면 출구속도는 얼마인가?

㉮ 약 693[m/sec] ㉯ 약 703[m/sec]
㉰ 약 894[m/sec] ㉱ 약 993.2[m/sec]

해설 및 정답

25

답 ㉰

26

내부에너지는 온도의 함수이다.

답 ㉮

27

개방계에서 열역학 제1법칙

$$\therefore\ {}_1Q_2 = {}_1W_{T_2} + \frac{M}{2}(V_2^2 - V_1^2) + M(h_2 - h_1)$$
$$= 260 + 0.4 \times \frac{(120^2 - 720^2)}{2 \times 10^3} + 0.4 \times (2500 - 3000)$$
$$= 40.8\,[\text{kW}]$$

답 ㉯

28

$${}_1Q_2 = \Delta U + {}_1W_2$$
$$\Delta U = {}_1Q_2 - {}_1W_2 = 25 - 15 = 10\,[\text{kJ}]$$

답 ㉮

29

$$V = \sqrt{2(h_1 - h_2)} = \sqrt{2 \times 493 \times 10^3} = 993.2\,[\text{m/sec}]$$

답 ㉱

해설 및 정답 ㉮㉯㉰㉱

30

두께 10[mm], 열전도율 45[kJ/m·h·℃]인 강판의 두 면의 온도가 각각 300[℃], 50[℃]일 때 전열면 1[m^2]당 1시간에 전달되는 열량은?

㉮ 1,125,000[kJ]　　㉯ 1,425,000[kJ]
㉰ 1,525,000[kJ]　　㉱ 1,625,000[kJ]

30

$$Q = \frac{k \cdot A \cdot \Delta t}{t} = \frac{45 \times 250 \times 1}{10^{-2}}$$
$$= 1125000[\text{kJ}]$$

답 ㉮

31

다음 그림과 같이 압축된 이상기체 용기와 동일부피의 진공용기를 밸브로 연결시켰다. 온도가 평형이 되었을 때 밸브를 열어 팽창시킨다. 팽창 후에도 온도의 변화가 없었다면 내부에너지는 어떻게 되겠는가?

㉮ 변화가 없다.
㉯ 배로 증가한다.
㉰ 1/2로 감소한다.
㉱ 증가하나 그 양을 계산하기에는 자료가 불충분하다.

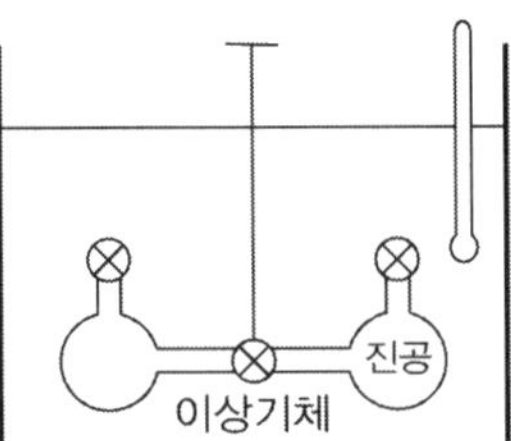

31

내부에너지는 온도만의 함수이므로 변화가 없다.

답 ㉮

32

압력 2[kg$_f$/cm^2], 체적 0.4[m^3]인 공기가 정압하에서 체적이 0.6[m^3]로 팽창하였다. 팽창중에 내부에너지가 22[kcal]만큼 증가하였다면 팽창에 필요한 열량은?[중량단위로 본 문제임]

㉮ 30.5[kcal]
㉯ 28.4[kcal]
㉰ 31.4[kcal]
㉱ 32.6[kcal]

32

중량단위 문제

$${}_1Q_2 = \Delta U + AP(V_2 - V_1)$$
$$= 22 + \frac{2 \times 10^4}{427}(0.6 - 0.4)$$
$$= 31.4[\text{kcal}]$$

〈공기압에서 나올 수 있음〉

 ㉰

33

노즐 속에서 엔탈피 차이가 180[kcal/kg]일 때 입구속도는 무시하고 정상유동이라 가정하면 출구속도는 얼마인가? [중량단위로 본 문제임]

㉮ 1227.3[m/s]　　㉯ 870[m/s]
㉰ 430[m/s]　　㉱ 150[m/s]

33

$$V_2 = 91.48\sqrt{\Delta h}$$
$$= 91.48\sqrt{180}$$
$$= 1227.3[\text{m/s}]$$

 ㉮

제3장. 이상기체와 열적 상태량 관계

이상기체라는 것은 실제로는 존재하지 않으나 열적 상태량(P.V.T)의 상호호환성을 유지할 수 있는 기체는 이상기체로 취급한다. 그러므로 분자의 크기도 미세하고 분자간의 상호 인력도 없다고 본다. 그리고 분자간의 거리도 크므로 분자간의 거리가 가까운 액체나 고체보다 열전달도 잘 되지 않으며 열적 상태량 관계 즉, 분자량이나 압력이 적고 온도나 비체적이 클 때 이상기체 상태방정식을 근사적으로 만족하면 모든 실제기체도 이상기체로 취급한다.

3-1 보일-샤를의 법칙

1. Boyle's 법칙(Mariotte's law)

온도가 일정한 상태에서 압력이 커지면 체적이 적어지고, 압력이 작아지면 체적이 커진다는 압력과 체적은 서로 반비례 즉, $p \cdot v = C$라 쓴다.

1 $\xrightarrow{T=C}$ 2

$$P_1V_1 = P_2V_2 \ (T_1 = T_2)$$

2. Charle's 법칙(Gay-Lussac's law)

1) **체적이 일정할 때**($V_1 = V_2$)

압력과 온도는 서로 비례하는 법칙이다.

$$\frac{P}{T} = C$$

2) **압력이 일정할 때**($P_1 = P_2$)

온도와 체적은 서로 비례하는 법칙이다.

$$\frac{V}{T} = C$$

3. 보일-샤를의 법칙(이상기체 상태방정식)

$\frac{PV}{T} = C$를 이상기체 상태방정식이라 하고, C를 기체에서 쓰는 기체상수라 하며 R로 표기한다. 즉, 이상기체 상태방정식 $PV = R \cdot T$

3-2 기체상수(R)

기체상수를 설명하기 위하여 Avogadro's 법칙을 예로 들면 이 법칙은 모든 기체는 같은 온도, 같은 압력에서 1[mol](22.4[ℓ]) 속에서 분자수가 6.02×10^{23}개가 들어 있음을 정의하고 표준대기압(760[mmHg]=1.01325[bar], 0[℃]=273[°K])에서 1[kmol](22.4[m^3])에 해당하는 분자량 M[kg](1[kmol])의 기체상수를 구해보면

$$R = \frac{P \cdot V}{T}[\text{M kg}] = \frac{101{,}325[\text{N/m}^2] \times 22.4[\text{m}^3]}{273[\text{K} \cdot \text{M kg}]}$$

$$= \frac{8{,}314.3}{M}[\text{N}\cdot\text{m/kg}\cdot\text{K, J/kg}\cdot\text{K}]$$

$$\fallingdotseq \frac{8.314}{M}[\text{kJ/kg}\cdot\text{K}] \text{ (분자량 } M\text{인 기체상수)}$$

분자량 M, 기체상수 R의 곱은 $M \cdot R = 8{,}314$[J/kg·K]=8.314[kJ/kg·K]로서 모든 기체는 일정한데 $MR = \overline{R}$로 표기하며 일반 기체상수라 한다.

$\overline{R} = M \cdot R = 8{,}314$[J/kg·K]

1) **공기의 기체상수**(M=28.964)

$$R = \frac{\overline{R}}{M} = \frac{8{,}314}{28.964}[\text{J/kg}\cdot\text{K}] = 287[\text{J/kg}\cdot\text{K}]$$

2) **산소(O_2)의 기체상수**(M=32)

$$R = \frac{8{,}314}{32} = 259.8[\text{J/kg}\cdot\text{K}]$$

3) **질소(N_2)의 기체상수**(M=28.016)

$$R = \frac{8{,}314}{28.016} = 296.75[\text{J/kg}\cdot\text{K}]$$

4) **일산화탄소(CO)의 기체상수**(M=28.01)

$$R = \frac{8,314}{28.01} = 296.8[\text{J/kg}\cdot\text{k}]$$

질소와 일산화탄소는 분자량이 비슷하고 그 원자가스인 일산화탄소가 단원자 가스의 질소 분자량보다 미세하게 적으므로 기체상수가 크다.

5) **이산화탄소(CO_2)의 기체상수**

$$R = \frac{8,314}{44} = 188.95[\text{J/kg}\cdot\text{K}]$$

참고

⌘ **중량단위로 본 기체상수**

① 일반 기체상수 : $\overline{R} = \frac{8,314}{9.8}[\text{kg}\cdot\text{m/kg}\cdot\text{K}] = 848[\text{kg}\cdot\text{m/kg}\cdot\text{K}]$

② 공기 기체상수 : $R = \frac{848}{28.964} = 29.27[\text{kg}\cdot\text{m/kg}\cdot\text{K}]$

③ 질소 기체상수 : $R = \frac{848}{28} = 30.28[\text{kg}\cdot\text{m/kg}\cdot\text{K}]$

3-3 등적비열과 등압비열 관계

1. 비열비(k)

등적비열(C_v)에 대한 등압비열(C_p)의 비를 비열비라 한다.

$$k = \frac{C_p}{C_v} \quad \cdots\cdots ①$$

여기서, 단원자 가스 $k = \frac{5}{3} = 1.66$, 2원자 가스 $k = \frac{7}{5} = 1.4$, 3원자 가스 $k = \frac{4}{3} = 1.33$

위에서 보는 바와 같이 통계역학에 의하면 비열비 k는 언제나 1보다 크다.

2. 비열차

열역학 제1법칙 $\delta q = du + pdv = dh - vdp$에서 $dh - du = pdv + vdp = d(pv) = d(Rt)$에 $du = C_v dt$와 $dh = C_p dt$를 대입하면 $C_p dt - C_v dt = Rdt$

$$\therefore\ C_p - C_v = R \quad \cdots\cdots ②$$

①식과 ②식을 연립하여 등적비열을 구하면

$$k \cdot C_v - C_p = R \quad \therefore C_v = \frac{R}{k-1},\ C_p = \frac{kR}{k-1}$$

의 식이 된다.

참고

⌘ 공기, SI 단위로 본 값	⌘ 중량 단위로 본 값
① $R=0.287$[kJ/kg·k], k=1.4	① $R=29.27$[kg·m/kg·K], k=1.4
② C_v= 0.7175[kJ/kg·K]	② C_v= 0.172[kcal/kg·K]
③ C_p= 1.004[kJ/kg·K]	③ C_p= 0.241[kcal/kg·K]

3-4 Joule과 Thomson의 실험

1. Joule's 실험

줄의 열적 상태량인 P.V.T 관계를 증명하기 위해 다음 그림의 코크(cock)를 열었다. 이때 높은 압력은 진공상태 쪽으로 이동하여 압력이 평행에 다다름을 밝혔으나 물의 온도는 변화가 없다는 것 알았다. 윗 식을 열역학 제1법칙에 대입 $\delta q = du + pdv$를 적용하여 보면 가열한 열은 없으므로 δq=0, 체적 또한 일정하므로 pdv=0임을 밝힌 바 여기서 내부에너지는 압력과 체적에 무관하고 오직 온도의 함수임을 증명했다.

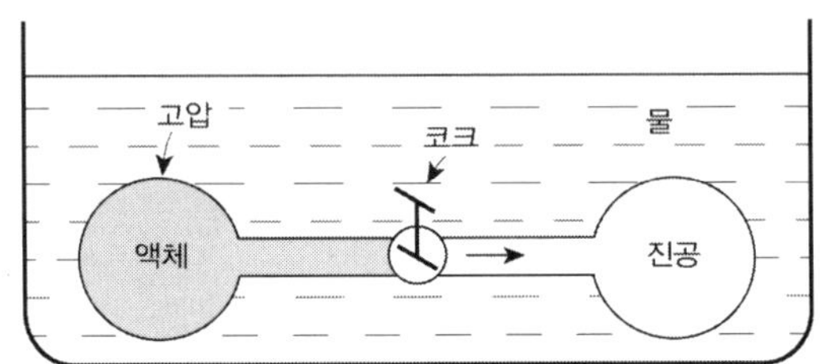

2. Thomson's 효과

팽창밸브를 단열적으로 통과시킬 때 엔탈피 변화없이 온도와 압력이 떨어짐을 밝혀냈는데 여기서 $dh = C_p dt$의 식이 어긋남을 알 수 있는데, 윗 식이 성립되지 않는 한 비가역으로 해석할 수 밖에 없다. 또한 엔탈피가 일정할 때 압력강하에 대한 온도강하의 비 $\left(\frac{\Delta T}{\Delta P}\right)_h$를 줄-톰슨효과라 한다.

3-5 열적 상태량 변화

이상기체의 상태변화를 $P-V$ 선도 위에서 내부에너지 및 엔탈피 변화량, 절대일, 공업일, 공급열량을 단위 kg에 대하여 구하면 다음과 같다.

1. 정적(등적) 변화($v = v_1 = v_2 = C$)

1) **내부에너지 변화량**

$du = C_v dt$에서

$$\Delta u = u_2 - u_1 = C_v(t_2 - t_1)[\text{J/kg}]$$

$$-\frac{R}{k-1}(T_2 - T_1) = \frac{1}{k-1}(P_2 v_2 - P_1 v_1) = \frac{P_1 V_1}{k-1}\left(\frac{T_2}{T_1} - 1\right)$$

2) **엔탈피 변화량**

$dh = C_p dt = kC_v dt$

$$\Delta h = h_2 - h_1 = C_p(T_2 - T_1) = k \cdot \Delta u$$

3) **절대일**

$\delta W = Pdv$에서

$${}_1W_2 = \int_{v_1}^{v_2} Pdv = 0$$

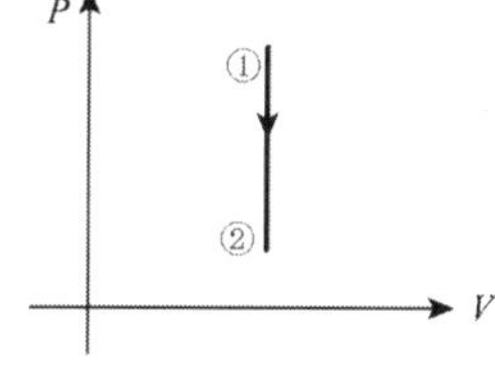

4) **공업일**

$\delta W_T = -vdp$에서

$${}_1W_{T_2} = -\int_{P_1}^{P_2} vdp$$

$$= -v(P_2 - P_1)$$

$$= -R(T_2 - T_1)$$

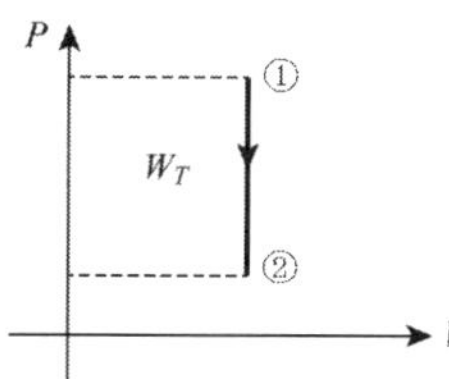

5) **공급열량**

$\delta q = du + \delta w$에서

$$\delta w = pdv = 0$$

$$\delta q = pdv = C_v dt$$

$${}_1q_2 = \Delta u = u_2 - u_1 = C_v(T_2 - T_1)[\text{J/kg}]$$

등적과정에서 공급열량은 내부에너지 변화량과 같다.

2. 등압(정압) 과정($P_1 = P_2 = C$)

$$P_1 = \frac{RT_1}{V_1} = P_2 = \frac{RT_2}{V_2} \qquad \therefore \frac{T_2}{T_1} = \frac{v_2}{v_1}$$

1) **내부에너지 변화량**

$dh = C_v dt$에서

$$\Delta u = u_2 - u_1 = C_v(T_2 - T_1)$$

2) **엔탈피 변화량**

$du = C_p dt$에서

$$\Delta h = h_2 - h_1 = C_p(T_2 - T_1) = k \cdot \Delta u$$

3) **절대일**

$\delta W = Pdv$에서

$${}_1W_2 = P(V_2 - V_1)$$

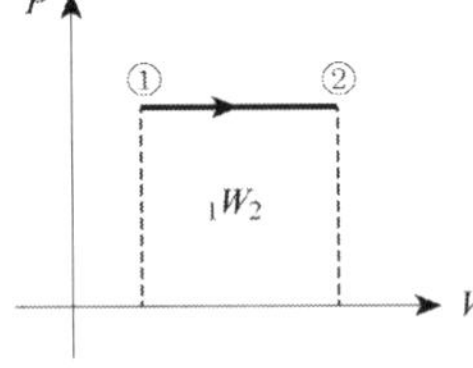

4) **공업일**

$\delta W_T = -vdp$에서

$${}_1W_{T_2} = 0$$

5) **공급열량**

$\delta q = dh - vdp$에서 등급과정은 $-vdp$가 0이므로

$$\delta q = dh = C_p dt \text{ 즉, } {}_1q_2 = \Delta h = C_p(T_2 - T_1)$$

의 값이 얻어지며 등압과정에서 공급열량은 엔탈피 변화량과 같다.

3. 등온변화($T = C,\ P_1V_1 = P_2V_2$)

1) **내부에너지 변화량**

$du = C_v dt$에서

$$\Delta u = u_2 - u_1 = 0$$

2) **엔탈피 변화량**

$dh = C_p dt$에서

$$\Delta h = h_2 - h_1 = 0$$

3) **절대일**

$\delta W = Pdv$에서

$$PV = P_1V_1 = P_2V_2 = RT_1 = RT_2 = C$$

$$_1W_2 = \int_{v_1}^{v_2} Pdv = \int_{v_1}^{v_2} \frac{C}{V}dv = C \cdot \ln\frac{V_2}{V_1}$$

$$= P_1V_1\ln\frac{V_2}{V_1} = RT_1\ln\frac{V_2}{V_1}$$

4) **공업일**

$\delta W_T = -vdP$에서

$$_1W_{T_2} = -\int_{P_1}^{P_2} vdP = -\int_{P_1}^{P_2} \frac{CdP}{P} = -C \cdot \ln\frac{P_2}{P_1}$$

$$= -C\ln\frac{V_1}{V_2} = C \cdot \ln\frac{V_2}{V_1}$$

$$= RT_1\ln\frac{V_2}{V_1} = P_1V_1\ln\frac{V_2}{V_1}$$

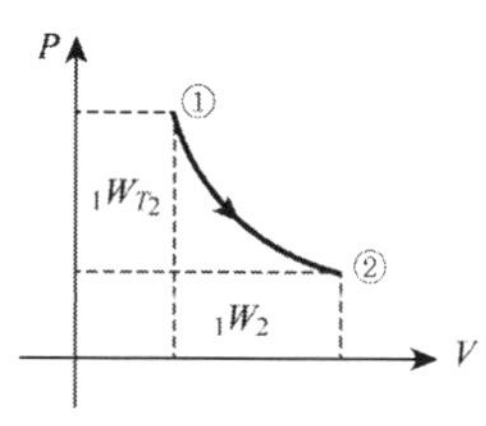

5) **공급열량**

$$\delta q = du + dw = dh - \delta w_T$$

$$_1q_2 = {_1w_2} = {_1w_{T_2}} = PT_1\ln\frac{V_2}{V_1}$$

등온과정에서는 절대일과 공업일 공급열량이 같다.

4. 단열변화

열량출입이 없는 과정으로 압축기나 터빈은 단열로 취급한다. 즉, $\delta q = 0$이므로

$$\delta q = du + pdv = 0$$

$C_vdt + pdv = \dfrac{Rdt}{k-1} + pdv = 0$를 전개하면

$$R \cdot dt + kpdv = pdv = 0 \quad \cdots\cdots ①$$

$pv = RT$를 미분하여 정리하면

$$pdv + vdp = R \cdot dt \quad \cdots\cdots ②$$

②식을 ①식에 대입하면

$$pdv + vdp + kpdv - pdv = 0$$

양변을 pv로 나누면

$$\frac{dp}{p} + \frac{kdv}{v} = 0$$

다시 적분하면

$$\ln p + \ln v^k = \ln pv^k = c'$$

$$pv^k = c \quad \cdots\cdots ③$$

이상기체 상태방정식에서

$$P_1 V_1 = RT_1,\ P_2 V_2 = RT_2$$

$$\frac{T_2}{T_1} = \frac{P_2}{P_1} \cdot \frac{V_2}{V_1} \quad \cdots\cdots ④$$

식 ③을 식 ④에 대입하면

$$\frac{T_2}{T_1} = \left(\frac{V_1}{V_2}\right)^{k-1} = \left(\frac{P_2}{P_1}\right)^{\frac{k-1}{k}}$$

그러므로 단열변화 표기는 다음과 같이 나타낸다.

$$\delta q = 0,\ \ pv^k = c$$

$$\frac{T_2}{T_1} = \left(\frac{V_1}{V_2}\right)^{k-1} = \left(\frac{P_2}{P_1}\right)^{\frac{k-1}{k}}$$

1) **내부에너지 변화량**

$du = C_v dt$에서

$$\Delta u = u_2 - u_1 = C_v(T_2 - T_1) = \frac{R}{k-1}(T_2 - T_1)$$

$$= \frac{RT}{k-1}\left(\frac{T_2}{T_1} - 1\right) = \frac{P_1 V_1}{k-1}\left(\frac{T_2}{T_1} - 1\right) = \frac{P_1 V_1}{k-1}\left[\left(\frac{V_1}{V_2}\right)^{k-1} - 1\right]$$

$$= \frac{P_1 V_1}{k-1}\left[\left(\frac{P_2}{P_1}\right)^{\frac{k-1}{k}} - 1\right]$$

2) **엔탈피 변화량**

$dh = C_p dt$에서

$$\Delta h = h_2 - h_1 = C_p(T_2 - T_1) = k \cdot \Delta u$$

3) **절대일**

$\delta w = pdv$에서

$$PV^k = P_1 V_1^k = P_2 V_2^k = C$$

$$\therefore\ P = CV^{-k}$$

$$_1W_2 = \int_{V_1}^{V_2} Pdv = \int_{V_1}^{V_2} C \cdot V^{-k} du$$
$$= \frac{C}{k-1}(V^{1-k})_{V_1}^{V_2} = \frac{C}{k-1}(V_2^{1-k} - V_1^{1-k})$$
$$= \frac{1}{1-k}(C \cdot V_2^{1-k} - C \cdot V_1^{1-k}) = \frac{1}{1-k}(P_2V_2V_2^{1-k} - P_1V_1^kV_1^{1-k})$$
$$= \frac{1}{1-k}(P_2V_2 - P_1V_1)$$

위에서 보는 바와 같이 적분으로 해를 찾는 것은 복잡하다. 그러므로 단열이라는 식으로 간략히 풀면 $\delta q = du + \delta w = 0$에서

$$\delta w = -du$$
$$_1W_2 = -\Delta u = -C_v(T_2 - T_1)$$
$$= -\frac{P_1V_1}{k-1}\left(\frac{T_2}{T_1} - 1\right)$$
$$= \frac{P_1V_1}{1-k}\left(\frac{T_2}{T_1} - 1\right)$$
$$= \frac{P_1V_1}{1-k}\left[\left(\frac{V_1}{V_2}\right)^{k-1} - 1\right]$$
$$= \frac{P_1V_1}{1-k}\left[\left(\frac{P_2}{P_1}\right)^{\frac{k-1}{k}} - 1\right]$$

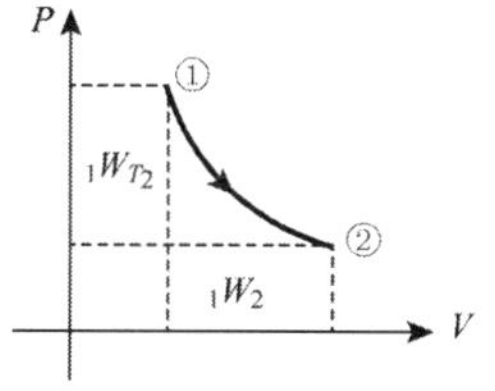

4) **공업일**

마찬가지로 $\delta q = dh + \delta w_T = 0$에서

$$\delta w_T = -dh = -kdu$$
$$w_{T_2} = -k\Delta u = k_1w_2$$

즉, 공업일은 절대일의 k배이다.

$$_1w_{T_2} = k \cdot {_1w_2}$$

5. 폴리트로프 변화(polytrope change)

실제적으로는 등온과정과 단열과정의 식은 적용하기 어렵다. 완벽하게 열의 출입이 없을 수도 없고 하여 공기 압축기와 같은 사이클에서는 등온도 아니고 단열도 아닌 다양한 과정을 근사적으로 적용한다. 즉, $pv = c$와 $pv^k = c$의 사이에서 $pv^n = c$의 식을 적용하며 이 식을 폴리트로프 식(다양성 변화)이라 하고, 여기서 폴리트로프지수 값은 $1 < n < k$의 영역에서 사용되며 다음과 같이 표기한다.

$$PV^n = C,\ \frac{T_2}{T_1} = \left(\frac{V_1}{V_2}\right)^{n-1} = \left(\frac{P_2}{P_1}\right)^{\frac{n-1}{n}}$$

$P-V$ 선도를 보면 다음 그림과 같다.

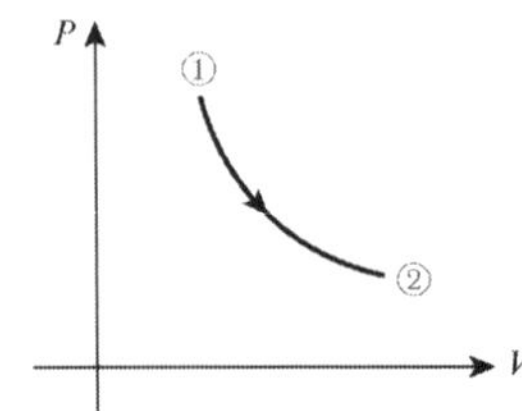

1) 내부에너지 변화량

$du = C_v dt$에서

$$\Delta u = u_2 - u_1 = C_v(T_2 - T_1) = \frac{1}{k-1}(P_2 V_2 - P_1 V_1)$$

$$= \frac{P_1 V_1}{k-1}\left(\frac{T_2}{T_1} - 1\right) = \frac{P_1 V_1}{k-1}\left[\left(\frac{P_2}{P_1}\right)^{\frac{k-1}{k}} - 1\right]$$

2) 엔탈피 변화량

$dh = C_p dt$에서

$$\Delta h = h_2 - h_1 = C_p(T_2 - T_1) = k \cdot \Delta u$$

3) 절대일

$\delta W = p \cdot dv$에서

$$_1W_2 = \frac{1}{1-n}(P_2 V_2 - P_1 V_1) = \frac{P_1 V_1}{1-n}\left(\frac{T_2}{T_1} - 1\right)$$

$$= \frac{P_1 V_1}{1-n}\left[\left(\frac{P_2}{P_1}\right)^{\frac{n-1}{n}} - 1\right]$$

4) 공업일

$\delta W_T = -vdp$에서

$$_1W_{T_2} = \frac{n}{1-n}(P_2 V_2 - P_1 V_1) = \frac{nP_1 V_1}{1-n}\left(\frac{T_2}{T_1} - 1\right)$$

$$= \frac{nP_1 V_1}{1-n}\left[\left(\frac{V_1}{V_2}\right)^{n-1} - 1\right] = \frac{nP_1 V_1}{1-n}\left[\left(\frac{P_1}{p_2}\right)^{\frac{n-1}{n}} - 1\right]$$

$$= n_1 W_1$$

공업일은 절대일의 n배이다.

5) 공급열량

단열과정에서는 0이지만 폴리트로프 과정에서는 0이 아니다. $\delta q = du + pdv$에서

$$
\begin{aligned}
{}_1q_2 &= C_v(T_2 - T_1) + \frac{R}{1-n}(T_2 - T_1) \\
&= \frac{R}{k-1}(T_2 - T_1) + \frac{R}{1-n}(T_2 - T_1) \\
&= \left(\frac{1}{k-1} + \frac{1}{1-n}\right)R(T_2 - T_1) \\
&= \frac{n-k}{n-1}C_v(T_2 - T_1) = C_n(T_2 - T_1)
\end{aligned}
$$

여기서 $C_n = \frac{n-k}{n-1}C_v$라 쓰고 폴리트로프 비열이라 칭한다.

① 폴리트로프 변화에서 열량 구하는 식 : $\delta q = C_n dt$

② $P-V$선도 요약

폴리트로프 지수 n값에 따라

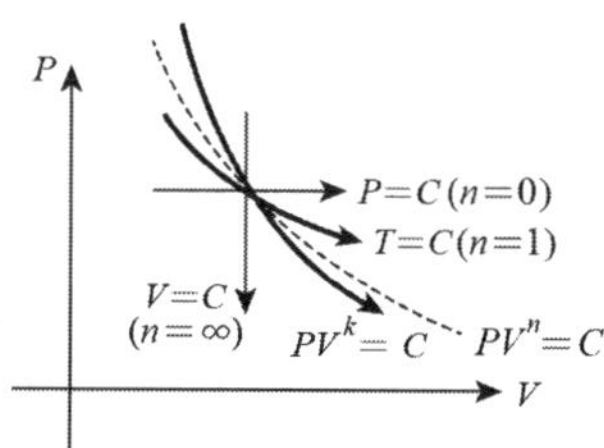

$PV^n = C : n = 0 : P = C$(등압)

$n = 1 :\ T = C$(등온)

$n = k :$ 단열

$n = \infty :$ 등적

[$C_n = \frac{n-k}{n-1} \times C_V = \infty$ 이려면 $n = 1$(등온)이어야 한다.]

개념예제

1. 비열 C가 $\alpha + \beta t + \gamma t^2$[J/kg·K]일 때 온도가 t_1[°K]에서 t_2[°K]까지 가열하면 필요한 열량 ${}_1q_2$[J/kg]과 평균비열 C_m[J/kg·K]은 얼마인가?

Sol) 비열량 ${}_1q_2 = \int_{t_1}^{t_2} cdt = \int_{t_1}^{t_2}(\alpha + \beta t + \gamma t^2)dt = \alpha(t_2 - t_1) + \frac{\beta}{2}(t_2^2 = t_1^2) + \frac{\gamma}{3}(t_2^3 - t_1^3)$ [J/kg]

평균비열 $C_m = \frac{{}_1q_2}{t_2 - t_1} = \alpha + \frac{\beta}{2}(t_2 + t_1) + \frac{\gamma}{3}(t_2^2 + t_1t_2 + t_1^2)$

2. 어떤 가스의 체적 0.4[m^3], 압력 5[kPa]의 상태에서 압력이 20[kPa]로 상승시키면 체적이 0.2[m^3]으로 감소했다. 만약 내부에너지 변화량이 없다고 가정하면 비엔탈피 변화량은 몇 [kJ/kg] 인가?

Sol) 엔탈피 = 내부에너지 + 유동에너지에서

$H_2 = U_2 + P_1V_1,\ \ h_1 = u_1 + P_1V_1$

$\therefore\ H_2 - H_1 = P_2V_2 - P_1V_1 = (20 \times 0.2 - 5 \times 0.4) = 2$[kJ/kg]

3. 어느 실린더 내에 55[kJ]의 일을 하는데 100[kJ]의 열을 공급하였다. 이때 내부에너지 변화량은 얼마인가?

Sol) ${}_1Q_2 = \Delta u + {}_1w_2$에서 $100 = \Delta u + 55$

$\therefore\ \Delta u = 45[\text{kJ}]$

4. 공기 1[kg]을 단열된 실린더 속에서 팽창시키는 처음 압력, 체적이 100[kPa], 0.2[m^3]이었다. 기체상수 $R = 287$[J/kg·K]이고 팽창 후의 체적이 0.5[m^3]이라 할 때 다음을 구하라.

① 일량

② 내부에너지 변화량

③ 엔탈피 변화량

Sol) ① ${}_1W_2 = \dfrac{1}{1-k}(P_2V_2 - P_1V_1) = \dfrac{P_1V_1}{1-k}\left(\dfrac{T_2}{T_1} - 1\right)$

$= \dfrac{100\times10^3\times0.2}{1-1.4}\left[\left(\dfrac{0.2}{0.5}\right)^{1.4-1} - 1\right] = 15342[\text{J}]=15.342[\text{kJ}]$

② ${}_1Q_2 = \Delta u + {}_1w_2 = 0$에서 $\Delta u = -{}_1w_2 = -15.342[\text{kJ}]$

③ $\Delta H = k\cdot\Delta u = 1.4\times(-15.342) = -21.48[\text{kJ}]$

5. 2[kg]의 공기를 200[℃], 0.5[m^3]의 상태에서 등적변화하여 300[kJ]의 열을 빼앗고 압력과 온도가 변하였다. 그 다음 처음 온도 200[℃]에 다다를 때까지 등압가열하였다고 가정할 때 다음을 구하라. (단, $C_v = 0.720$[kJ/kg·K], $C_p = 1.008$[kJ/kg·k])

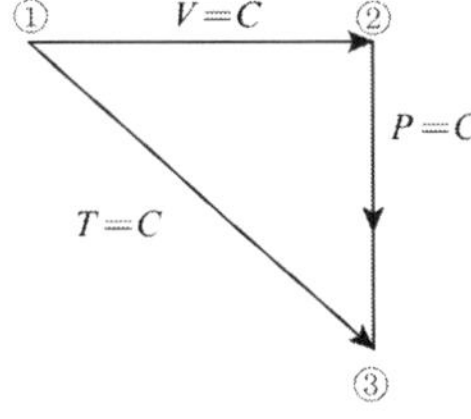

① 등적변화 후의 온도는 몇 [℃]인가?

② 등압변화 후의 압력은 몇 [kPa]인가?

③ 등압변화 중에 가해진 열량은 몇 [kJ]인가?

Sol) ① $\delta Q = du$ 에서(등적이므로)

${}_1Q_2 = MC_v(T_2 - T_1)$

$-300 = 2\times0.72\times(t_2 - 200)\qquad \therefore\ T_2 = -8.33[℃]$

② 등압변화 전=등압변화 후

$P_2 = P_3 = \dfrac{MPT_2}{V_2} = \dfrac{M(C_p - C_v)T_2}{V_2} = \dfrac{2\times(1.008-0.72)\times(-8.33+273)}{0.5}$=304.9[kPa]

③ $\delta q = dh$ 에서

${}_1Q_2 = MC_p(T_3 - T_2) = 2\times1.008\times(200-(-8.33)) = 420.00[\text{kJ}]$

6. 폴리트로프 과정에서 공급한 열량과 내부에너지 관계를 옳게 설명한 것은?

㉮ 공급열량은 내부에너지의 $\dfrac{n-k}{n-1}$배이다.

㉯ 공급열량은 내부에너지의 $n-k$배이다.

㉰ 공급열량은 내부에너지의 $n-1$배이다.

㉱ 비교할 수 없다.

Sol) $\delta q = C_n dt = \dfrac{n-k}{n-1}C_v dt = \dfrac{n-k}{n-1}\cdot du$ 이므로 공급열량은 내부에너지의 $\dfrac{n-k}{n-1}$ 배이다.

3-6 완전가스의 혼합

각각의 다른 이상기체를 혼합하면 본래의 기체로 분리할 수 없는 균질한 혼합가스가 된다. 분리할 수 없는 비가역 현상으로 혼합가스의 성질을 알아봐야 하는데 조건으로는 화학반응을 일으키지 않아야 한다.

1. 혼합기체의 압력과 분압

Dalton의 분압법칙 : 혼합기체의 압력은 각 성분의 분압의 합과 같다.

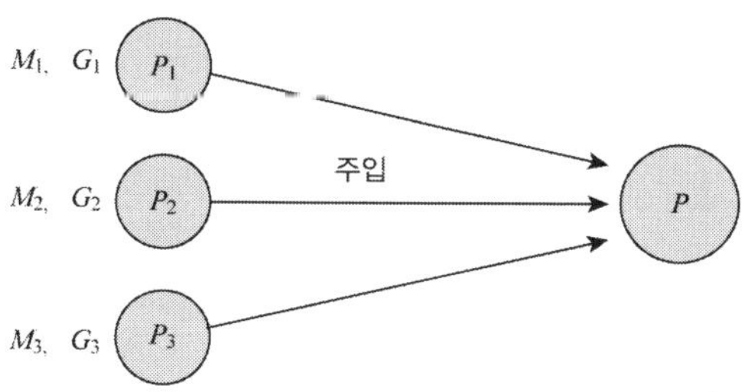

혼합기체의 압력 $P = P_1 + P_2 + P_3$

P_1, P_2, P_3 : 분압
P: 혼합기체압력
M : 분자량
G : 중량
n : 몰수

1) 몰 수

$$n_1 = \frac{G_1}{M_1},\ n_2 = \frac{G_2}{M_2},\ n_3 = \frac{G_3}{M_3}$$

혼합기체의 몰수 : $n = n_1 + n_2 + n_3$

2) 분 압

$$P_1 = \frac{n_1 \cdot P}{n = n_1 + n_2 + n_3}$$

$$P_2 = \frac{n_2 \cdot P}{n = n_1 + n_2 + n_3}$$

$$P_3 = P - P_1 - P_2$$

2. 혼합기체의 비열(C)

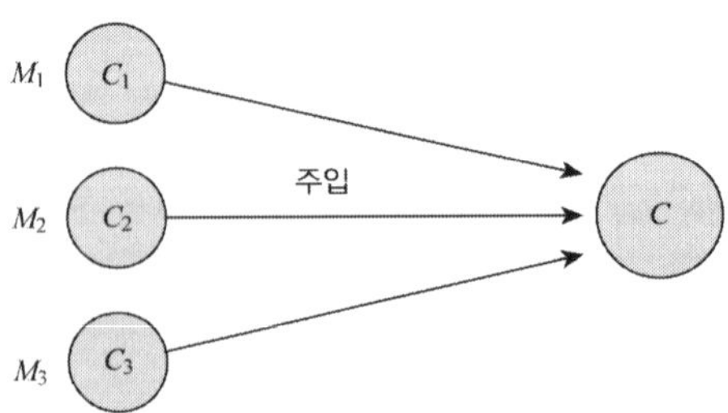

온도 $t_1 \rightarrow t_2$까지 가열할 때 공급열량 하나 하나의 값은

$$Q_1' = M_1 C_1 (t_2 - t_1)$$

$$Q_1'' = M_2 C_2 (t_2 - t_1) \quad \cdots\cdots ①$$

$$Q_1''' = M_2 C_2 (t_2 - t_1)$$

혼합해서 온도 $t_1 \rightarrow t_2$까지 상승시킬 때 열량

$$_1Q_2 = (M_1 + M_2 + M_3) \cdot C(t_2 - t_1) \quad \cdots\cdots ②$$

①식 = ②식으로

혼합기체의 비열 $C = \dfrac{M_1 C_1 + M_2 C_2 + M_3 C_3}{M_1 + M_2 + M_3}$ [kJ/kg·K]

3. 혼합기체의 기체상수(온도, 체적 일정하다는 가정)

$$P_1 = \frac{G_1 R_1 T}{V}, \quad P_2 = \frac{G_2 R_2 T}{V}, \quad P_3 = \frac{G_3 R_3 T}{V}$$

$$P = P_1 + P_2 + P_3 = \frac{T}{V}(G_1 R_1 + G_2 R_2 + G_3 R_3) = \frac{GRT}{V}$$

$GR = G_1 R_1 + G_2 R_2 + G_3 R_3$에서

혼합기체 상수 $R = \dfrac{G_1 R_1 + G_2 R_2 + G_3 R_3}{G_1 + G_2 + G_3}$

4. 혼합기체 분자량과 기체상수

1) 각각의 기체상수

$$R_1 = \frac{8,314}{M_1} \text{[J/kg·K]}, \quad R_2 = \frac{8,314}{M_2} \text{[J/kg·K]}$$

2) **혼합기체 기체상수**

$$R = \frac{G_1R_1 + G_2R_2}{G_1 + G_2}\,[\text{J/kg·K}]$$

3) **혼합기체 분자량**

$$M = \frac{8,314}{R}$$

개념예제

7. 산소 20[kg]과 질소 80[kg]으로 구성된 혼합기체의 기체상수와 분자량을 구하라.

Sol) (1) 산소 O_2의 기체상수 $R_1 = \frac{8,314}{32}$[J/kg·K]=259.8[J/kg·K]

질소 N_2의 기체상수 $R_2 = \frac{8,314}{28}$[J/kg·K]=296.9[J/kg·K]

$\therefore \frac{G_1R_1 + G_2R_2}{G_1 + G_2} = \frac{20 \times 259.8 + 80 \times 296.8}{20 + 80}$=289.5[J/kg·K]

(2) 분자량 : $M = \frac{\overline{R}}{R} = \frac{8,314}{289.5} = 28.717$

3-7 상대습도와 절대습도

다음 그림과 같이 대기중에는 습기량과 건기량의 혼합가스로 볼 수 있는데, 이 혼합물을 습공기라 하며 분압법칙에 의하여 습공기의 압력 $P = P_a + P_w$이고, $M = M_a + M_w$이다.

건공기 + 수증기 = 습공기

$P_a,\ M_a$ $P_w,\ M_w$ $P,\ M$

1) **절대습도**

건공기에 대한 수증기의 양을 퍼센트로 나타낸 값으로 $\eta_1 = \frac{M_w}{M_a} \times 100[\%]$로 표시한다.

2) **상대습도**

습공기의 포화증기압 P_s에 대한 수증기의 분압 P_w와 비를 퍼센트로 나타낸 값으로

$$\eta_2 = \frac{P_w}{P_s} \times 100$$

여기서 노점온도라는 것은 공기온도가 낮아질 때 수증기 압력 P_w는 일정하나 포화압력 P_s가 낮아져서 원래 $P_w < P_s$인 관계에서 $P_w = P_s$인 결과가 되어 상대습도 η_2가 100[%]가 된다. 이때 응축이 시작되는 온도를 노점온도라 한다. 수증기와 진공기 및 습증기의 상태를 이상기체 상태방정식에 적용해 보면

$$P_w V = G_w R_w T = \eta_2 \cdot P_s \cdot V \cdots\cdots ①$$

$$G_w = \frac{\eta_2 \cdot P_s \cdot V}{R_w \cdot T}$$

$$P_a V = G_a R_a T \cdots\cdots ②$$

$G_a = \dfrac{P_a \cdot v}{R_a \cdot T} = \dfrac{(P - P_w)V}{R_a T} = \dfrac{(P - \eta_2 \cdot P_s)V}{R_a \cdot T}$에서 절대습도 구하는 방법은

$$\eta_1 = \frac{M_w}{M_a} = \frac{\dfrac{\eta_2 P_s V}{R_w T}}{\dfrac{(P - \eta_2 P_s)V}{R_a \cdot T}} = \frac{R_a \cdot \eta_s \cdot P_s}{R_w (P - \eta_2 P_s)}$$

단, R_a(건공기) : 287[J/kg·K], R_a(습기) : 461.2[J/kg·K]를 대입하면

절대습도 $\eta_1 = \dfrac{287 \eta_2 P_s}{461.2(P - \eta_2 P_s)} = \dfrac{0.622 \eta_2 P_s}{P - \eta_2 P_s}$

상대습도 $\eta_2 = \dfrac{\eta_2 P}{P_s(\eta_1 + 0.622)}$

개념예제

8. 표준 대기압하에서 온도 40[℃], 상대습도 0.8인 습공기의 절대습도를 구하라. (단, 40[℃]에서 포화압력은 0.07522[kg/cm²]이다.)

Sol) 절대습도

$$\eta_1 = \frac{\text{수증기 중량}(M_w)}{\text{건공기 중량}(M_a)} = \frac{\dfrac{P_w \cdot V}{R_w \cdot T}}{\dfrac{P_a \cdot V}{R_a \cdot T}} = \frac{\dfrac{\eta_2 P_s V}{R_w \cdot T}}{\dfrac{(P - \eta_2 P_2)V}{R_a \cdot T}}$$

$$= \frac{R_a \cdot \eta_2 \cdot P_s}{R_w(P - \eta_2 P_s)} = \frac{287 \times 0.8 \times P_s}{461.2(P - 0.8P_s)} = 0.622 \frac{\eta_2 P_s}{P - \eta_2 P_s} = \frac{0.622 \times 0.8 \times 0.07522}{1.0332 - 0.8 \times 0.07522}$$

$$= 0.0385$$

제3장 적중 예상문제

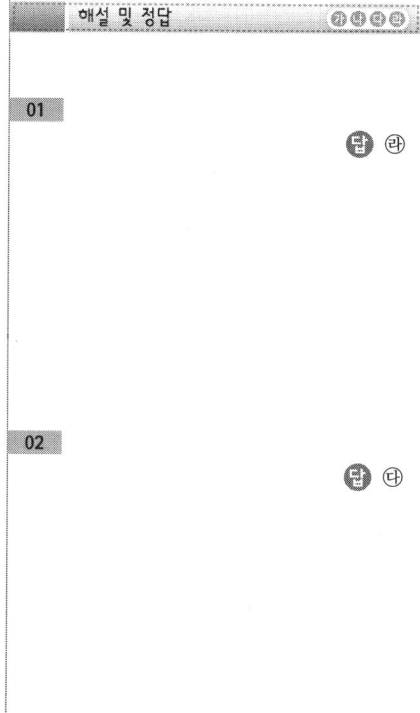

해설 및 정답

01

다음 중에서 보일의 법칙을 옳게 설명한 것은?

㉮ 압력이 일정할 때 온도와 체적은 서로 비례한다.
㉯ 압력이 일정할 때 온도와 체적은 서로 반비례한다.
㉰ 온도가 일정할 때 압력과 체적은 서로 비례한다.
㉱ 온도가 일정할 때 압력과 체적은 서로 반비례한다.

01 답 ㉱

02

샤를(Charle)의 법칙을 옳게 설명한 것은?

㉮ 온도가 일정할 때 압력과 체적은 서로 비례한다.
㉯ 온도가 일정할 때 압력과 체적은 서로 반비례한다.
㉰ 체적이 일정할 때 온도와 압력은 서로 비례한다.
㉱ 체적이 일정할 때 온도와 압력은 서로 반비례한다.

02 답 ㉰

03

보일-샤를의 법칙을 옳게 설명한 것은?

㉮ 압력과 체적의 상승적은 절대온도에 비례한다.
㉯ 압력과 체적의 상승적은 절대온도에 반비례한다.
㉰ 압력과 온도 상승적은 체적에 비례한다.
㉱ 압력과 온도 상승적은 체적에 반비례한다.

03 $\frac{PV}{T}$=상수

답 ㉮

04

다음 중 비열간의 관계식 중 옳은 것은? (단, C_V : 등적비열, C_P : 등압비열, R : 기체상수, k : 비열비)

㉮ $C_P - C_V = R$　　㉯ $C_P + C_V = R$
㉰ $C_P \times C_V = k$　　㉱ $C_P - C_V = k$

04 답 ㉮

05

다음 중 비열비 k의 값은?

㉮ 항상 1보다 크다.
㉯ 항상 1보다 적다.
㉰ 항상 0보다 크다.
㉱ 1보다 클 수도 있고 적을 수도 있다.

06

다음 중 등적비열을 나타낸 식은?

㉮ $C_v = \left(\frac{\partial u}{\partial t}\right)_v = \left(\frac{\partial q}{\partial t}\right)_v$　㉯ $C_v = \left(\frac{\partial h}{\partial t}\right)_v = \left(\frac{\partial q}{\partial t}\right)_v$

㉰ $C_v = \left(\frac{\partial u}{\partial t}\right)_p = \left(\frac{\partial q}{\partial t}\right)_p$　㉱ $C_v = \left(\frac{\partial h}{\partial t}\right)_p = \left(\frac{\partial q}{\partial t}\right)_p$

07

다음 중 등적비열 공식으로 적당한 것은?

㉮ $\frac{kR}{k-1}$　㉯ $\frac{R}{k-1}$

㉰ $\frac{k-1}{k}$　㉱ $\frac{k-1}{R}$

08

다음 비열의 단위 중 옳은 것은?

㉮ [kcal/kg]　㉯ [kJ/kg]
㉰ [kJ/kg·℃]　㉱ [kg/kg·℃]

09

다음 일반 기체상수의 값으로 정당한 것은?

㉮ 848[kJ/kg·K]　㉯ 0.848[kJ/kg·K]
㉰ 8,314[kJ/kg·K]　㉱ 8,314[J/kg·K]

해설 및 정답 ㉮㉯㉰㉱

05
답 ㉮

06
답 ㉮

07
답 ㉯

08
$C = \frac{\delta Q}{M \cdot dt}$[kJ/kg·℃]
답 ㉰

09
답 ㉱

해설 및 정답 ㉮㉯㉰㉱

10

다음 중 공기의 기체상수는 어느 것인가?

㉮ 4.27[J/kg·K] ㉯ 4.27[kJ/kg·K]
㉰ 287[kJ/kg·K] ㉱ 287[J/kg·K]

10

$R = \frac{8,314}{M} = \frac{8,314}{28.964} = 287\,[\mathrm{J/kg \cdot K}]$

 ㉱

11

다음 중 탄산가스(CO_2)의 기체상수는?

㉮ 29.4[J/kg·K] ㉯ 41.7[kJ/kg·K]
㉰ 20.7[J/kg·K] ㉱ 188.84[J/kg·K]

11

$M = 44$이므로

$R = \frac{8,314}{M} = \frac{8,314}{44}$
$= 188.846\,[\mathrm{kg_f \cdot m/kg \cdot K}]$

 ㉱

12

다음 중에서 기체상수가 가장 큰 것은 어느 것인가?

㉮ 질소 ㉯ 일산화탄소
㉰ 산소 ㉱ 이산화탄소

12

기체상수 $R = \frac{8,314}{M}$에서 분자량이 적을수록 크고 같은 분자량이면 2원자 가스가 분자량이 더 크다.

$N_2 = 28.016$, $CO = 28.01$, $O2 = 32$

 ㉯

13

비열비 k=1.3, 기체상수가 264[J/kg·K]일 때 등적비열을 구한 값 중 옳은 것은?

㉮ 770[kJ/kg·K] ㉯ 880[J/kg·K]
㉰ 470[J/kg·K] ㉱ 670[kJ/kg·K]

13

$C_v = \frac{R}{k-1} = \frac{264}{0.3} = 880\,[\mathrm{J/kg \cdot K}]$

 ㉯

14

정적비열이 650[J/kg·k]이고 정압비열이 920[J/kg·k]이다. 이 기체의 압력이 0.4[MPa]이고 온도 24[℃]일 때 비용적은 얼마인가?

㉮ 0.1[m^3/kg] ㉯ 0.2[m^3/kg]
㉰ 0.3[m^3/kg] ㉱ 0.4[m^3/kg]

14

기체상수

$R = C_p - C_v = 920 - 650 = 270\,[\mathrm{J/kg \cdot K}]$

$\therefore v = \frac{RT}{P} = \frac{270 \times 297}{0.4 \times 10^6} = 0.2\,[\mathrm{m^3/kg}]$

 ㉯

15

다음 중 폴리트로프지수가 무한대(∞)인 과정은 어느 것인가?

㉮ 등적과정 ㉯ 등압과정
㉰ 등온과정 ㉱ 폴리트로프 과정

15

$n = \infty$: 등적
$n = 1$: 등온
$n = 0$: 등압

 ㉮

16

다음 중 폴리트로프 비열이 무한대(∞)인 과정은 어느 것인가?

㉮ 등적변화　　㉯ 등압변화
㉰ 등온변화　　㉱ 폴리트로프 변화

17

압력이 10[MPa]인 상태에서 변화하여 내부에너지가 15[kJ]의 변화가 생겼다. 비열비 k =1.4이고 $PV^{1.3} = C$ 이었을 때 열량을 계산한 값 중 가장 가까운 것은?

㉮ −5[kJ]　　㉯ 10[kJ]
㉰ 5[kJ]　　㉱ −10[kJ]

18

공기 중에서 일정한 압력하에 공급한 열량이 일로 변화했다면 이론 열효율은 몇 [%]인가? (단, $R = 287$[J/kg·K])

㉮ 28.57[%]　　㉯ 31.74[%]
㉰ 100[%]　　㉱ 0[%]

19

어떤 가스 1[kg]을 100[℃]에서 500[℃]까지 상승시킬 때 정압일 때와 정적일 때의 공급된 열량 차이가 104[kJ]이었다. 이 기체의 기체상수 R은 얼마인가?

㉮ 180[J/kg·K]　　㉯ 180[kJ/kg·K]
㉰ 0.26[kJ/kg·K]　　㉱ 260[kJ/kg·K]

20

압력 0.392[MPa] 체적 3[m³]의 기체가 일정압력하에서 4.6[m³]으로 팽창되었다. 이 기체가 팽창되면서 행한 일은 몇 [kJ]인가?

㉮ 627.2　　㉯ 472
㉰ 576.4　　㉱ 827.4

해설 및 정답 

16

폴리트로프 비열 $C_n = \frac{n-k}{n-1}C_v$에서 $C_n = \infty$가 되면 $n-1=0$

$\therefore n = 1$인 등온과정이다.

답 ㉰

17

폴리트로프 과정에서 공급열량

$\delta Q = GC_n \cdot dt = \frac{n-k}{n-1} \cdot GC_v dt = \frac{n-k}{n-1}du$

$\therefore {}_1Q_2 = \frac{n-k}{n-1} \cdot \Delta u$

$= \frac{1.3-1.4}{1.3-1} \times 15 = -5\,[\text{kJ}]$

답 ㉮

18

$p = c : \delta Q = MC_p \cdot dt,\ \delta w = pdv$

$\therefore {}_1Q_2 = MC_p(T_2 - T_1)$

${}_1w_2 = P(v_2 - v_1) = MR(T_2 - T_1)$

$\therefore \eta = \frac{{}_1w_2}{{}_1Q_2} = \frac{R}{C_p} = \frac{R}{\frac{kR}{k-1}}$

$= \frac{k-1}{k} = \frac{0.4}{1.4} = 0.2857$

답 ㉮

19

등압일 때 : ${}_1Q_2 = MC_p(T_2 - T_1)$

등적일 때 : ${}_1Q_2 = GC_v(T_2 - T_1)$이므로

$MC_p(T_2 - T_1) - MC_v(T_2 - T_1) = 104$

$\therefore C_p - C_v = \frac{104}{M(T_2 - T_1)}$

$= \frac{104}{1 \times 400} = 0.26\,[\text{kJ/kg·K}]$

$= 260\,[\text{kJ/kg·K}]$

답 ㉰

20

등압

${}_1w_2 = \int pdv$

$= p(v_2 - v_1) = 0.392 \times 10^6 \times (4.6 - 3)$

$= 627{,}200\,[\text{J}]$

$= 627.2\,[\text{kJ}]$

답 ㉮

21

압력 0.3[MPa], 온도 30[℃]인 공기가 0.4[m^3]인 용기 내에 들어 있다. 이 공기를 0.7[MPa]로 상승시킬 때 가열량은 몇 [kJ]인가?

㉮ 200 ㉯ 300
㉰ 400 ㉱ 500

22

공기 10[kg]과 수증기 2[kg]이 혼합되어 4[m^3]의 일정한 용기 내에 들어 있다. 이 혼합기체의 온도가 127[℃]일 때 혼합기체의 압력은 몇 [MPa]인가? (단, 수증기 기체상수는 461[J/kg·K]이다.)

㉮ 0.3792[MPa] ㉯ 0.4782[MPa]
㉰ 0.541[MPa] ㉱ 0.671[MPa]

23

공기 2[kg]을 압력 10[kPa], 온도 47[℃]인 상태에서 일정온도하에 압력이 100[kPa]까지 가열하는데 소요되는 일은 몇 [kJ]인가?

㉮ 163.43 ㉯ 255.52
㉰ 295.62 ㉱ 432.16

24

질소 7.7[kg]과 산소 2.3[kg]으로 혼합된 가스의 평균 기체상수는 얼마인가? (질소 : 30.26×9.8=296.55[J/kg·K], 산소 : 26.49×9.8=259.60[J/kg·K])

㉮ 199.56 ㉯ 288.05
㉰ 314.32 ㉱ 412.36

25

압력 P_1=0.1[MPa], 용적 V_1=0.2[m^3]에서 V_2=0.6[m^3]으로 되었을 때 C_p=0.444[kJ/kg·K], C_v=0.33[kJ/kg·K] 단열된 실린더 내에서 팽창한다. 이때 일량[kJ]과 엔탈피의 감소는 몇 [kJ]인가?

㉮ 18.24와 24.63 ㉯ 24.63과 30.24
㉰ 18.24와 30.24 ㉱ 30.24와 10.42

해설 및 정답

21

등적과정이므로 $\delta Q = du = MC_v dt$

$${}_1Q_2 = MC_v(T_2 - T_1)$$
$$= \frac{MR(T_2 - T_1)}{k-1} - \frac{P_2V_2 - P_1V_1}{k-1}$$
$$= \frac{(P_2 - P_1)\times V}{k-1}$$
$$= \frac{(0.7-0.3)\times 10^6 \times 0.4}{0.4\times 10^3} = 400[\text{kJ}]$$

답 ㉰

22

혼합기체상수

$$R = \frac{G_1R_1 + G_2R_2}{(G_1+G_2)} = \frac{10\times 287 + 2\times 461}{10+2}$$
$$= 316[\text{J/kg·K}]$$
$$\therefore\ p = \frac{GRT}{V} = \frac{12\times 316\times 400}{4}$$
$$= 379{,}200[\text{Pa}]$$
$$= 0.3792[\text{MPa}]$$

 ㉮

23

$${}_1W_2 = \int_{P_1}^{P_2} vdp(\text{압축일}) = \int_{P_1}^{P_2} \frac{Cdp}{v}$$
$$= C\cdot \ln\frac{P_2}{P_1} = MRT_1 \ln\frac{P_2}{P_1}$$
$$= 2\times 0.287\times 320 \ln\frac{100}{20} = 295.62[\text{kJ}]$$

 ㉰

24

$$R = \frac{7.7\times 296.55 + 2.3\times 259.60}{7.7+2.3}$$
$$= 288.05[\text{J/kg·K}]$$

답 ㉯

25

$k = \dfrac{C_p}{C_v} = \dfrac{0.444}{0.33} = 1.35$이므로

$${}_1W_2 = \frac{P_1v_1}{K-1}\left\{1 - \left(\frac{v_1}{v_2}\right)^{k-1}\right\}$$
$$= \frac{0.1\times 10^6\times 0.2}{1.35-1}\left\{1 - \left(\frac{0.2}{0.6}\right)^{1.35-1}\right\}$$
$$= 18241.07[\text{J}] ≒ 18.24[\text{kJ}]$$
$$(H_1 - H_2) = k_1W_2$$

 ㉮

26

압력 0.5[MPa], 37[℃]의 공기 5[kg]이 폴리트로우프 변화를 하여 360[kJ]의 열량을 방출하여 180[℃]로 되었다면 변화한 압력은 얼마인가? (단, k=1.4, C_p=1.004[kJ/kg·K], C_v=0.718[kJ/kg·K]이다).

㉮ 1.62[MPa]　　㉯ 2.23[MPa]

㉰ 3.16[MPa]　　㉱ 2.43[MPa]

27

실제기체가 이상기체 상태방정식을 적용하려면 조건이 어떻게 되어야 하는가?

㉮ 분자량이 클 것　　㉯ 압력이 클 것

㉰ 비체적이 적을 것　　㉱ 온도가 높을 것

28

이상기체를 등온팽창시키면 열량은 어떻게 되는가?

㉮ 가열　　㉯ 냉각

㉰ 불변　　㉱ 계산 불가능

29

이상기체를 등온압축하면 열량은 어떻게 되는가?

㉮ 가열　　㉯ 냉각

㉰ 불변　　㉱ 계산 불가

30

공기가 정압변화하는 사이에 240[kJ]의 열량을 받았다면 이때 얻을 수 있는 일량은 몇 [kJ]인가? (단, 정압비열 C_p=1.004[kJ/kg·K])

㉮ 54.3　　㉯ 68.6

㉰ 73.5　　㉱ 82.6

해설 및 정답

26

$\frac{T_2}{T_1} = \left(\frac{v_1}{v_2}\right)^{n-1} = \left(\frac{P_2}{P_1}\right)^{\frac{n-1}{n}}$ 에서 n이 미지수이므로

${}_1Q_2 = MC_n(T_2 - T_1)$

$= MC_v\frac{n-k}{n-1}(T_2 - T_1) - 360$

$= 5\times 0.718\times\frac{n-1.4}{n-1}(453-310)$

따라서 $n = 1.2351$

$\therefore\ P_2 = 0.5\times\left(\frac{453}{310}\right)^{\frac{1.245}{1.245-1}} = 3.67[\text{MPa}]$

답 ㉯

27

실제기체는 압력과 분자량이 적고 온도와 비체적이 높을 때 이상기체 상태방정식을 근사적으로 만족한다.

답 ㉱

28

${}_1q_2 = \int pdv = C\cdot\ln\frac{v_2}{v_1}$: $v_2 > v_1$

이므로 +값이 된다.

∴ 가열(흡열)

답 ㉮

29

${}_1q_2 = \int_{P_1}^{P_2} vdp = -\int_{P_1}^{P_2}\frac{2Cdp}{p} = -C\ln\frac{P_2}{P_1}$

$= C\ln\frac{P_1}{P_2}$에서 $P_2 > P_1$이므로 (−)

∴ 냉각

답 ㉯

30

$\delta q = dh - vdp$에서 등압이므로

$\delta Q = MC_p dt,\ {}_1Q_2 = MC_p(t_2 - t_1)$

$M(t_2 - t_1) = \frac{{}_1Q_2}{C_p} = \frac{240}{1.004}$

$\therefore\ {}_1W_2 = \int_{v_1}^{v_2} pdv = p(v_2 - v_1)$

$= MR(T_2 - T_1) = 0.287\times\frac{240}{1.004}$

$= 68.6[\text{kJ}]$

답 ㉯

31

어떤 기체의 압력 $P=(10+V)$[bar]일 때 체적이 2[m^3]에서 4[m^3]까지 팽창할 때 얻을 수 있는 일은 몇 [kJ]인가?

㉮ 2,400　　㉯ 2,600
㉰ 2,700　　㉱ 3,000

32

압력 20[kPa], 온도 30[℃]인 기체의 엔탈피가 $h=4.2T$ [kJ/kg]의 함수를 나타낼 때 일정 압력하에서 온도 130[℃]까지 가열할 때 공급열량은 얼마인가?

㉮ 420[kJ/kg]　　㉯ 670[kJ/kg]
㉰ 840[kJ/kg]　　㉱ 1,210[kJ/kg]

33

공기 1[kg]을 일정한 압력하에서 얻은 일이 4,632[J]이었다. 여기에 공급한 열량은 몇 [kJ]인가?

㉮ 16.212　　㉯ 21.412
㉰ 31.412　　㉱ 41.242

34

어느 가스탱크에 10[℃], 490[kPa]의 공기 10[kg]이 채워져 있다. 온도가 37[℃]로 상승한 경우 탱크의 체적변화가 없다면 압력증가는 몇 [kPa]인가?

㉮ 24.74　　㉯ 30.71
㉰ 50.48　　㉱ 46.74

해설 및 정답 ㉮㉯㉰㉱

31

$$_1W_2=\int_{v_1}^{v_2}pdv=\int_{v_1}^{v_2}(10+v)\times 10^5 dv[\text{J}]$$
$$=\left(10v+\frac{v^2}{2}\right)_2^4\times 10^2[\text{kJ}]$$
$$=\left[10(4-2)+\left(\frac{4^2-2^2}{2}\right)\right]\times 10^2[\text{kJ}]$$
$$=26\times 10^2[\text{kJ}]$$

답 ㉯

32

$$\delta q=dh=4.2dT$$
$$\therefore\ _1q_2=4.2(T_2-T_1)$$
$$=4.2\times(130-30)$$
$$=420[\text{kJ/kg}]$$

 ㉮

33

$$_1W_2=\int_{v_1}^{v_2}pdv=p(v_2-v_1)$$
$$=MR(T_2-T_1)=4.632$$

공급한 열량

$$_1Q_2=\Delta H=MC_p(T_2-T_1)$$
$$=M\frac{kR}{k-1}(T_2-T_1)$$
$$=\frac{k}{k-1}MR(T_2-T_1)$$
$$=\frac{k}{k-1}\cdot\ _1W_2$$
$$=\frac{1.4}{0.4}\times 4.632=16.212[\text{J}]$$

 ㉮

34

$$\frac{T_2}{T_1}=\frac{P_2}{P_1}$$

따라서

$$P_2=490\times\frac{310}{283}=536.746$$
$$\therefore\ \Delta P=P_2-P_1=46.74$$

 ㉱

35

다음 중 폴리트로프 과정에서 내부에너지 변화가 30[kJ]이다. 압력이 0.1[MPa]에서 0.5[MPa]로 변할 때 공급열량은 몇 [kJ]인가? (단, k=1.4, n=1.3)

㉮ −10[kJ]　　㉯ 10[kJ]
㉰ 30[kJ]　　㉱ −30[kJ]

36

압력 500[kPa], 온도 135[℃]인 암모니아 가스의 비체적이 0.4 [m³/kg]이라면 암모니아 가스상수 R은?

㉮ 약 270[N·m/kg°K]　　㉯ 약 340[N·m/kg°K]
㉰ 약 430[N·m/kg°K]　　㉱ 약 490[N·m/kg°K]

37

CO_2의 분자량이 44라면 기체상수는 몇 [N·m/kg·°K]인가?

㉮ 약 132　　㉯ 약 19.3
㉰ 약 189　　㉱ 약 225

38

분자량 40인 아르곤 50[kg]을 27[℃]에서 용적 3[m³]의 탱크 속에 넣으려면 압력이 얼마이어야 되겠는가?

㉮ 1.04[MPa]　　㉯ 10.4[MPa]
㉰ 1.54[MPa]　　㉱ 15.4[MPa]

39

초온 t_1=32[℃]인 3[kg]의 공기가 단열팽창하여 59[kg]의 일을 했다면 변화 후의 온도는? (단, 정적비열 C_v =0.72[kJ/kg℃]이다.)

㉮ 3.57[℃]　　㉯ 4.02[℃]
㉰ 4.7[℃]　　㉱ 5.6[℃]

해설 및 정답

35

$\delta Q = MC_n dt = M \cdot \frac{n-k}{n-1} C_v dt \frac{n-k}{n-1} \cdot du$ 에서

$\therefore {}_1Q_2 = \frac{n-k}{n-1}\Delta u$

$= \frac{1.3-1.4}{1.3-1} \times 30 = -10[kJ]$

36

$R = \frac{PV}{T} = \frac{500 \times 10^3 \times 0.4}{135+273}$

$= 490[N \cdot m/kg \cdot °K]$

37

$R = \frac{8,314}{44}$

$= 189[N \cdot m/kg \cdot K]$

38

$PV = MRT$에서

$P = \frac{MRT}{V} = \frac{50 \times 8,314}{3 \times 40}$

$= 1,039,250[Pa] = 1.04[MPa]$

39

${}_1W_2 = -\Delta u = -MC_v(T_2 - T_1)$에서

$T_2 = T_1 - \frac{{}_1W_2}{MC_v} = 32 - \frac{59}{3 \times 0.72} = 4.68[℃]$

40

68[kg]의 아르곤(분자량 40)을 온도 18[℃], 체적 2.8[m^3]인 탱크 속에 봉입하려고 한다. 압축시킬 압력은 약 몇 [MPa]인가?

㉮ 6[MPa] ㉯ 9[MPa]
㉰ 1.2[MPa] ㉱ 1.47[MPa]

41

어느 완전가스가 등온하에서 외부에 대하여 상태 1에서 상태 2까지 627.69[kJ]의 일을 하였다. 이 일을 열량으로 환산하면? (단, $k=1.4$ 이다.)

㉮ 200[kJ] ㉯ 300[kJ]
㉰ 627.69[kJ] ㉱ 313.84[kJ]

42

압력이 80[kPa], 체적 0.37[m^3]를 차지하고 있는 완전가스를 등온 팽창시켰더니 체적이 2.5배로 팽창하였다. 외부에 대해서 한 일은 얼마인가?

㉮ 2.71×10^2[N·m] ㉯ 2.71×10^3[N·m]
㉰ 2.71×10^4[N·m] ㉱ 2.71×10^5[N·m]

43

공기 1[kg]이 등압하에서 공급한 열량이 전부 일로 변했다면 효율은 얼마인가?

㉮ 100[%] ㉯ 75[%]
㉰ 28.57[%] ㉱ 51.4[%]

44

분자량이 44인 완전기체의 절대압력이 196[kPa], 온도가 100[℃]일 때 [m^3/kg_f]로 계산한 비체적은 다음 수치 중 어느 것에 가장 가까운가?

㉮ 3.15 ㉯ 0.36
㉰ 4.15 ㉱ 4.51

해설 및 정답

40

$$P=\frac{MRT}{V}=\frac{68\times8314\times291}{2.8\times40}$$
$$=1.47[\text{MPa}]$$

답 ㉱

41

등온일 때는 열량과 일이 같다.

답 ㉰

42

$${}_1W_2=\int_{v_1}^{v_2}PdV=\int_{v_1}^{v_2}C\cdot\frac{dV}{V}=P_1V_1\ln\frac{V_2}{V_1}$$
$$=80\times10^3\times0.37\times\ln2.5$$
$$=2.71\times10^4[\text{N}\cdot\text{m}]$$

답 ㉰

43

$\delta Q=\Delta H$에서

$${}_1Q_2=C_p\Delta t=\frac{k}{k-1}R\Delta t$$
$${}_1W_2=P(V_2-V_1)=R(T_2-T_1)=R\Delta t$$
$$\therefore\ \eta=\frac{w}{{}_1Q_2}=\frac{R\Delta t}{\frac{kR\Delta t}{k-1}}=\frac{k-1}{k}=\frac{0.4}{1.4}=0.2857$$

답 ㉰

44

$PV=RT$에서

$$V=\frac{RT}{P}=\frac{189\times373}{196\times10^3}=0.36[\text{m}^3/\text{kg}]$$

여기서, $R=\frac{8314}{44}=189[\text{N}\cdot\text{m/kg}\cdot\text{K}]$

답 ㉯

해설 및 정답 ㉮㉯㉰㉱

45

공기 1[kg$_f$]을 정적변화 밑에서 40[℃]에서 120[℃]까지 가열하고 다음에 정압변화에서 120[℃]에서 220[℃]까지 가열한다면 전체 가열에 필요한 열량은? (단, $C_p = 1.004$[kJ/kg$_f$·℃], $C_v = 0.72$[kJ/kg$_f$·℃])

㉮ 158[kJ/kg] ㉯ 182[kJ/kg]
㉰ 194[kJ/kg] ㉱ 200[kJ/kg]

45

$$_1Q_2 = MC_v(120-40) + MC_p(220-120)$$
$$= 0.72(80) + 1.004 \times 100 = 158[\text{kJ/kg}]$$

답 ㉮

46

대기 100[kg]의 성분이 산소 23.2[kg], 질소 76.8[kg]이라면 이 대기의 기체상수는 몇 [J/kg·k]인가? (단, 산소의 분자량은 32, 질소의 분자량은 28이다.)

㉮ 288.3 ㉯ 293
㉰ 296 ㉱ 299.3

46

$$R_O = \frac{8.314}{32} = 259.8$$
$$R_N = \frac{8.314}{28} = 296.92$$
$$\therefore R = \frac{23.2 \times 259.8 + 76.8 \times 296.92}{100} = 288.3$$

47

비열비 $k = C_p / C_v$의 값은?

㉮ 1보다 작다.
㉯ 1보다 크다.
㉰ 1보다 크기도 하고 작기도 하다.
㉱ 1이다.

47

48

2[kg]의 산소를 327[℃]에서 $PV^{1.2} = C$에 따라 784,000[J]의 일을 하였다. 변화 후의 온도는 어느 것에 가까운가? (단, $R = 259.6$[N·m/kg·K]이다.)

㉮ 20[℃] ㉯ 25[℃]
㉰ 30[℃] ㉱ 35[℃]

48

$$_1W_2 = \frac{MRT_1}{1-n}\left(\frac{T_2}{T_1} - 1\right)$$에서

$$\frac{T_2}{T_1} = \frac{_1W_2 \times (1-n)}{MRT_1} + 1$$
$$T_2 = T_1\left(\frac{_1W_2}{MRT_1} + 1\right) - 273$$
$$= 25[℃]$$

49

단열지수, 폴리트로프 지수가 각각 1.4, 1.3일 때 정적비열이 0.655[kJ/kg·K]이면 이 가스의 폴리트로프 비열은 얼마인가?

㉮ −0.034[kJ/kg·℃] ㉯ −0.049[kJ/kg$_f$·℃]
㉰ −0.2184[kJ/kg$_f$·℃] ㉱ −0.028[kJ/kg$_f$·℃]

49

$$C_n = \frac{n-k}{n-1} \cdot C_v = \frac{-0.1}{0.3} \times 0.65$$
$$= -0.2184[\text{kJ/kg}_f \cdot ℃]$$

50

분자량 30, 기체상수 277[J/kgf·K]인 기체 1[kg]과 분자량 40, 기체상수 208[J/kgf·K]인 기체 2[kg]을 혼합한 혼합기체의 평균기체 상수의 값은?

㉮ 227[J/kg·K] ㉯ 231[J/kg·K]
㉰ 242.5[J/kg·K] ㉱ 254[J/kg·K]

51

정압비열 $C_p = 1.004$[kJ/kg·K], 가스정수 $R = 296.8$[N·m/kg·K]인 일산화탄소의 정적비열(C_v)은?

㉮ 약 0.178[kJ/kg℃] ㉯ 약 0.7072[kJ/kg℃]
㉰ 약 0.64[kJ/kg℃] ㉱ 약 0.53[kJ/kg℃]

52

이상기체의 가역과정에서 등온과정의 전열량(Q)은?

㉮ 0이다. ㉯ 무한대이다.
㉰ 비유동 과정의 일과 같다. ㉱ 정상류 과정의 일과 같다.

53

절대압력 98[kPa], 온도 20[℃]의 물질 1[kg]이 가역 폴리트로프 변화에 따라 2.4[kJ]의 열을 방출하여 온도 100[℃]로 되었다면 이 경우의 폴리트로프 지수는? (단, 물질의 비열비 1.4, 정적비열 0.17 [kJ/kg·℃]이다.)

㉮ 1.53 ㉯ 0.91
㉰ 1.34 ㉱ 1.12

54

비열비 1.4인 공기를 등압하에서 공급한 열을 50% 일로 전환하였다면 이론 열효율은 얼마인가?

㉮ 100% ㉯ 50%
㉰ 28% ㉱ 14.2%

해설 및 정답

50

$$R = \frac{M_1R_1 + M_2R_2}{M_1 + M_2} = \frac{1 \times 227 + 2 \times 208}{1+2}$$
$$= 231\,[\text{J/kg·K}]$$

 ㉯

51

$C_p - C_v = R$에서

$$C_v = C_p - R = 1.004 - 0.2968$$
$$= 0.7072\,[\text{kJ/kg·K}]$$

 ㉯

52

$\delta Q = dU + \delta W = dh + \delta W_t$,

$T = C$이므로

$du = 0,\ dh = 0,\quad {}_1Q_2 = {}_1W_2 = {}_1W_{t_2}$

$\therefore\ {}_1Q_2 = {}_1W_2$(비유동일과 같으며 ${}_1W_{t_2}$는 공업일로서 정상류 압축일이 아니다.)

 ㉰

53

$$\delta q = C_n dt,\ C_n = \frac{{}_1q_2}{T_2 - T_1} = \frac{-2.4}{(373-293)}$$
$$= -0.03$$
$$C_n = \left(\frac{n-k}{n-1}\right)C_v = \left(\frac{n-1.4}{n-1}\right) \times 0.17 = -0.03$$
$$\therefore\ n = 1.34$$

 ㉰

54

$P = C,\ {}_1Q_2 = \Delta H$

${}_1W_2 = P(V_2 - V_1) = R(T_2 - T_1)$

$$\therefore\ \eta = \frac{0.5 \times {}_1W_2}{{}_1Q_2} = \frac{0.5R\Delta t}{C_p\Delta t}$$
$$= \frac{(k-1) \times 0.5}{k} = \frac{0.2}{1.4} = 0.142 = 14.2\,[\%]$$

 ㉱

55

다음 중 이상기체의 상태방정식이 가장 정확히 적용될 수 있는 경우는?

㉮ 높은 온도, 높은 압력　　㉯ 높은 온도, 낮은 압력
㉰ 낮은 온도, 높은 압력　　㉱ 낮은 온도, 낮은 압력

56

산소를 이상기체로 보면 가스정수는 얼마인가?

㉮ 150[J/kg$_f$·K]　　㉯ 260[J/kg$_f$·K]
㉰ 320[J/kg$_f$·K]　　㉱ 420[J/kg$_f$·K]

57

압력 150[kPa], 체적 0.2[m^3]의 가스가 일정 압력하에서 팽창하여 체적이 0.5[m^3]로 되었을 때 이 가스가 외부에 한 절대일은 몇 [kJ]인가?

㉮ 25[kJ]　　㉯ 35[kJ]
㉰ 45[kJ]　　㉱ 55[kJ]

58

일정 압력하에서 −50[℃]의 수소가스 체적은 10[℃]일 때의 몇 배인가?

㉮ 0.859　　㉯ 0.823
㉰ 0.788　　㉱ 0.762

59

1[kg]의 공기가 압력 36[kPa], 체적 0.3[m^3]의 상태에서 정압팽창하여 체적이 0.6[m^3]로 되었다면 이 때 공기가 한 일은 얼마인가?

㉮ 98[kN·m]　　㉯ 10.8[kN·m]
㉰ 118[kN·m]　　㉱ 128[kN·m]

해설 및 정답 ㉮㉯㉰㉱

55

56

$R = \frac{8,314}{32} \fallingdotseq 260\,[\mathrm{J/kg_f \cdot K}]$

57

$$_1W_2 = \int_{V_1}^{V_2} P\,dV = P(V_2 - V_1)$$
$$= 150 \times 10^3 (0.5 - 0.2) = 45,000\,[\mathrm{N \cdot m}]$$
$$= 45\,[\mathrm{kJ}]$$

58

$P = \frac{RT_1}{V_1} = \frac{RT_2}{V_2}$ 에서

$$\frac{V_1}{V_2} = \frac{T_1}{T_2} = \frac{(273-50)}{(273+10)} = 0.788$$

59

$P = C$에서

$$_1W_2 = P(V_2 - V_1)$$
$$= 36 \times 10^3 (0.6 - 0.3) = 10,800\,[\mathrm{N \cdot m}]$$
$$= 10.8\,[\mathrm{kN \cdot m}]$$

해설 및 정답 ㉮㉯㉰㉱

60

기체의 초기압력은 196[kPa], 체적은 0.1[m³]이다. $PV=$ 일정인 과정으로 체적이 0.3[m³]로 변했을 때의 [kJ]로 계산한 일량에 가장 가까운 것은?

㉮ 2,200　　㉯ 954

㉰ 400　　㉱ 22

60

$PV=C$에서

$${}_1W_2=\int_{V_1}^{V_2}PdV=\int_{V_1}^{V_2}\frac{CdV}{V}=C\cdot\ln\frac{V_2}{V_1}$$

$$\therefore\ P_1V_1\ln\frac{V_2}{V_1}=196\times0.1\times\ln\frac{0.3}{0.1}$$

$$=21.532[\text{kJ}]$$

답 ㉱

61

공기 1[kg]을 정적과정으로 40[℃]에서 120[℃]까지 가열하고 다음에 정압과정으로 120[℃]에서 220[℃]까지 가열한다면 전체 가열에 필요한 열량은? (단, $C_p=1.00$[kJ/kg·℃], $C_v=0.71$[kJ/kg·℃]이다.)

㉮ 156.8[kJ/kg]　　㉯ 151.0[kJ/kg]

㉰ 127.8[kJ/kg]　　㉱ 180.0[kJ/kg]

61

$${}_1Q_2=MC_v(120-40)+GC_p(220-120)$$

$$=1\times0.71\times80+1\times100$$

$$=156.8[\text{kJ/kg}]$$

 ㉮

62

산소 3[kg]과 질소 2[kg]이 혼합되어 체적 2[m³]인 용기에 온도가 80[℃]의 상태로 있을 때 이 용기 내의 압력은? (단, 산소와 질소는 완전기체로 취급하고 각각의 기체상수는 0.2598[kJ/kg·K], 0.2969[kJ/kg·K]이다.)

㉮ 54.8[kPa]　　㉯ 109.8[kPa]

㉰ 121.5[kPa]　　㉱ 242.3[kPa]

62

혼합기체의 기체상수

$$R=\frac{3\times0.2598+2\times0.2969}{3+2}=0.27464$$

$$\therefore\ P=\frac{MRT}{V}=\frac{5\times0.27464\times353}{2}$$

$$=242.36[\text{kPa}]$$

 ㉱

63

초기온도와 압력이 50[℃], 600[kPa]인 단위중량의 질소가 100[kPa]까지 가역단열 팽창하였다. 이 때 온도는 몇 [°K]인가? (단, 비열비 $k=1.4$이다.)

㉮ 194　　㉯ 294

㉰ 467　　㉱ 539

63

$$T_2=T_1\left(\frac{P_2}{P_1}\right)^{\frac{k-1}{k}}\text{에서}$$

$$T_2=(273+50)\left(\frac{100}{600}\right)^{1.4-\frac{1}{1.4}}$$

$$=193.58[°\text{K}]$$

 ㉮

64

공기 6[kg]이 온도 $t_1=25$[℃], 압력 $P_1=0.98$[MPa]로서 용기에 들어 있었는데 얼마 후 용기 중의 상태가 온도 $t_2=15$[℃], 압력 $P_2=0.49$[MPa]로 되었다면 몇 [kgf]의 공기가 새어 나갔겠는가?

㉮ 4.1 ㉯ 3.1
㉰ 3.9 ㉱ 2.9

해설 및 정답 ㉮㉯㉰㉱

64

$P_1V_1=M_1RT$에서

$$V_1=\frac{M_1RT_1}{P_1}=\frac{6\times287\times(273+25)}{0.98\times10^6}$$

$$=0.523[\mathrm{m}^3]$$

$P_2V_1=M_2RT_2$에서

$$M_2=\frac{P_2V_1}{RT_2}=\frac{0.49\times10^6\times0.523}{287\times(273+15)}=3.1[\mathrm{kg}]$$

$$\therefore\ \Delta M=M_1-M_2=6-3.1=2.9[\mathrm{kg_f}]$$

65

이상기체를 단열팽창시키면 온도는 어떻게 되는가?

㉮ 내려간다. ㉯ 올라간다.
㉰ 변화하지 않는다. ㉱ 알 수 없다.

65

이상기체를 단열팽창시키면 압력 및 온도가 내려간다(엔탈피 내부에너지 감소).

답 ㉮

66

공기 10[kgf]이 압력 196[kPa], 체적 5[m³]인 상태에서 압력 392[kPa], 온도 330[℃]인 상태로 변했다면 체적의 변화는? (단, 기체상수 $R=287$[m/kgf·K]이다.)

㉮ 약 +0.6[m³] ㉯ 약 +0.8[m³]
㉰ 약 −0.6[m³] ㉱ 약 −0.8[m³]

66

$$V_2=\frac{MRT_2}{P_2}=\frac{10\times287\times603}{392\times10^3}=4.41[\mathrm{m}^3]$$

$$\therefore\ \Delta V=V_2-V_1=4.41-5=-0.6[\mathrm{m}^3]$$

답 ㉰

67

공기는 압력이 일정할 때 그 비열이 $C_p=0.2405+0.000019t$ [kJ/kgf·℃]라고 하면 공기 5[kg]을 0[℃]에서 100[℃]까지 가열하는데 필요한 열량은?

㉮ 129.25[kJ] ㉯ 24.14[kJ]
㉰ 24.05[kJ] ㉱ 120.7[kJ]

67

$${}_1Q_2=\int C_p dt\cdot G$$

$$=\left[0.2405(100-0)+0.000019\times\frac{(100)^2}{2}\right]\times5$$

$$=120.7[\mathrm{kJ}]$$

68

이상기체의 식 $PV^n=C$에서 $n=\infty$이면 무슨 변화인가?

㉮ 정직변화 ㉯ 정압변화
㉰ 등온변화 ㉱ 단열변화

68

$PV^n=C$에서

$n=\infty$: 등적

$C_n=\infty$: 등온

69

어느 완전가스 1[kg]을 일정 체적하에서 20[℃]로부터 100[℃]까지 가열하는데 200[kJ]의 열량이 소요되었다. 이 가스의 분자량이 2라고 한다면 정적비열은 얼마인가?

㉮ 약 0.5[kJ/kg℃]　㉯ 약 1.5[kJ/kg℃]
㉰ 약 2.5[kJ/kg℃]　㉱ 약 3.5[kJ/kg℃]

70

공기 10[kg]과 수증기 2[kg]이 혼합되어 10[m³]의 용기 안에 들어 있다. 이 혼합기체의 온도가 60[℃]라면 [kPa]로 계산한 이 혼합기체의 압력은? (단, 수증기 및 공기의 기체상수는 461.2 및 287[N·m/kg°K]이다.)

㉮ 약 115.4[kPa]　㉯ 약 126.3[kPa]
㉰ 약 136.2[kPa]　㉱ 약 157[kPa]

71

이상기체가 등온변화하여 체적이 감소할 때 엔탈피는?

㉮ 불변이다.　㉯ 감소한다.
㉰ 증가한다.　㉱ 상황에 따라 다르다.

72

$C_p = 1.848$[kJ/kg·K], $C_v = 1.386$[kJ/kg·K]의 이상기체가 단열된 실린더 내에서 팽창한다. 처음의 압력 $P_1 = 0.98$[MPa], 체적 $V_1 = 0.111$[m³]이었다면 이 기체 0.5[kg], 가스상수 $R = 460.6$[N·m/kg·K]라 할 때 용적이 0.3[m³]로 될 때까지 행하여진 일량은 얼마 정도나 되겠는가?

㉮ 71.4[kJ]　㉯ 8.31[kJ]
㉰ 92.2[kJ]　㉱ 7.31[kJ]

73

피스톤-실린더로 된 용기 내에 압력이 20[kPa], 체적이 0.04[m³]의 상태로 이상기체가 들어 있다. 기체의 온도를 일정하게 유지하며 피스톤이 이동하여 최종 체적이 0.1[m³]가 되었다면 이동한 기체가 행한 일의 양은?

㉮ 0.0318[N·m]　㉯ 0.0733[N·m]
㉰ 318[N·m]　㉱ 733[N·m]

해설 및 정답

69

$${}_1q_2 = \Delta u = C_v(T_2 - T_1)$$

$$\therefore C_v = \frac{{}_1Q_2}{M(T_2 - T_1)} = \frac{200}{(100-20)} = 2.5[\text{kJ/kg·℃}]$$

답 ㉰

70

$M = 10+2,\ V = 10[\text{m}^3],\ T = 333[°\text{K}],$

$$R = \frac{2\times 461.2 + 10\times 287}{10+2} = 316$$

$$\therefore P = \frac{MRT}{V} = \frac{12\times 316\times 333}{10} = 126,286[\text{Pa}] = 126.3[\text{kPa}]$$

답 ㉯

71

$dh = Cpdt$ 에서

$T = C,\ h = C$

∴ 불변한다.

답 ㉮

72

$${}_1W_2 = \int_{V_1}^{V_2} PdV = \frac{1}{1-k}(P_2V_2 - P_1V_1)$$

$$= \frac{P_1V_1}{1-k}\left(\frac{T_2}{T_1} - 1\right) = \frac{P_1V_1}{1-k}\left(\left(\frac{V_1}{V_2}\right)^{k-1} - 1\right)$$

$$= \frac{0.98\times 10^6\times 0.111}{1-\frac{1.848}{1.386}}\left(\left(\frac{0.111}{0.3}\right)^{1.33-1} - 1\right)$$

$= 92203[\text{N·m}] = 92.2[\text{kN·m}]$

$= 92.2 = [\text{kJ}]]$

여기서, $PV^k = c$

$$k = \frac{C_p}{C_v} = \frac{1.848}{1.386} = 1.33$$

답 ㉰

73

$${}_1W_2 = \int_{P_1}^{P_2} Pdv = P_1V_1 \cdot \ln\frac{V_2}{V_1}$$

$$= 20\times 10^3\times 0.04\times \ln\frac{0.1}{0.04} = 773[\text{N·m}]$$

$[P_1V_1 = P_2V_2$에서 $\frac{P_2}{P_1} = \frac{V_1}{V_2}]$

답 ㉱

제4장. 열역학 제2법칙(자연현상 법칙)

4-1 열역학 제2법칙

물속에서 프로펠러를 돌리면 물의 온도는 상승한다. 물의 온도를 낮춘다해서 프로펠러가 역회전하지 않는다. 또한 자동차가 언덕을 오를 때 연료가 소비되지만 역으로 언덕에서 내려올 때 연료가 저장되지는 않는다.

열역학 제1법칙은 열과 일은 서로 상호전환 가능함을 나타내지만 열역학 제2법칙에서는 일은 열로 변하지만 열은 일로 변환하는데 제한이 따른다. 즉, 흐름에는 방향이 있고 흐르는 도중 마찰과 손실이 반드시 수반되는 비가역성을 나타내는 법칙으로 자연현상 법칙(Entropy의 법칙)을 열역학 제2법칙이라 한다.

열역학 제2법칙에 관해 Kelvin Plank와 Blausius의 표현을 예로 들어본다.

4-2 Kelvin Plank와 Blausius의 표현

1. Kelvin Plank의 표현

공급한 열원을 자연계에 아무 손실없이 전부 기계적인 일로 전환(η=100%)할 수 있는 기계제작은 불가능하다.

$\eta \neq 100\%$ (항상 손실 수반)

2. Blausius의 표현

저열원(Q_2, T_2)에서 고열원(Q_1, T_1)으로 열원이 이동하려면 반드시 외부의 도움이 필요하다. 다시 말하면 물이나 열원은 반드시 높은 데서 낮은 데로 흐른다.

: 흐름에는 방향 설정

3. 성능계수 및 이론열효율

1) **발전소의 효율**

공급한 열에 대한 출력의 비

$$\eta = \frac{W}{Q_1}(Q_1 = Q_2 + W) = \frac{Q_1 - Q_2}{Q_1} = 1 - \frac{Q_2}{Q_1}$$

2) **성능계수**

① 냉동계의 성능계수(ε_R)

냉동기는 저열원을 얻는 것을 목적으로 공급한 일에 대한 저온체에서 흡수한 열량의 비

$$\varepsilon_R = \frac{Q_2}{W}$$

② 히터

고열원을 얻는 것을 목적으로 공급한 일에 대한 고온체에서 방열한 열량의 비

$$\varepsilon_h = \frac{Q_1}{W} = \frac{W + Q_2}{W} = 1 + \varepsilon_R$$

4-3 카르노 사이클(Carnot cycle)

사용한 연료도 이상기체이고 마찰과 손실을 수반하지 않는 이상적인 가역 사이클은 카르노에 의해 제창되었는데, 이 사이클은 열역학 제2법칙(비가역)을 밝히기 위한 사이클로 완벽한 등온과정 2개, 단열과정 2개로 이루어졌다는 가정 하에 온도와 열량관계를 증명한다. $P-V$ 선도에 의해 보면 다음 그림과 같다.

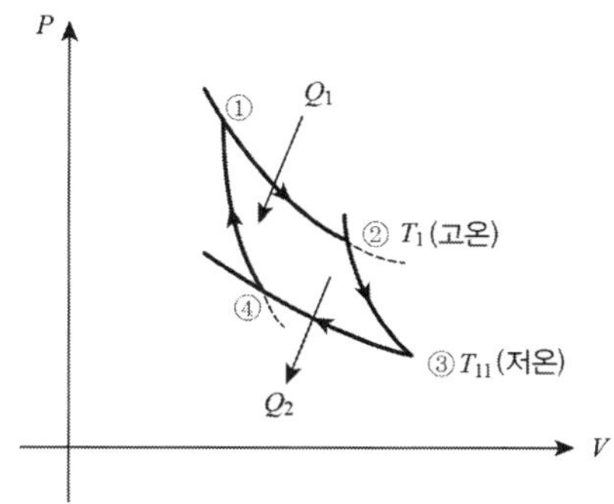

1. 카르노 사이클(Carnot cycle)의 각 과정

①~② **과정** : 등온팽창으로 $P_1V_1 = P_2V_2 = RT = PV = C,\ \delta q = du + pdv$에서

$$q_1 = {}_1q_2 = \int_{V_1}^{V_2} pdv \ = c\ln\frac{V_2}{V_1} = P_1V_1\ln\frac{V_2}{V_1} = RT_1\ln\frac{V_2}{V_1}$$

②~③ **과정** : **가열단열팽창**으로 $\delta q = 0$에서

$$\frac{T_3}{T_2} = \left(\frac{V_2}{V_3}\right)^{k-1} = \frac{T_{11}}{T_1}$$

③~④ **과정** : 등온압축으로 $\delta q = p \cdot dv$에서

$$-q_2 = RT_{11}\ln\frac{V_4}{V_3}\ \text{(방열)}$$

$$q_2 = RT_{11}\ln\frac{V_3}{V_4}$$

④~① **과정** : 단열압축으로 $P_4V_4^K = P_1V_1^k$에서

$$\delta q = 0,\ \frac{T_1}{T_4} = \left(\frac{V_4}{V1}\right)^{k-1}$$

$$\therefore\ \frac{T_4}{T_1} = \frac{T_{11}}{T_1} = \left(\frac{V_1}{V_4}\right)^{k-1} = \frac{T_3}{T_2} = \left(\frac{V_2}{V_3}\right)^{k-1}$$

$$\therefore\ \frac{V_1}{V_4} = \frac{V_2}{V_3}\ \text{에서}\ \frac{V_1}{V_2} = \frac{V_4}{V_3}$$

2. 카르노 사이클의 효율

$$\eta_c = \frac{W}{Q_1} = 1 - \frac{Q_2}{Q_1} = 1 - \frac{q_2}{q_1} = 1 - \frac{RT_{11}\ln\frac{V_3}{V_4}}{RT_1\ln\frac{V_2}{V_1}} = 1 - \frac{T_{11}}{T_1}$$

3. 카르노 사이클의 특징

① 카르노 사이클은 가역 사이클이므로 효율이 가장 좋다.

② 기타 다른 사이클을 가역으로 가정하고 고온과 저온이 같으면 효율은 온도만의 함수이므로 같다.

③ 카르노 사이클 효율은 동작물질은 언급하지 않고 온도에만 관계된다.

④ 카르노 사이클은 $\frac{Q_1}{T_1} = \frac{Q_2}{T_{11}}$인 가역 사이클로서 비가역 사이클인 자연현상과 비교해 줄 수 있다.

개념예제

1. 동작물질이 공기 1[kg]인 카르노 사이클에서 등온팽창 초의 압력, 체적, 온도가 각 40[bar], 727[℃]이고 팽창 후의 온도가 127[℃]일 때 다음을 구하라.
   ㉮ 각 점의 열적 상태량을 구하라.
   ㉯ 공급한 열량은 몇 [kJ]인가?
   ㉰ 방출열량은 몇 [kJ]인가?
   ㉱ 열효율을 열량과 온도로 나타내면 얼마인가?

Sol) 각 점의 열적 상태량

$P_1 = 40 \times 10^5[\text{Pa}]$

$T_1 = 1000[\text{K}]$

$V_1 = \dfrac{MRT_1}{P_1} = \dfrac{1 \times 287 \times 1000}{40 \times 10^5} = 0.07175\,[\text{m}^3]$

(1) ①~④ 과정 : 단열과정

$$\frac{T_4}{T_1} = \left(\frac{V_1}{V_4}\right)^{K-1} = \left(\frac{P_4}{P_1}\right)^{\frac{K-1}{K}}$$

$$\therefore \left(\frac{T_4}{T_1}\right)^{\frac{1}{K-1}} = \left(\frac{V_1}{V_4}\right)$$

$$\therefore V_4 = \frac{V_1}{\left(\dfrac{T_4}{T_1}\right)^{\frac{1}{K-1}}} = \frac{0.07175}{\left(\dfrac{400}{1000}\right)^{\frac{1}{0.4}}} = 0.7090\,[\text{m}^3]$$

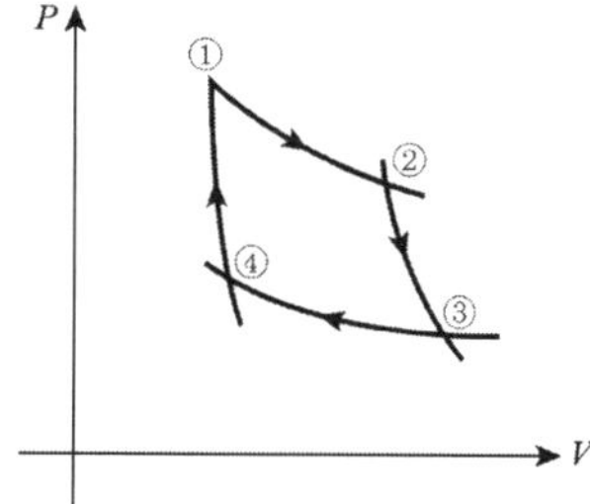

①~② 과정 : 등온과정 $PV = C$

$$1 - \frac{T_{11}}{T_1} = \eta = 0.6 = \frac{{}_1W_2}{Q} = \frac{\int Pdv}{T_1} = \frac{P_1V_1\ln\dfrac{V_2}{V_1}}{T_1}$$ 에서

$$\frac{0.6\,T_1}{P_1V_1} = P_1V_1\ln\frac{V_2}{V_1}$$

$$\therefore V_2 = V_1 \cdot e^{\frac{0.6T_1}{P_1V_1}} = 0.07175[\text{m}^3] \times e^{\frac{0.6 \times 1000}{40 \times 10^5 \times 0.07175}}$$

$$P_2 = \frac{P_1V_1}{V_2} = 3.992 \times 10^5[\text{Pa}]$$

②~③ 과정

$$\frac{T_3}{T_2} = \left(\frac{V_2}{V_3}\right)^{K-1} = \left(\frac{P_3}{P_2}\right)^{\frac{K-1}{K}}$$

$$\therefore V_3 = \frac{V_2}{\left(\dfrac{T_3}{T_2}\right)^{\frac{1}{K-1}}} = 7.105\,[\text{m}^3]$$

$$P_3 = P_2 \cdot \left(\frac{T_3}{T_2}\right)^{\frac{K}{K-1}} = 0.162 \times 10^5\,[\text{Pa}]$$

(2) 공급열량(Q_1)　　$Q_1 = \int Pdv = P_1V_1\ln\dfrac{V_2}{V_1} = 661.44\,[\text{kJ}]$

(3) 방출열량(Q_2)　　$Q_2 = -\int Pdv = -RT_{11}\ln\dfrac{V_4}{V_3} = 264.58\,[\text{kJ}]$

(4) 온도효율 = 0.6 = 60%

열량효율 = $1 - \dfrac{264.58}{661.44} = 0.6$

개념예제

2. 고열 327[℃], 저열원 21[℃] 사이에 작동하는 Carnot cycle이 1 사이클당 2[kJ]의 열을 공급한다면 1cycle 당 유효에너지는 얼마인가?

Sol) $\eta = 1 - \frac{Q_2}{Q_1} = 1 - \frac{T_{11}}{T_1} = \frac{W}{Q_1}$

$\therefore\ w = Q_1\left(1 - \frac{T_{11}}{T_1}\right) = 2 \times (1 - \frac{27+273}{327+273}) = 1\,[\mathrm{kJ}]$

4-4 Clausius의 적분

1. 가역 사이클

카르노 사이클에서 $\eta = 1 - \frac{Q_2}{Q_1} = 1 - \frac{T_{11}}{T_1}$ 이므로

$$\therefore\ \frac{Q_2}{Q_1} = \frac{T_{11}}{T_1}$$

즉, $\frac{Q_1}{T_1} = \frac{Q_2}{T_{11}}$ 를 선도에 나타내어 미분기호를 쓰면 다음과 같다.

$$\frac{\delta Q_1{}'}{T_1} = \frac{\delta Q_2{}'}{T_{11}}$$

$$\frac{\delta Q_1{}''}{T_1} = \frac{\delta Q_2{}''}{T_{11}}$$

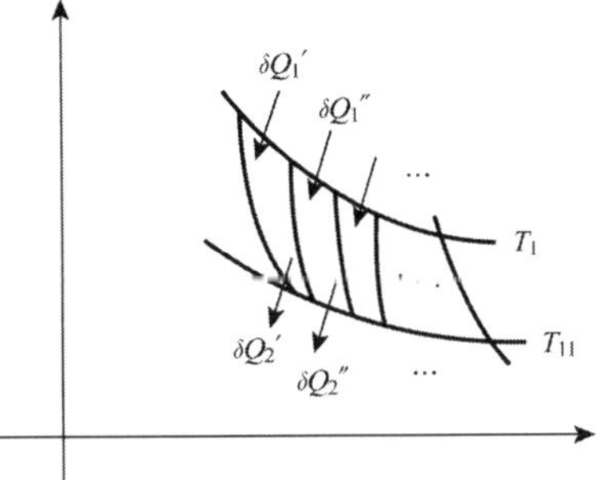

Q_2의 부호를 방출열량인 만큼 (−)로 정하면

$$\frac{\delta Q_1{}'}{T_1} + \frac{\delta Q_2{}'}{T_{11}} = 0$$

$$\frac{\delta Q_1{}''}{T_1} + \frac{\delta Q_2{}''}{T_{11}} = 0$$

$$\therefore\ \sum_{i=1}^{n} \frac{\delta Q_1^i}{T_1} + \sum_{i=1}^{n} \frac{\delta Q_2^i}{T_1} + \cdots = \sum \frac{\delta Q}{T} = \oint \frac{\delta Q}{T} = 0$$

여기서 $\frac{\delta Q}{T}$ [J/K]를 엔트로피라 부르며「가역 사이클에서 사이클이 완성된 폐구간에서 엔트로피의 합은 0이다」라고 할 수 있다.

2. 비가역 사이클(Q_2' : 방출열량, Q_1 : 공급열량)

비가역 사이클에서는 $\frac{Q_1}{T_1}$과 $\frac{Q_2}{T_{11}}$가 마찰과 손실을 수반하므로 같지 않다. 그러므로 가역 사이클과 비교할 수밖에 없다.

즉, 가역 사이클 $\eta_{rev} = 1 - \frac{Q_2}{Q_1} = 1 - \frac{T_{11}}{T_1}$에서

$$\frac{Q_1}{T_1} = \frac{Q_2}{T_{11}} \quad \cdots\cdots ①$$

비가역 사이클 $\eta_{irrev} = 1 - \frac{Q_2}{Q_1} \neq 1 - \frac{T_{11}}{T_1}$에서

$$\frac{Q_1}{T_1} \neq \frac{Q_2}{T_{11}} \quad \cdots\cdots ②$$

효율은 가역 사이클이 비가역 사이클보다 크므로 $1 - \frac{Q_2}{Q_1} > 1 - \frac{Q_2'}{Q_1}$에서 Q_2'가 Q_2보다 크다.

$$Q_2' > Q_2 \quad \cdots\cdots ③$$

①식을 ②식에 대입하면

$$\frac{Q_1}{T_1} - \frac{Q_2'}{T_{11}} \neq 0$$

$\frac{Q_2}{T_{11}} - \frac{Q_2'}{T_{11}} = \frac{Q_2 - Q_2'}{T_{11}}$가 ③식에 의하여 0보다 적게 된다.

즉, $\frac{Q_1}{T_1} < \frac{Q_2'}{T_{11}}$

$\therefore$ $Q_1(+)$, $Q_2'(-)$ 이므로 $\oint \frac{\delta Q}{T} < 0$의 식이 성립된다.

위 식은 공급할 때의 엔트로피보다 나갈 때의 엔트로피가 크다는 식으로 비가역 과정에서는 폐구간에서 적분된 엔트로피의 합은 0보다 적고 엔트로피는 항상 증가한다고 표현할 수 있다.

그러므로 Clausius의 적분은 가역에서 $\oint \frac{\delta Q}{T} = 0$, 비가역에서 $\oint \frac{\delta Q}{T} < 0$으로서 두 가지 다 표현방법은 $\oint \frac{\delta Q}{T} \leq 0$로 표기한다.

4-5 엔트로피의 상태변화

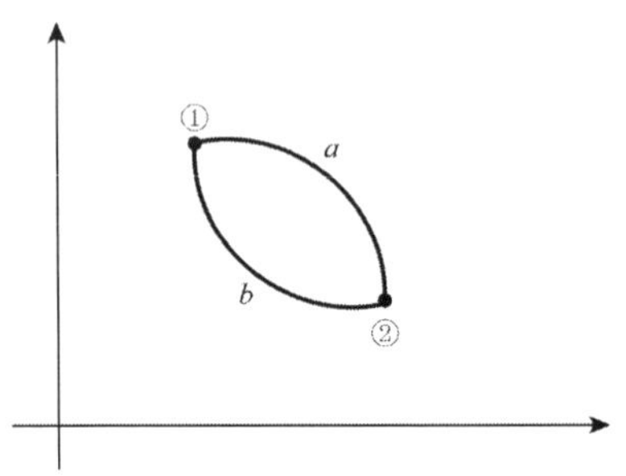

$\frac{\delta Q}{T}$를 dS로 치환하고 가역 사이클식을 적용하면

$$\oint \frac{\delta Q}{T} = \oint ds = \int_{s_{1a}}^{s_2} ds + \int_{s_{2b}}^{s_1} ds = 0$$

즉, $\int_{s_{1a}}^{s_2} ds = -\int_{s_{2b}}^{s_1} ds = \int_{s_1}^{s_2} ds = \int \frac{\delta Q}{T}$로 표시하며 적분되는 구간에 따라 결정되는 값을 점함수로 나타내며 $dS = \frac{\delta Q}{T}$ [kJ/K]를 엔트로피 식이라 한다.

1. 등적과정

$\delta Q = dU = M \cdot C_v \cdot dt$를 엔트로피 식에 대입하면

$$dS = \frac{\delta Q}{T} = \frac{MC_v dt}{T}$$

$$\Delta S = S_2 - S_1 = MC_v \ln \frac{T_2}{T_1} \text{ [kJ/K]}$$

로 표현한다.

2. 등압변화

$\delta Q = dH = MC_p dt$를 엔트로피 식에 대입하면

$$dS - \frac{\delta Q}{T} - \frac{GC_p dt}{T}$$

$$\Delta S = S_2 - S_1 = MC_p \ln \frac{T_2}{T_1} \text{ [kJ/K]}$$

로 나타낸다.

3. 등온변화

$\delta Q = pdV$를 엔트로피 식에 대입하면

$$ds = \frac{\delta Q}{T} = \frac{pdV}{T} = \frac{MRdV}{V} \left(pV = MRT \rightarrow \frac{p}{T} = \frac{MR}{V} \right)$$

$$\Delta S = S_2 - S_1 = MR \ln \frac{V_2}{V_1} \text{ [kJ/K]}$$

로 나타낸다.

4. 폴리트로프 변화

$\delta Q = MC_n dt = MC_v dt = pdV$를 엔트로피 식에 대입하면

$$ds = \frac{MC_n dt}{T} = \frac{MC_v dt}{T} + \frac{pdV}{T}$$

$$\Delta s = MC_n \ln\frac{T_2}{T_1} = MC_v \ln\frac{T_2}{T_1} + MR\ln\frac{V_2}{V_1}\ [\mathrm{kJ/K}]$$

로 나타낸다.

5. 가역단열 변화($\delta Q = 0$)

$$dS = \frac{\delta Q}{T} = 0,\ \ S = C$$

즉, 가역 단열변화에서는 엔트로피가 일정하고 비가역 단열변화에서는 엔트로피가 증가한다. 그러므로 단열변화에서 엔트로피는 증가 또는 일정하다.

4-6 *P-V* 선도와 *T-s* 선도

$PV^n = C$에서

$n = 0$이면 $PV^0 = C : P = C$

$n = 1$ 이면 $PV^1 = C : T = C \quad (C_n = \infty)$

$n = k$ 이면 $PV^k = C : S = C$

$n = \infty$ 이면 $PV^k = C$

$P^{\frac{1}{\infty}} V = C^{\frac{1}{\infty}} : V = C$

1. *P-V* 선도(일량 비교)

- 절대일 $\quad {}_1W_2 = \int_{V_1}^{V_2} Pdv$
- 공업일 $\quad {}_1W_{T_2} = -\int_{P_1}^{P_2} vdP$
- 압축일 $\quad {}_1W_{C_2} = \int_{P_1}^{P_2} vdP$

1) 팽창시 절대일 비교 : V쪽 투영면

$W_P > W_T > W_n > W_k$

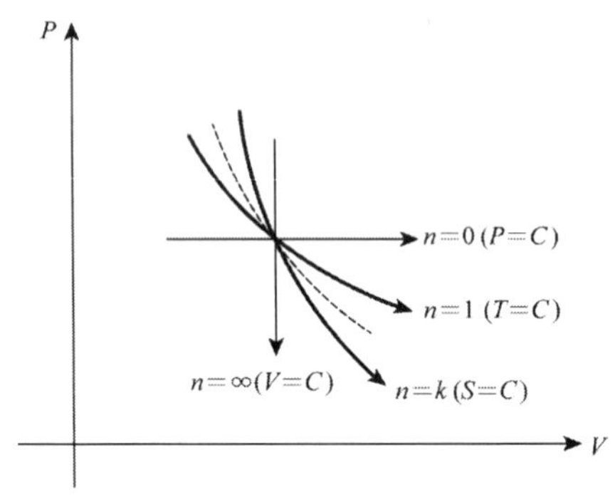

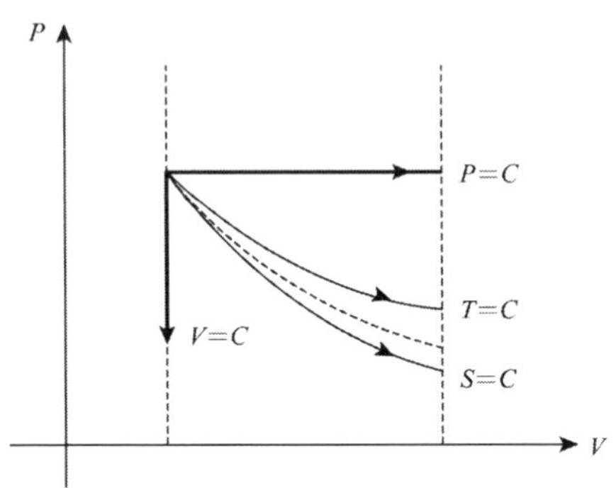

2) 압축일 비교 : P쪽 투영면

$${}_1W_C = \int_{P_1}^{P_2} vdP$$

$W_V > W_k > W_n > W_T$

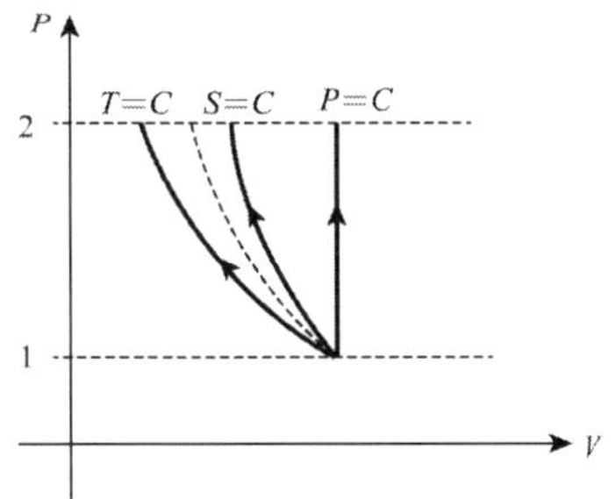

2. $T-s$ 선도

$\delta Q = Tds$에서 S쪽으로 투영된 면적으로 열량을 비교하는 선도이다. 엔탈피는 온도의 함수이므로 이상기체에서는 $T-s$ 선도와 $h-s$ 선도가 같다.

이곳에서 기울기 영역이 비슷한 곳은 등적과 등압으로서 등적변화 기울기가 등압변화 기울기보다 크다는 것을 알 수 있다.

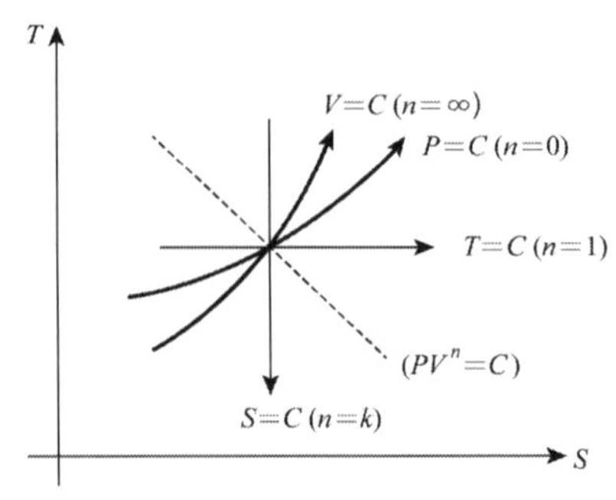

개념예제

3. Carnot Cycle 효율을 선도에 나타난 고온과 저온의 함수로 나타내고 T-s 선도에서 면적을 구하라.

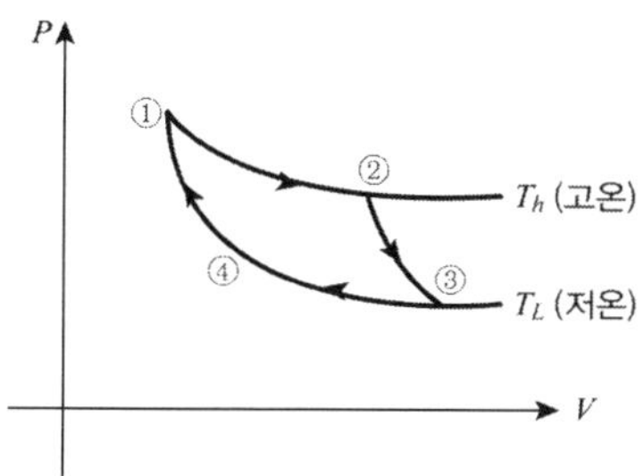

Sol) 카르노 사이클을 $T-s$ 선도로 나타내면

①~② 과정

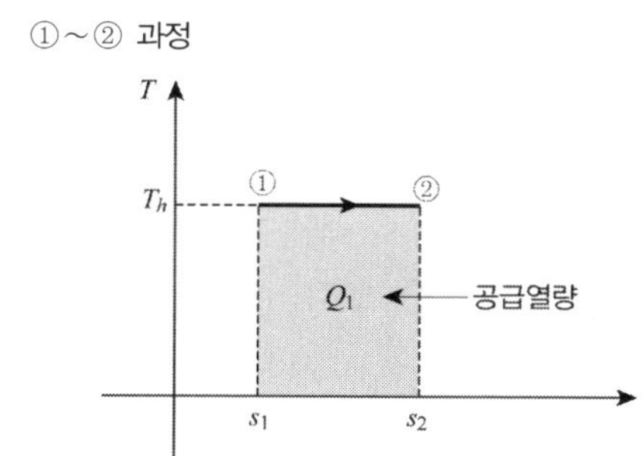

③~④ 과정

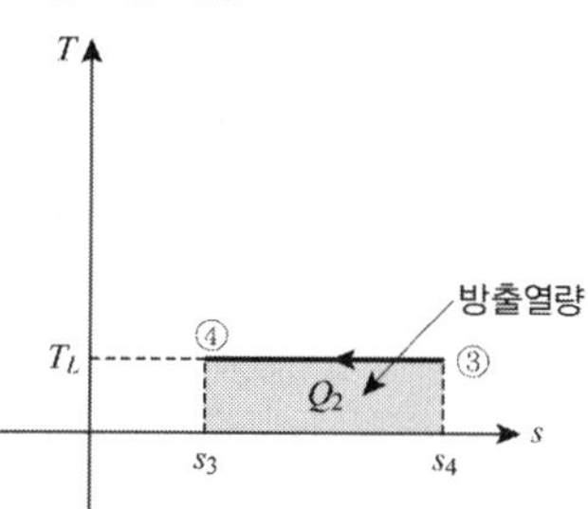

$$Q_1 = \int_{S_1}^{S_2} T_h \cdot ds = T_h(S_2 - S_1)$$

$$Q_2 = -\int_{S_3}^{S_4} T_L \cdot ds = T_L(S_3 - S_4)$$

$S_3 = S_2$, $S_1 = S_4$이므로

$$\therefore \ \eta = 1 - \frac{Q_2}{Q_1} = 1 - \frac{T_L}{T_h}$$

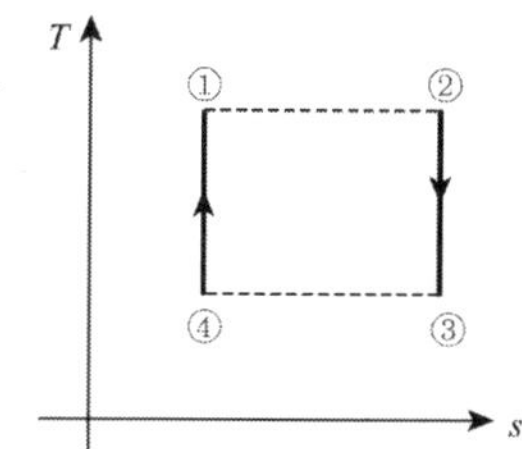

효율을 면적으로 구해보면

$$\eta = 1 - \frac{Q_2}{Q_1} = 1 - \frac{\text{면적 } S_1 43 S_2}{\text{면적 } 12 S_2 S_1} = \frac{W}{Q_1} = \frac{\text{면적 } 1234}{\text{면적 } 12 S_2 S_1}$$

로 표시할 수 있다.

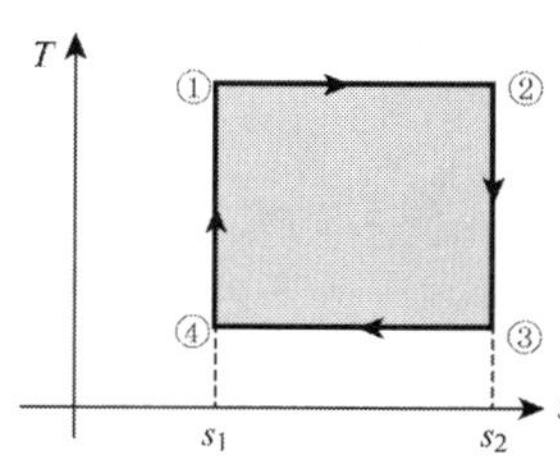

4-7 교축과정 및 열역학 제3법칙

1. 교축현상

Joule-Thomson의 실험에 의하면 이상기체가 팽창밸브를 지날 때 엔탈피 변화는 없고 온도와 압력이 강하됨을 알 수 있다. 즉, 가역에서는 $dh = C_p dt$가 성립되는데 위 식은 엔탈피는 일정하지만 온도는 강하되므로 $dh = C_p dt$가 성립되지 않는다. 그러므로 비가역 현상임을 알 수 있고 교축과정에서는 엔트로피가 증가됨이 밝혀진다.

2. 열역학 제3법칙

Nernst's 열역학 제3법칙은 관찰결과를 토대로 하여 밝혀보면, 모든 결정체의 엔트로피는 절대온도가 0에 근접하면 같이 0에 가까워진다는 것을 역으로 표현하여 엔트로피는 어떠한 방법으로도 0이 될 수 없으니, 절대온도는 0[°K](=−273[℃])에 이를 수 없다고 했다.

또한 앞에서 설명한 열역학 제2법칙에 의하여 효율이 절대 100[%]인 기계가 존재할 수 없듯이 $\eta = 1 - \dfrac{T_{11}}{T_1}$ 에서 $T_{11} = 0$[°K]=−273[℃]가 되면 효율이 100[%]가 되므로 절대 온도는 0[°K]에 이를 수 없다고 열역학 제3법칙을 설명할 수 있다.

4-8 Gibbs의 함수와 Helmholtz 함수

엔탈피 $H = U + PV$식에서 필요에 따라 다른 식으로 변형될 수 있는데 밀폐계가 온도 T에서 주위와 등온변화한다고 가정한다.

1. Helmholtz 함수

$$\delta q = du + \delta w = T \cdot ds$$

$$\delta w = Tds - du$$

$$_1W_2 = T(S_2 - S_1) - (u_2 - u_1) = (u_1 - u_2) - T(S_1 - S_2)$$

여기서 외부일을 $W = F$로 표기하고 $F = u - T \cdot S$를 자유에너지 또는 헬름홀츠 함수라 한다.

2. Gibbs 함수

$$\delta q = dh + \delta W_T = Tds \text{ 에서}$$

$$\delta W_T = Tds - dh$$

$W_T = G = h - T_S$로 쓰고 깁스함수 또는 자유엔탈피라 하며 모두 에너지의 일종임을 알 수 있다.

개념예제

4. 1[kg]의 공기가 80[kPa], 227[℃]인 상태에서 압력 20[kPa], 체적 0.861[m^3]의 상태로 변했다. 이때 공기의 $C_p = 1.004$[kJ/kg·K]라 하면 엔트로피 변화량은 얼마인가?

Sol) 무슨 변화인지 밝혀지지 않았으므로 $ds = \frac{\delta q}{T} = \frac{du + PdV}{T} = \frac{dh - vdP}{T}$ 에서

$\Delta s = C_p \ln\frac{T_2}{T_1} - R\ln\frac{P_2}{P_1}$ 로 풀면 된다.

$$T_2 = \frac{P_2 V_2}{MR} = \frac{20\times 10^3 \times 0.861}{1\times 287} = 60[°K]$$

$$\therefore\ \Delta s = 1.004\ln\frac{60}{500} - 0.287\ln\frac{20}{80} = 1.73[kJ/kg·K]$$

5. 기체상수 $R = 2.4$[(kJ/kg·K)], $k = 1.3$인 단위 질량의 이상기체가 정압과정간에 100[kJ/kg]의 열량을 공급받는다. 최초온도 27[℃]라 할 때 엔트로피 변화량은 몇 [kJ/kg·K]인가?

Sol) $P = C$에서 ${}_1q_2 = C_p \cdot \Delta t$

$$T_2 = T_1 + \frac{{}_1q_2}{C_p} = T_1 + \frac{(k-1)\,{}_1q_2}{kR} = 300 + \frac{0.3\times 100}{1.3\times 2.4} = 309.6[K]$$

$P = C$에서 $\delta q = dh = C_p dt$

$$ds = \frac{C_p dt}{T}$$

$$\therefore\ \Delta s = C_p \ln\frac{T_2}{T_1} = \frac{kR}{k-1}\ln\frac{T_2}{T_1} = \frac{1.3\times 2.4}{0.3}\ln\frac{309.6}{300} = 34.70[kJ/kg·K]$$

6. 카르노 사이클의 최고 압력이 200[kPa], 최저압력이 2[kPa]이다. 고열원 온도 800[K], 저열원 300[K]이라면 공기 1[kg/s]이 1 사이클에 해당하는 물음에 답하라.

(1) 카르노 사이클에 가해진 열량은 몇 [kJ/s]인가?

㉮ 268.9[kJ/s] ㉯ 443[kJ/s] ㉰ 640[kJ/s] ㉱ 710.3[kJ/s]

(2) 2(H·Z)의 사이클을 이룰 때 얻을 수 있는 출력은 몇 [kW]인가?

㉮ 496[kW] ㉯ 610.4[kW] ㉰ 896.35[kW] ㉱ 970.34[kW]

Sol) (1) ㉮ : 268.9[kJ/s]

$${}_1Q_2 = M\int_{V_1}^{V_2} Pdv = P_1V_1\ln\frac{V_2}{V_1} = P_1V_1\ln\frac{P_1}{P_2} = RT_1\ln\frac{P_1}{P_2} = 0.287\times 800\ln\frac{200}{62} = 268.9[kJ/s]$$

단, $\frac{T_2}{T_3} = \left(\frac{P_2}{P_3}\right)^{\frac{k-1}{k}}$

$$P_2 = P_3 \cdot \left(\frac{T_2}{T_3}\right)^{\frac{k}{k-1}} = 2\times\left(\frac{800}{300}\right)^{\frac{1.4}{0.4}} = 61.9 ≒ 62[kPa]$$

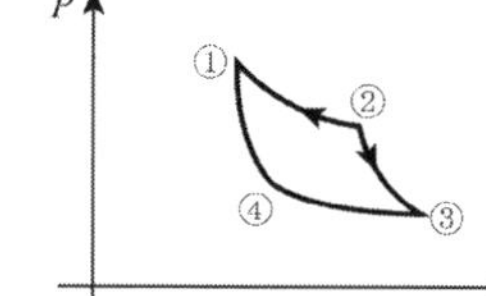

(2) ㉰ 896.35[kW]

$$\frac{Q_1}{T_1} = \frac{Q_2}{T_{11}} : Q_2 = Q_1 \cdot \frac{T_2}{T_1} = 268.9\times\frac{800}{300} = 717.07[kJ/s]$$

$$W = Q_1 - Q_2 = 717.07 - 268.9 = 448.17[kJ/s]$$

$\therefore$ 출력 : 2×448.17[kJ/s] $= 896.35$[kW]

제4장 적중 예상문제

01

제1종 영구운동 기계란 무엇을 의미하는가?

㉮ 열역학 제1법칙에 위배
㉯ 열역학 제0법칙에 위배
㉰ 열역학 제2법칙에 위배
㉱ 열역학 제3법칙에 위배

01

열역학 제1법칙은 에너지 보존법칙이다. 열역학 제1법칙에 위배는 기관을 제1종 영구운동 기계라 하는데 이것은 공급한 것보다 출력이 커서 에너지 보존법칙에 위배되는 기관을 의미한다.

 ㉮

02

제2종 영구운동 기계란?

㉮ 열역학 제1법칙에 위배되는 기관
㉯ 열역학 제2법칙에 따르는 기관
㉰ 효율 100[%]인 기관
㉱ 열역학 제3법칙에 따르는 기관

02

열역학 제2법칙은 손실을 수반하는 비가역 과정이므로 효율 100[%]인 기관은 제작할 수 없다. 여기에 위배되는 기관을 제2종 영구운동 기계라 한다.

 ㉰

03

Q는 열량이고 T는 절대온도로 나타낼 때 계가 사이클로 나타낼 수 있는 $\dfrac{\delta Q}{T}$의 표기는?

㉮ $\oint \dfrac{\delta Q}{T} = 0$　　㉯ $\oint \dfrac{\delta Q}{T} > 0$
㉰ $\oint \dfrac{\delta Q}{T} \geq 0$　　㉱ $\oint \dfrac{\delta Q}{T} \leq 0$

03

가역 사이클

$\oint \dfrac{\delta Q}{T} = 0$ (일정)

비가역 사이클

$\oint \dfrac{\delta Q}{T} < 0$ (증가)

 ㉱

04

다음 중 열역학 제2법칙에 위배되는 과정은?

㉮ 윤활　　㉯ 마찰
㉰ 혼합　　㉱ 취성재료의 변형

04

열역학 제2법칙은 마찰과 손실을 수반하는 비가역 과정이므로 마찰과 손실을 억제하는 것은 윤활이다.

 ㉮

05

열효율 100[%]인 기관은 만들 수 없다. 여기에 합당한 것은?

㉮ 열역학 제1법칙
㉯ 열역학 제2법칙에 위배
㉰ 열역학 제3법칙에 위배
㉱ 열역학 제3법칙에 의하여

06

가역 사이클 설명 중 틀린 것은?

㉮ 가역기관은 고온과 저온의 차가 클수록 효율이 좋다.
㉯ 고온과 저온이 같은 열기관은 기관의 종류에 관계없이 가역 사이클이면 효율이 같다.
㉰ 열기관 중 가장 효율이 좋은 사이클이다.
㉱ 대표적인 카르노 사이클로서 이미 완성된 기관이다.

07

열역학 제2법칙은 자연현상 법칙으로서 엔트로피는 항상 증가하는 현상이 나타난다. 엔트로피의 합에 대하여 옳게 설명한 것은?

㉮ 엔트로피는 계속 증가한다.
㉯ 엔트로피의 합은 항상 일정하다.
㉰ 알 수 없는 것이 엔트로피이다.
㉱ 엔트로피는 무효에너지화되면서 점차 감소한다.

08

완전히 단열된 밀실에서 시간당 10[kW]의 전력을 소모하는 냉장고의 문이 열려있다. 이상적인 교반이 이루어진다고 할 때 다음 중 옳은 것은?

㉮ 밀실 내 온도가 일정하다.
㉯ 밀실 내 온도가 내려간다.
㉰ 밀실 내 온도가 올라간다.
㉱ 밀실 내 온도가 올라갔다 내려갔다 한다.

해설 및 정답

05

답 ㉱

06

답 ㉱

07

답 ㉮

08

실제로는 무효에너지화에 의하여 어느 한계 이상으로는 온도가 올라갈 수 없으나 이상적인 교반이라면 10[kW]라는 전력만큼 밀실 내는 온도가 상승된다.

답 ㉰

09

열역학 제2법칙을 설명한 것 중 틀린 것은?

㉮ 제2종 연구기관은 동작물질의 종류에 따라 판가름 난다.
㉯ 열효율 100[%]인 열기관은 만들 수 없다.
㉰ 단일 열저장소와 열교환을 하는 사이클에서 일을 얻는 것은 불가능하다.
㉱ 열기관에서 동작물질에 일을 하려면 그보다 낮은 열저장소가 필요하다.

10

어떤 변화가 가역인지 또는 비가역인지를 알려면?

㉮ 열역학 제1법칙을 적용한다.
㉯ 열역학 제3법칙을 적용한다.
㉰ 열역학 제2법칙을 적용한다.
㉱ 열역학 제0법칙을 적용한다.

11

Carnot 사이클로 작동하는 기관이 300[℃]에서 25[kJ]의 열을 받아들이고 이 기관이 25[℃]에서 열을 방출한다면 이 기관의 일은 몇 [kJ]인가?

㉮ 5　　㉯ 7.5
㉰ 10　　㉱ 13

12

1[kg]의 공기가 Carnot cycle 기관의 실린더 속에서 일정한 온도 60[℃]에서 열량 20[kJ]을 공급받아 가역등온 팽창을 한다고 하면 이 공기의 수열량 중 무효에너지는? (단, 저열원 온도는 0[℃]이다.)

㉮ 20.24[kJ/kg]　　㉯ 16.39[kJ/kg]
㉰ 10.15[kJ/kg]　　㉱ 5.12[kJ/kg]

해설 및 정답

09

답 ㉮

10

답 ㉰

11

$\frac{Q_2}{Q_1} = \frac{T_2}{T_1}$ 에서

$Q_2 = \frac{T_2}{T_1} Q_1 = \frac{298}{573} \times 25$

$= 13\,[\text{kJ}]$

답 ㉱

12

$\frac{Q_1}{T_1} = \frac{Q_2}{T_2}$ 에서

$Q_2 = Q_1 \cdot \frac{T_2}{T_1}$

$= 20 \times \frac{273}{273+60}$

$= 16.39\,[\text{kJ/kg}]$

답 ㉯

13

5[kg]의 공기가 압력 $P_1 = 0.5$[MPa]로부터 압력 $P_2 = 0.01$[MPa]까지 등온팽창하여 900[kJ]의 일을 하였다. 엔트로피의 증가량은 얼마인가?

㉮ 23[kJ/°K] ㉯ 2.3[kJ/°K]
㉰ 0.23[kJ/°K] ㉱ 5.61[kJ/°K

14

230[℃]의 공기가 440[kJ/kg]의 열을 받으면서 가역등온으로 팽창한다. 엔트로피 변화는?

㉮ 8.75[kJ/kg°K] ㉯ 1.75[kJ/kg°K]
㉰ 0.875[kJ/kg°K] ㉱ 0.175[kJ/kg°K]

15

물 10[kg]을 0[℃]에서부터 100[℃] 포화수까지 가열하면 물의 엔트로피 변화는? (단, 물의 비열은 4.2[kJ/kg°K]이다.)

㉮ 1.31[kJ/kg°K] ㉯ 13.1kJ/kg°K]
㉰ 131[kJ/kg°K] ㉱ 1310[kJ/kg°K]

16

1[kg]의 공기가 30[℃] 상태의 일정체적에서 온도 200[℃]인 상태로 변한다면 엔트로피의 증가는 몇 [kJ/kg°K]인가?

㉮ 0.3198 ㉯ 3.198
㉰ 31.98 ㉱ 319.8

17

3[kg]의 산소가 등압하에서 체적이 0.6[m^3]에서 1.8[m^3]로 변했을 때 산소를 이상기체로 보고 산소의 $C_p = 0.912$[kJ/kg°K]라 하면 엔트로피 증가는 몇 [kJ/K]인가?

㉮ 1.5 ㉯ 3
㉰ 6.5 ㉱ 9.3

해설 및 정답

13

$ds = \frac{\delta Q}{T} = \frac{PdV}{T}$ 에서

$\Delta s = MR\ln\frac{V_2}{V_1} = MR\ln\frac{P_1}{P_2}$

$= 5 \times 0.287 \times \ln\frac{0.5}{0.01}$

$= 5.61$ [kJ/°K]

답 ㉱

14

가역등온과정이므로

$\Delta s = \int\frac{\delta Q}{T} = \frac{1}{T}\int\delta Q = \frac{{}_1Q_2}{T}$

$\therefore\ \Delta s = \frac{440}{(273+230)}$

$= 0.875$ [kJ/kg°K]

답 ㉰

15

$\Delta s = M\int\frac{\delta Q}{T} = MC\ln\frac{T_2}{T_1}$

$= 10 \times 4.2 \times \ln\frac{373}{273}$

$= 13.1$ [kJ/°K]

답 ㉯

16

$s_2 - s_1 = C_v\ln\frac{T_2}{T_1}$

$= 0.718\ln\frac{473}{303}$

$= 0.3198$ [kJ/kg°K]

답 ㉮

17

$ds = \frac{\delta Q}{T} = \frac{GC_p dt}{T}$ 에서

$\Delta s = GC_p\ln\frac{V_2}{V_1}$

$= 3 \times 0.912 \times \ln\frac{1.8}{0.6}$

$= 3$ [kJ/°K]

답 ㉯

18

1[kg]의 공기가 100[℃]를 유지하면서 등온팽창하여 외부에 850[kJ]의 일을 하였다. 이 변화에서 엔트로피는 얼마만큼 증가하는가?

㉮ 1.28[kJ/°K] ㉯ 2.28[kJ/°K]
㉰ 3.28[kJ/°K] ㉱ 4.28[kJ/°K]

19

20[kWh]의 모터를 1시간 동안 제동하였더니 그 마찰열 Q[kJ]가 27[℃]의 주위에 전달하였다. 엔트로피의 증가는 몇 [kJ/°K]인가?

㉮ 24[kJ/°K] ㉯ 26[kJ/°K]
㉰ 240[kJ/°K] ㉱ 266[kJ/°K]

20

수학적 식이 $\oint \frac{\delta Q}{T} < 0$로 이루어졌다. 위 식이 엔트로피 합이 0보다 작다는 의미로 나타낼 때 적당한 표현은?

㉮ 엔트로피의 감소를 뜻한다.
㉯ 엔트로피의 증가 또는 감소를 의미한다.
㉰ 번역할 수 없다.
㉱ 엔트로피가 증가함을 뜻한다.

21

열역학 제3법칙이 의미하는 것은?

㉮ 절대온도가 0[°K]에 이를 수 있다.
㉯ 효율 100[%]가 존재할 수 있다.
㉰ 에너지 보존 법칙이다.
㉱ 절대온도가 0[°K]에 다다르면 엔트로피는 0에 근접한다.

해설 및 정답 ㉮㉯㉰㉱

18

$s_2 - s_1 = \frac{{}_1Q_2}{T} = \frac{850}{273+100}$
$= 2.28\,[\text{kJ/°K}]$

답 ㉯

19

20[kWh] = 72,000[kJ]
$\because$ 1[kWh] = 1[kJ/s] × 3600[s]
= 3,600[kJ]
$\therefore \Delta s = \frac{\delta Q}{T} = \frac{72000}{273+27}$
$= 240\,[\text{kJ/°K}]$

답 ㉰

20

답 ㉱

21

답 ㉱

22

다음 $P-V$ 선도를 $T-s$ 선도로 옮긴 것 중 적당한 것은?

㉮

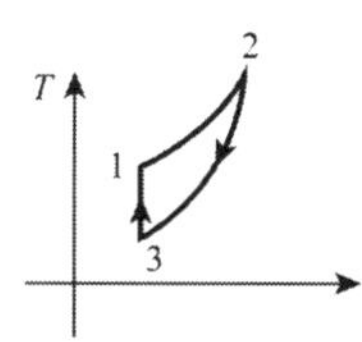

㉯

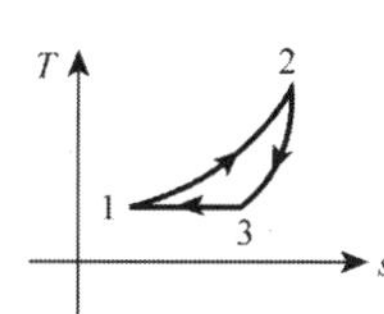

㉰

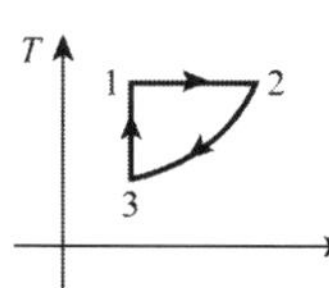

㉱

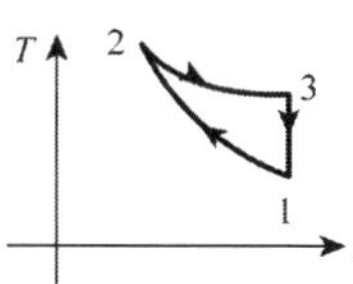

23

다음 $P-V$ 선도를 $T-s$ 선도로 옮긴 것 중 적당한 것은?

㉮

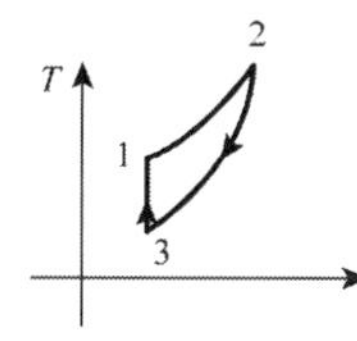

㉯

㉰

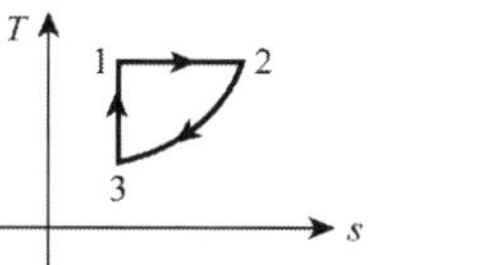

㉱

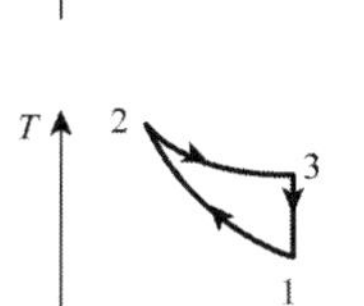

해설 및 정답

22

답 ㉯

23

답 ㉮

24

공기 3[kg]을 일정한 압력하에서 5[℃]에서 60[℃]까지 가열하고 정적하에 100[℃]까지 가열할 경우 공급한 열량은 몇 [kJ]인가? (단, $C_v = 0.718$[kJ/kg°K], $C_p = 1.004$[kJ/kg°K]이다.)

㉮ 251.82 ㉯ 294.4
㉰ 18.7 ㉱ 28.4

25

어떤 기체 1[kg]이 정적하에서 온도가 27[℃]에서 327[℃]까지 가열할 때 엔트로피 변화량은 몇 [kJ/K]인가? (단, 내부에너지 $u = 4.4T$ [kJ]이다.)

㉮ 1.05 ㉯ 2.05
㉰ 3.05 ㉱ 4.05

26

다음은 엔탈피 $h = 5T$[kJ/kg]의 관계식으로 나타낼 때 대기압 하에서 290[°K]에서 320[°K]까지 가열할 때 엔트로피의 변화는 몇 [kJ/kg·K]인가? (단, h의 단위는 [kJ/kg]이다.)

㉮ 0.101 ㉯ 0.212
㉰ 0.3922 ㉱ 0.4922

27

공기 2[kg]을 온도 300[°K]에서 600[°K]까지 가열할 때 체적은 0.1[m³]에서 0.5[m³]까지 변화했다. 이때 엔트로피 변화량은 몇 [kJ/kg]인가? (단, C_p=1.004[kJ/kg·K]이다.)

㉮ 1.92 ㉯ 2.93
㉰ 9.72 ㉱ 4.17

해설 및 정답

24

등압일 때

$\delta Q = dH = MC_p dt,\ H_2 - H_1 = MC_p(T_2 - T_1)$

$= 3 \times 1.004 \times (60 - 5) = 165.66$

등적일 때

$\delta Q = du = MC_v dt,\ u_2 - u_1 = MC_v(T_2 - T_1)$

$= 3 \times 0.718 \times (100 - 60) = 86.16$

$\therefore\ {}_1Q_2 = \Delta H + \Delta u \fallingdotseq 251.82$

25

$ds = \frac{\delta Q}{T} = \frac{du}{T} = \frac{4.4dT}{T}$

$\therefore\ \Delta s = \int_{T_1}^{T_2} 4.4\frac{dT}{T} = 4.4\ln\frac{T_2}{T_1}$

$= 4.4\ln\frac{600}{300} = 3.05$[kJ/K]

26

등압일 때

$\delta q = dh = 5dT$

$\therefore\ ds = \frac{\delta q}{T} = \frac{5dT}{T}$

$\Delta s = 5 \cdot \int_{t_1}^{t_2}\frac{dT}{T} = 5 \cdot \ln\frac{320}{290}$

$= 0.4922$[kJ/kg·K]

27

$\delta q = du + pdv$ 에서

$ds = \frac{\delta q}{T} = \frac{MC_v dt}{T} + \frac{pdv}{T} = \frac{MC_v dt}{T} + \frac{MRdv}{V}$

$\Delta s = M\left(C_v \ln\frac{T_2}{T_1} + R\ln\frac{v_2}{v_1}\right)$

$= 2\left((1.004 - 0.287)\ln\frac{600}{300} + 0.287\ln\frac{0.5}{0.1}\right)$

$= 1.917 \fallingdotseq 1.92$[kJ/K]

(단, $C_v = C_p - R = 1.004 - 0.287$)

해설 및 정답 ㉮㉯㉰㉱

28

카르노 사이클 기관에서 사이클당 250[kJ]의 일을 얻기 위해서 필요로 하는 열량이 427[kJ], 저열원의 온도가 15[℃]라면 고열원의 온도는 몇 [℃]인가?

㉮ 421.8[℃]　　㉯ 594.8[℃]
㉰ 694.8[℃]　　㉱ 721.8[℃]

28

$Q_2 = Q_1 - W = 427 - 250 = 177\,[\mathrm{kJ}]$,

$\frac{Q_1}{T_1} = \frac{Q_2}{T_2}$ 에서 $T_1 = T_2 \times \frac{Q_1}{Q_2} = 288 \times \frac{427}{177}$

$= 694.77\,[°\mathrm{K}] = 421.8\,[℃]$

답 ㉮

29

카르노 사이클(Carnot cycle)로 작동되는 열기관이 동작유체로 공기를 사용해서 고열원의 온도 750[℃], 저열원의 온도 15[℃]일 때 사이클당 수열량이 8[kJ]이라면 정미일(network)은 얼마인가?

㉮ 1.425[kJ]　　㉯ 5.747[kJ]
㉰ 3.055[kJ]　　㉱ 5.522[kJ]

29

$\eta = \frac{w}{Q_1} = 1 - \frac{T_2}{T_1}$

$\therefore\ W = 8 \times \left(1 - \frac{288}{1,023}\right)$

$= 5.747\,[\mathrm{kJ}]$

답 ㉯

30

한 공학자가 가정용 냉장고를 이용하여 겨울에 난방을 할 수 있다고 주장하였다면 이 주장은 이론적으로 열역학 법칙과 어떠한 관계를 갖겠는가?

㉮ 열역학 제1법칙에 위배된다.
㉯ 열역학 제2법칙에 위배된다.
㉰ 열역학 제1, 2법칙에 위배된다.
㉱ 열역학 제1, 2법칙에 위배되지 않는다.

30

답 ㉱

31

0[℃]의 물 50kg과 100[℃]의 물 20[kg]이 대기압 하에서 혼합될 때 엔트로피의 변화량은? (단, 물의 비열은 4.2[kJ/kg·K]이다.)

㉮ 0.00498[kJ/K] 증가　　㉯ 0.00425[kJ/K] 증가
㉰ 0.00305[kJ/K] 증가　　㉱ 0.00923[kJ/K] 증가

31

$50 \times (t_m - 0) = 20(100 - t_m)$

$\therefore\ t_m = 28.57\,[°]$

$\Delta s = M_1 Cl_n \frac{T_m}{T_1} + M_2 Cl_n \frac{T_m}{T_2}$

$= \left(0.05 \times \ln \frac{301.57}{273} + 0.02 \times \ln \frac{301.57}{273}\right) \times 4.2$

$= 0.00305\,[\mathrm{kJ/K}]$ 증가

 ㉰

32

10[kg]의 공기가 온도 20[℃] 상태의 정적하에서 온도 250[℃]인 상태로 변하였다면 이 경우 엔트로피의 변화는 얼마인가?

㉮ 3.47[kJ/K] ㉯ 0.99[kJ/K]
㉰ 4.17[kJ/K] ㉱ 7.48[kJ/K]

해설 및 정답

32

$V=C$에서

$dQ = dU = MC_v dt$, $dS = \frac{MC_v dt}{T}$

$\Delta s = MC_v \ln\frac{T_2}{T_1} = 10\times 0.72\times \ln\frac{523}{293}$
$= 4.17[\text{kJ/K}]$

답 ㉰

33

카르노(Carnot) 사이클에서 열이 방출되는 과정은?

㉮ 등온팽창 ㉯ 단열팽창
㉰ 등온압축 ㉱ 단열압축

33

카르노 사이클에서 열의 방출은 등온압축에서 일어난다.

답 ㉰

34

계가 비가역 단열변화에 대한 클라우지우스(Clausius)의 적분은?

㉮ $\oint\frac{dQ}{T}>0$ ㉯ $\oint\frac{dQ}{T}<0$
㉰ $\oint\frac{dQ}{T}=0$ ㉱ $\oint\frac{dQ}{T}\le 0$

34

클라우지우스(Clausius)의 적분

① 가역 : $\oint\frac{dQ}{T}=0$

② 비가역 : $\oint\frac{dQ}{T}<0$

답 ㉯

35

다음 중 이상기체의 교축과정에 대한 사항으로서 옳은 것은?

㉮ 엔탈피 변화가 없다. ㉯ 온도의 변화가 없다.
㉰ 엔트로피의 변화가 없다. ㉱ 비가역 단열과정이다.

35

교축과정에서는 비가역 과정이며 온도와 압력이 강하하고 엔탈피가 일정하며 엔트로피가 증가한다.

답 ㉮

36

카르노 사이클을 이루는 기관에서 매 사이클당 5[kJ]의 일을 얻기 위해 공급열량이 40[kJ]이고 저열원의 온도가 15[℃]일 때 고열원의 온도는 몇 [K]인가?

㉮ 300 ㉯ 400
㉰ 329 ㉱ 647

36

$\eta = \frac{W}{Q_1} = \frac{5}{40} = 0.125 = 1-\frac{T_2}{T_1}$

$\frac{T_2}{T_1} = 1-0.125$

$\therefore\ T_1 = \frac{T_2}{1-0.125} = \frac{288}{1-0.125}$
$= 329.1[\text{K}]$

답 ㉰

37

고온 400[℃], 저온 50[℃]의 온도 범위에서 작동하는 카르노 사이클의 열효율을 구하면 몇 [%]인가?

㉮ 22　　㉯ 32
㉰ 42　　㉱ 52

38

출력이 10[kW]인 기관을 2시간 제동 실험하여 생긴 마찰열이 전부 실내의 공기에 전달된다면 엔트로피의 증가는 몇 [kJ/K]인가? (단, 이 때 실온은 20[℃]이다.)

㉮ 214.3　　㉯ 245.5
㉯ 418.2　　㉱ 520.4

39

일정한 압력하에 정적비열 C_v와 정압비열 C_p를 가진 이상기체 1[kg_f]의 절대온도와 체적이 각각 2배로 되었을 때 엔트로피의 변화량을 바르게 표시한 것은?

㉮ $C_v \cdot \ln 2$　　㉯ $C_p \cdot \ln 2$
㉰ $(C_p - C_v) \cdot \ln 2$　　㉱ $(C_p + C_v) \cdot \ln 2$

40

물 10[kg]을 1기압하에서 20[℃]로부터 60[℃]까지 가열할 때 엔트로피의 증가량은? (단, 물의 정압비열은 4.18[kJ/kg·K]이다.)

㉮ 9.78[kJ/K]　　㉯ 5.35[kJ/K]
㉰ 8.32[kJ/K]　　㉱ 41.8[kJ/K]

41

30[℃]인 공기의 음속은 얼마인가? (단, 비열비 $k=1.4$, 기체상수 $R=287$[N·m/kg·K]이다.)

㉮ 348.3[m/sec]　　㉯ 352.2[m/sec]
㉰ 466.6[m/sec]　　㉱ 493.3[m/sec]

해설 및 정답

37

$$\eta_c = \frac{W}{Q_1} = 1 - \frac{T_{11}}{T_1} = 1 - \frac{343}{673} = 0.52$$

답 ㉱

38

$$\Delta s = \frac{{}_1Q_2}{T} = \frac{10 \times 2 \times 3{,}600}{293} = 245.5\,[\text{kJ/K}]$$

답 ㉯

39

$$ds = \frac{C_v dt + Pd V}{T}$$

$$\therefore\ \Delta s = C_p \ln\frac{T_2}{T_1} + R\ln\frac{V_2}{V_1} = (C_v + R)\ln 2 = C_p \ln 2$$

(등압이므로 $\frac{T_2}{T_1} = \frac{V_2}{V_1}$)

답 ㉯

40

$$ds = \frac{MCdt}{T}$$

$$\therefore\ \Delta s = MC\ln\frac{T_2}{T_1} = 10 \times 4.18 \times \ln\frac{333}{293} = 5.35\,[\text{kJ/K}]$$

답 ㉯

41

$$C = \sqrt{kRT} = \sqrt{1.4 \times 287 \times 303} = 348.8\,[\text{m/sec}]$$

답 ㉮

42

비가역 과정에서 계에 관한 사항 중 올바른 것은?

㉮ 계(系)의 유용도는 변하지 않는다.
㉯ 계(系)의 유용도는 감소한다.
㉰ 계(系)의 유용도는 증가한다.
㉱ 비가역성은 감소한다.

43

완전가스를 가역단열 압축하는 경우 엔트로피는?

㉮ 증가한다.
㉯ 일정하다.
㉰ 감소한다.
㉱ 증가할 수도 있고 감소할 수도 있다.

44

다음 중 열역학 제3법칙과 가장 관계 깊은 사항은?

㉮ 0[K]에서의 엔트로피는 0이다.
㉯ 273[K]에서의 엔트로피는 0이다.
㉰ 엔트로피는 그 변화량만이 문제이므로 절대값은 없다.
㉱ 0[K]에 근접하면 엔트로피는 0에 근접한다.

45

두 열원 $T_{1A} > T_{1B}$이고 저온 열저장소의 온도는 $T_2 = T_{2A} = T_{2B}$이며 공급열 $Q_1 = Q_{1A} = Q_{1B}$인 두 열기관의 열효율 η_A 및 η_B는?

㉮ $\eta_A > \eta_B$　　㉯ $\eta_A < \eta_B$
㉰ $\eta_A = \eta_B$　　㉱ $\eta_A \le \eta_B$

46

대기압 상태에서 1[kg]의 공기를 27[℃]에서 117[℃]까지 가열하는데 변화하는 공기의 엔트로피의 변화량은? (단, 공기의 정압비열은 1.004[kJ/kg°K]이다.)

㉮ 0.26[kJ/K]　　㉯ 0.45[kJ/K]
㉰ 3.6[kJ/K]　　㉱ 36[kJ/K]

해설 및 정답

42

마찰과 손실이 수반된 비가역은 유효에너지가 감소한다.

답 ㉯

43

답 ㉯

44

열역학 제3법칙
엔트로피가 0[°K](273[℃])에 근접하는 원리를 뜻한다.(Nernst의 정의)

답 ㉱

45

$\eta_A = 1 - \frac{T_{2A}}{T_{1A}}$, $\eta_B = 1 - \frac{T_{2B}}{T_{1B}}$에서

$T_{1A} > T_{1B}$이므로 $\eta_A > \eta_B$

답 ㉮

46

$P = C$: $dq = dh$, $ds = \frac{C_p dt}{T}$에서

$\Delta s = C_p \ln \frac{T_2}{T_1} = 1.004 \times \ln \frac{390}{300} = 0.26\,[\text{kJ/K}]$

답 ㉮

해설 및 정답 ㉮㉯㉰㉱

47

역 카르노 사이클로 작동하는 냉동기가 30[kW]의 일을 받아서 저온체로부터 84[kJ/s]의 열을 흡수한다면 고온체로 방출하는 열량은 몇 [kJ/s]인가?

㉮ 147　　㉯ 227
㉰ 2530　　㉱ 114

47

$W = Q_1 - Q_2$

$Q_1 = W + Q_2 = 30 + 84 = 114[\text{kW}]$

답 ㉱

48

공기 1[kg]이 카르노 기관의 실린더 내에서 100[℃] 하에서 열량 25[kJ]을 받고 등온 팽창하였다고 하면 공기에 가해진 열량중의 무효에너지의 변화량은 몇 [kJ]인가? (단, 저열원 온도는 0[℃]이다.)

㉮ 0.067　　㉯ 12.0
㉰ 16.9　　㉱ 18.3

48

$$\frac{Q_1}{T_1} = \frac{Q_2}{T_2}$$

$$Q_2 = \frac{T_2}{T_1} \cdot Q_1 = \frac{25 \times 273}{373} = 18.3[\text{kJ}]$$

답 ㉱

49

공기 10[kg]을 일정한 압력하에 20[℃]에서 200[℃]까지 가열할 때 엔트로피 변화는 몇 [kJ/K]인가? (단, C_p=1[kJ/kg°K]이다.)

㉮ 4.78　　㉯ 9.42
㉰ 6.48　　㉱ 2.162

49

$$ds = \frac{MC_p dt}{T}$$

$$\Delta s = MC_p \ln\frac{T_2}{T_1}$$

$$= 10 \times 1 \times \ln\frac{473}{273} = 4.78[\text{kJ/K}]$$

답 ㉮

50

$R = 294$[N·m/K·kg], $k = 1.4$인 완전가스 1[kg]을 10[kPa], 288[K]의 상태에서 압력 100[kPa]까지 $PV^{1.25} = C$에 의하여 압축하였다. 엔트로피(entropy)의 증가는 몇 [kJ/kg·K]인가?

㉮ 0.028　　㉯ 0.054
㉰ 0.203　　㉱ 0.011

50

$$\Delta S = \int \frac{C_n dt}{T}$$

$$= C_n \frac{T_2}{T_1} = \frac{n-k}{n-1}, \quad C_V \ln\frac{T_2}{T_1} = \frac{n-k}{n-1},$$

$$\frac{R}{k-1} \ln\left(\frac{P_2}{P_1}\right)^{\frac{n-1}{n}}$$

$$= \frac{n-k}{n}, \quad \frac{R}{k-1} \ln\frac{P_2}{P_1}$$

$$= \frac{1.25 - 1.4}{1.25} \times \frac{294}{0.4} \ln\frac{100}{10}$$

$$= -203[\text{J/kg·K}]$$

$$= -0.203[\text{kJ/kg·K}]$$

답 ㉰

51

4[kg]의 공기를 온도 15[℃]에서 일정 체적으로 가열하여 엔트로피가 3.35[kJ/°K]로 증가하였다. [°K]로 계산한 가열 후의 온도는 어느 것에 가까운가? (단, 공기의 정적비열은 0.71[kJ/kg°K]이다.)

㉮ 937[°K] ㉯ 337[°K]
㉰ 535[°K] ㉱ 483[°K]

해설 및 정답 

51

$V = C$

$$\Delta S = \int \frac{GCdt}{T} = GC_v \ln \frac{T_2}{T_1}$$

$$= 4 \times 0.71 \times \ln \frac{T_2}{288} = 3.35$$

$$\therefore \frac{T_2}{288} = e^{\frac{3.35}{4 \times 0.71}}$$

$$\therefore T_2 = 937[°K]$$

답 ㉮

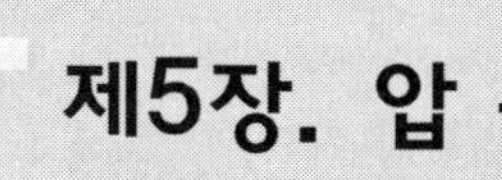

제5장. 압 축 기

5-1 용어 및 정의

다음 그림에서 피스톤의 압복운동 중 낮은 압력에서 높은 압력으로 기체를 압축하는 것으로 생각하여 연구하기로 한다.

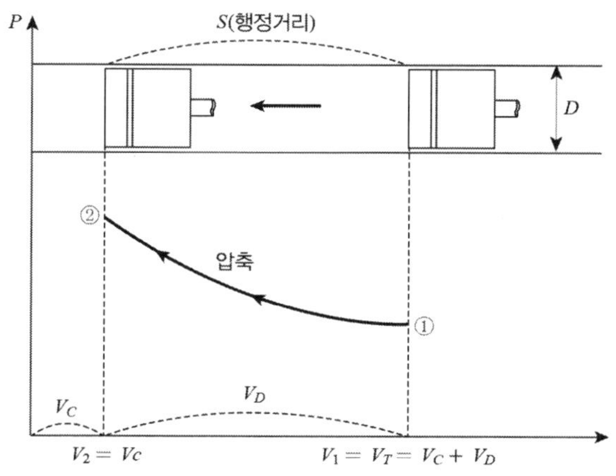

1) **실린더 지름(통경)** : D

2) **행정거리** : S

   실린더가 하사점에서 상사점까지 왕복하는 거리

3) **행정체적** : $V_D = V_1 - V_2 = \dfrac{\pi D^2}{4} \cdot S$

4) **간극체극** : V_C**(연소실 체적)**

   실린더가 상사점에 있을 때의 남은 최소 체적

   $V_C = V_1 - V_D$

5) **간극비(통극)** : λ

행정체적에 대한 간극체적의 비

$$\lambda = \frac{V_C}{V_D}$$

6) **압축비** : ε

간극체적에 대한 총 실린더 체적으로 정의하며 내연기관의 효율 및 성능에 크게 좌우하는 변수이다.

즉, $\varepsilon = \dfrac{V_1}{V_C} = \dfrac{V_C + V_D}{V_C} = 1 + \dfrac{1}{\lambda}$

7) **체적효율** : η_v

행정체적에 대한 실제 흡입체적

$$\eta_v = \frac{V'}{V_D}$$

실제 흡입체적 : $V' = \eta_v \cdot V_D = \eta_v \cdot \dfrac{\pi D^2}{4} \times S$

5-2 압축일과 공업일 비교

1) **공업일**

체적이 팽창될 때 P쪽 투영면을 공업일이라 하고

$${}_1W_{T_2} = -\int_{P_1}^{P_2} vdP$$

로 표기한다.

2) **압축일**

압력이 높아질 때 P쪽 투영면을 압축일이라 하고

$${}_1W_{C_2} = \int_{P_1}^{P_2} vdP$$

로 표기한다. 즉, 공업일과 압축일은 크기는 같고 부호만 반대이다. 그 이유는 에너지 소비량은 음(−)이 될 수 없기 때문이다.

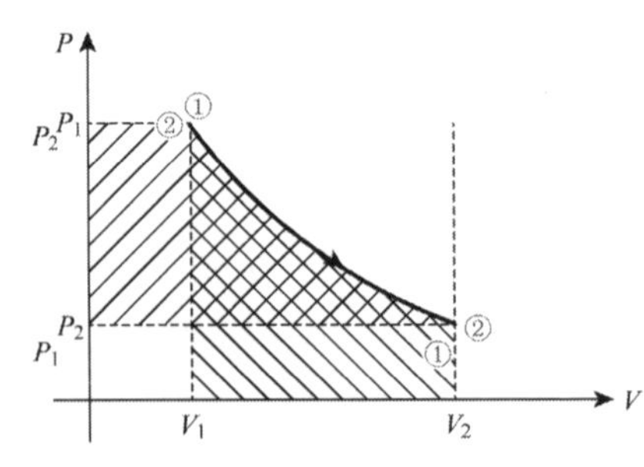

3) **압축일 비교 : P쪽 투영면적**

압축일 크기는 등적압축일 > 단열 > 폴리트로프 > 등온의 크기 순으로 되는데, 그 이유는 다음의 식으로 나타낼 수 있기 때문이다.]

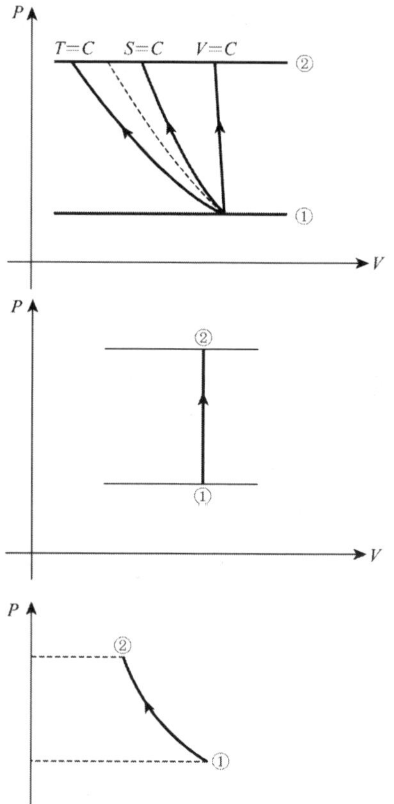

① **등적 압축일**

$$
{}_1W_{C_2} = \int_{P_1}^{P_2} vdP
$$
$$
= v(P_2 - P_1)
$$
$$
= MR(T_2 - T_1)
$$

② **등온 압축일**

$$
{}_1W_{C_2} = \int vdP
$$
$$
= \int_{P_1}^{P_2} \frac{C}{P} dP
$$
$$
= P_1 V_1 \ln \frac{P_2}{P_1}
$$

③ **폴리트로프 과정 압축일**

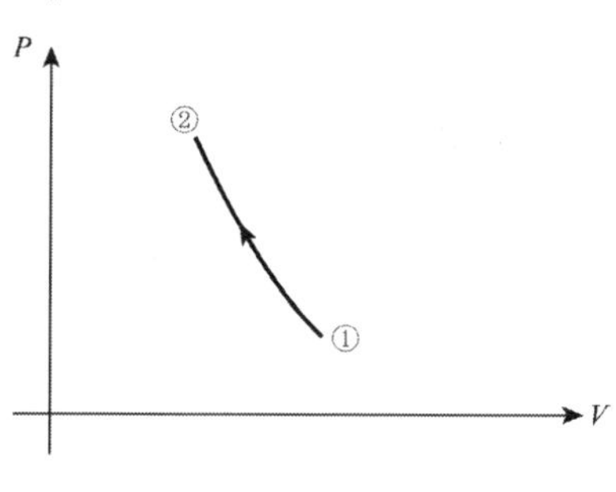

$$
{}_1W_{C_2} = \int_{P_1}^{P_2} vdP
$$
$$
= \frac{nP_1 V_1}{n-1}\left[\left(\frac{P_2}{P_1}\right)^{\frac{n-1}{n}} - 1\right]
$$
$$
= \frac{nP_1 V_1}{n-1}\left(\frac{T_2}{T_1} - 1\right)
$$

④ **단열 압축일**

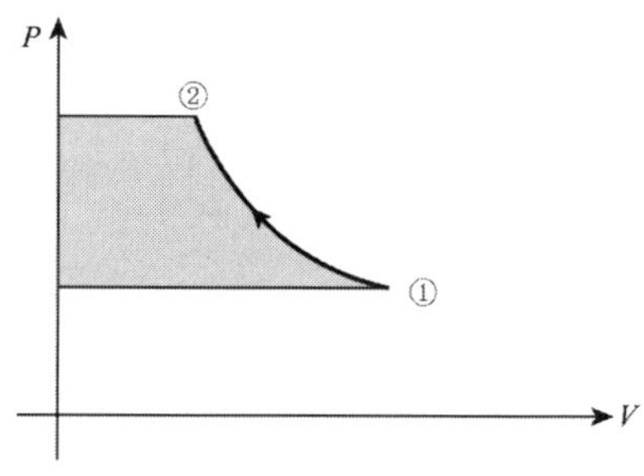

$$
{}_1W_{C_2} = \frac{k}{k-1} P_1 V_1 \left(\frac{T_2}{T_1} - 1\right)
$$
$$
= \frac{kP_1 V_1}{k^{-1}}\left[\left(\frac{V_1}{V_2}\right)^{k-1} - 1\right]
$$
$$
= \frac{kP_1 V_1}{k-1}\left[\left(\frac{P_2}{P_1}\right)^{\frac{k-1}{k}} - 1\right]
$$

4) **압축기의 단열효율(실제효율)**

가역과 비가역의 과정에서 이론과 실제 또는 실제와 이론의 비를 실제효율이라 한다.

$$\text{실제효율 } \eta_c = \frac{T_2 - T_1}{T_2' - T_1}$$

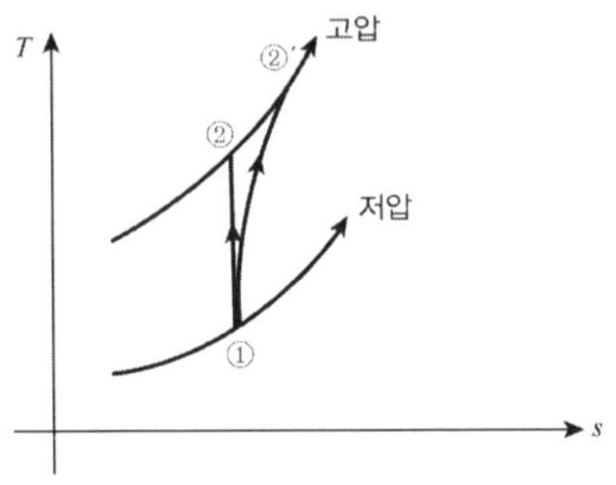

5-3 통극체적이 있을 때 압축일

$PV^n = C$로 가정하고 다음 그림에서 체적효율은 행정체적에 대한 실제 흡입체적으로 나타내는데 이를 이용하여 체적효율과 압축일을 구해본다.

여기서, 행정체적 : $V_1 - V_3 = V_D$

실제 흡입체적 : $V_1 - V_4 = V'$

총실린더 체적 : V_1

간극체적 : V_3

압축비 : $\varepsilon = \dfrac{V_1}{V_3}$

간극비(통극) : $\lambda = \dfrac{V_3}{V_1 - V_3} = \dfrac{V_3}{V_D}$

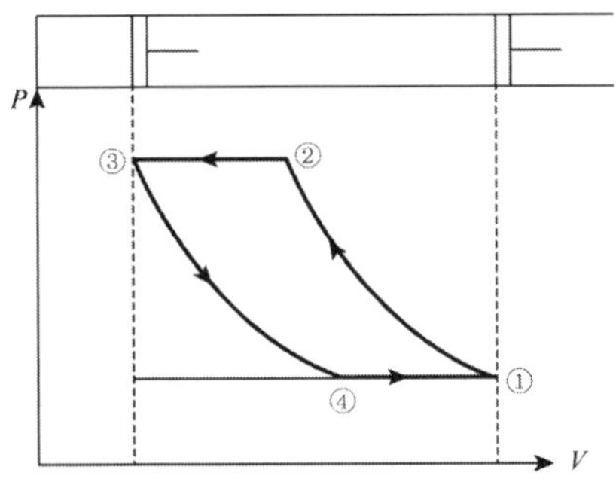

1. 체적효율

$$\eta_v = \frac{\text{실제흡입체적}}{\text{행정체적}} = \frac{V'}{V_D} = \frac{V_1 - V_4}{V_1 - V_3} = \frac{V_1 - V_3 + V_3 - V_4}{V_1 - V_3}$$

$$= 1 + \frac{V_3}{V_D} - \frac{V_4}{V_D} = 1 + \lambda - \frac{V_4}{V_D} \quad \cdots\cdots ①$$

여기서, 3~4 과정은 폴리트로프 과정으로 보고

$$\frac{T_4}{T_3} = \left(\frac{V_3}{V_4}\right)^{n-1} = \left(\frac{P_4}{P_3}\right)^{\frac{n-1}{n}}$$

$$\text{즉, } V_3 = V_4 \cdot \left(\frac{P_4}{P_3}\right)^{\frac{1}{n}} = V_4\left(\frac{P_1}{P_2}\right)^{\frac{1}{n}}$$

$$V_4 = V_3 \cdot \left(\frac{P_2}{p_1}\right)^{\frac{1}{n}} \quad \cdots\cdots ②$$

②를 ①에 대입하면

$$\eta_v = 1+\lambda-\frac{V_4}{V_D} = 1+\lambda-\frac{1}{V_D}\cdot V_3\left(\frac{P_2}{P_1}\right)^{\frac{1}{n}}$$

$$= 1+\lambda-\lambda\left(\frac{P_2}{P_1}\right)^{\frac{1}{n}} = 1-\lambda\left[\left(\frac{P_2}{P_1}\right)^{\frac{1}{n}}-1\right]$$

로 나타내며 체적효율은 간극비와 압력비에 반비례한다.

2. 압축일

1 cycle당 압축일은 1~2 과정에서 3~4 과정을 빼면 되므로 다음과 같다.

$$W_{c1234} = {}_1W_{c2} - {}_3W_{T4} = \frac{n}{n-1}(P_2V_2-P_1V_1)-\frac{n}{n-1}(P_4V_4-P_3V_3)$$

$$= \frac{n}{n-1}(RT_2-RT_1)-\frac{n}{n-1}(RT_3-RT_4)$$

$$= \frac{nP_1V_1}{n-1}\left(\frac{T_2}{T_1}-1\right)-\frac{nP_4V_4}{n-1}\left[\left(\frac{P_3}{P_4}\right)^{\frac{n-1}{n}}-1\right]$$

$$= \frac{nP_1V_1}{n-1}\left[\left(\frac{P_2}{P_1}\right)^{\frac{n-1}{n}}-1\right]-\frac{nP_4V_4}{n-1}\left[\left(\frac{P_3}{P_4}\right)^{\frac{n-1}{n}}-1\right]$$

$$= \frac{nP_1}{n-1}(V_1-V_4)\left[\left(\frac{P_2}{P_1}\right)^{\frac{n-1}{n}}-1\right] = \frac{nP_1}{n-1}V'\left[\left(\frac{P_2}{P_1}\right)^{\frac{n-1}{n}}-1\right]$$

$$= \eta_v\frac{\pi D^2}{4}S\frac{nP_1}{n-1}\left[\left(\frac{P_2}{P_1}\right)^{\frac{n-1}{n}}-1\right]$$

∴ 압축일은 n값에 따라 비례한다.

5-4 다단 압축기

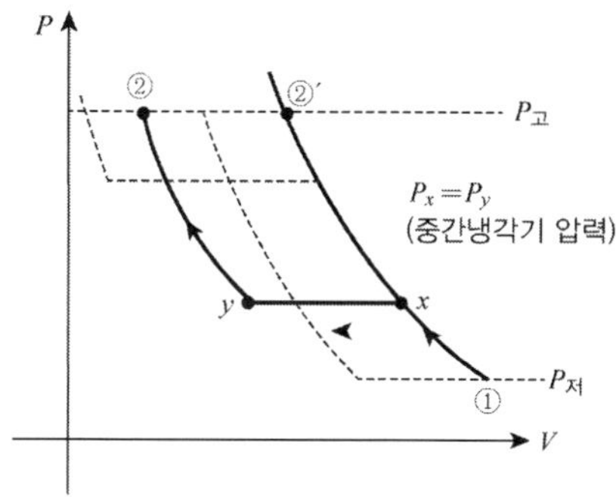

다단 압축기는 압축일을 절약함으로써 효율을 증대시키는 목적으로 사용하는데 1~2′의 면적보다 1~x~y~2의 면적으로 적은 일을 소모함으로써 효율을 상승시킨다. 여기서 x점과 y점을 중간냉각기라 하고 다음과 같은 가정하에 적용한다.

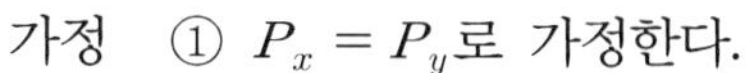

가정 ① $P_x = P_y$로 가정한다.

② $T_1 = T_y$로 가정한다.

1. 압축일(2단인 경우)

$$\begin{aligned}
{}_1W_{C2} &= {}_1W_{Cx} + {}_yW_{C2} \\
&= \frac{n}{n-1}(P_xV_x - P_1V_1) + \frac{n}{n-1}(P_2V_2 - P_yV_y) \\
&= \frac{n}{n-1}P_1V_1\left[\left(\frac{P_x}{P_1}\right)^{\frac{n-1}{n}} - 1\right] + \frac{n}{n-1}{}'P_yV_y \cdot \left[\left(\frac{P_2}{P_y}\right)^{\frac{n-1}{n}} - 1\right] \\
&= \frac{nP_1V_1}{n-1}\left[\left(\frac{P_x}{P_1}\right)^{\frac{n-1}{n}} - 1 + \left(\frac{P_2}{P_x}\right)^{\frac{n-1}{n}} - 1\right] \\
&= \frac{nP_1V_1}{n-1}\left[\left(\frac{P_x}{P_1}\right)^{\frac{n-1}{n}} + \left(\frac{P_2}{P_x}\right)^{\frac{n-1}{n}} - 2\right]
\end{aligned}$$

2. 압축일 최소되는 중간냉각기 압력

$\frac{dW_c}{dP_x} = 0$이 되는 중간냉각기 압력

$$P_x = \sqrt{P_1P_2}$$

가 된다.

3. 최소압축일(2단인 경우)

$$\begin{aligned}
W_{c\min} &= \frac{nP_1V_1}{n-1}\left[\left(\frac{\sqrt{P_1P_2}}{P_1}\right)^{\frac{n-1}{n}} - \left(\frac{P_2}{\sqrt{P_1P_2}}\right)^{\frac{n-1}{n}} - 2\right] \\
&= \frac{n \cdot 2P_1V_1}{n-1}\left[\left(\frac{P_2}{P_1}\right)^{\frac{n-1}{2n}} - 1\right]
\end{aligned}$$

즉, m단인 경우는 $P_x = \sqrt[m]{P_1P_2}$이고

$$W_{c\min} = \frac{n \cdot mP_1V_1}{n-1}\left[\left(\frac{P_2}{P_1}\right)^{\frac{n-1}{m \cdot n}} - 1\right]$$

이 된다.

5-5 이론(가역)과 실제(비가역)의 비

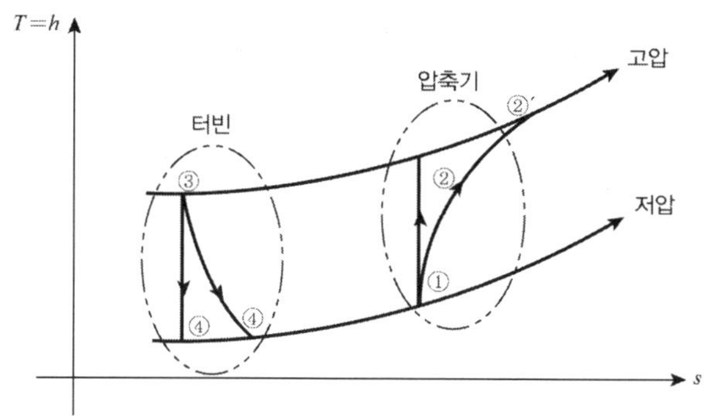

1) **터빈 효율**

$$\eta_t = \frac{T_3 - T_4'}{T_3 - T_4} = \frac{h_3 - h_4'}{h_3 - h_4}$$

2) **압축기 효율**

$$\eta_c = \frac{T_2 - T_1}{T_2' - T_1} = \frac{h_2 - h_1}{h_2' - h_1}$$

항시 비가역 후의 온도가 가역 후의 온도보다 높아진다.

개념예제

1. 피스톤의 행정체적이 22×10^{-3}[m^3]이고 통극이 0.06인 공기압축기가 온도 300[°K], 압력 10[kPa]에서 80[kPa]까지 압축한다. 과정 중에 압축과 팽창은 $PV^{1.3} = C$에 따라 변한다면 체적효율과 1cycle당 압축일은 얼마인가?

Sol) (1) 체적효율 $\eta_v = 1 - \lambda\left[\left(\frac{P_2}{P_1}\right)^{\frac{n-1}{n}} - 1\right] = 1 - 0.06\left[\left(\frac{80}{10}\right)^{\frac{0.3}{1.3}} - 1\right] = 0.86$

(2) 압 축 일 $W_c = \eta_v \frac{n}{n-1} P_1 V_D \left[\left(\frac{P_2}{P_1}\right)^{\frac{n-1}{n}} - 1\right]$

$= 0.86 \times \frac{1.3}{1.3-1} \cdot 10 \times 10^3 \times 22 \times 10^{-3} \times \left[\left(\frac{80}{10}\right)^{\frac{0.3}{1.3}} - 1\right]$

$= 504.92$[N·m]=0.505[kJ]

개념예제

2. 온도 300[°K], 압력 10[kPa] 의 공기를 80[kPa]까지 단열압축할 때 1단 압축에 비해 2단 압축하면 어느 정도 일이 절약되는가?

Sol) (1) 1단인 경우

$$_1W_{C2} = \frac{k}{k-1}(P_2V_2 - P_1V_1) = \frac{kP_1V_1}{k-1}\left[\left(\frac{P_2}{P_1}\right)^{\frac{k-1}{k}} - 1\right]$$
$$= \frac{1.4}{1.4-1} \times 287 \times 300\left[\left(\frac{80}{10}\right)^{\frac{1.4-1}{1.4}} - 1\right]$$
$$= 244529.65[\text{J}]$$
$$= 244.5[\text{kJ}]$$

(2) 2단인 경우

$$_1W_{C2} = \frac{2k}{k-1}RT_1\left[\left(\frac{P_2}{P_1}\right)^{\frac{k-1}{2k}} - 1\right]$$
$$= \frac{2\times 1.4}{0.4} \times 287 \times 300\left[\left(\frac{80}{10}\right)^{\frac{6.4}{2\times 1.4}} - 1\right]$$
$$= 208474[\text{J}]$$
$$= 208.5[\text{kJ}]$$

∴ 2단으로 할 때 절약되는 비율은

$W_c = \frac{W_1 - W_2}{W_1} = \frac{244.5 - 208.5}{244.5} = 0.1475 = 14.75[\%]$가 결정된다.

제5장 적중 예상문제

해설 및 정답 ㉮㉯㉰㉱

01

다단 압축하는 목적은 무엇인가?

㉮ 효율 및 압축일 증가　　㉯ 효율 증가와 압축일 감소
㉰ 효율 감소와 압축일 증가　　㉱ 효율 및 압축일 감소

01
다단압축은 중간냉각기를 통하여 압축일을 절약함으로써 효율 상승을 목적으로 한다.

답 ㉯

02

다음 중 압축일이 최대인 과정은?

㉮ 등온과정　　㉯ 단열과정
㉰ 폴리트로프 과정　　㉱ 등적과정

02
등적 > 단열 > 폴리트로프 > 등온

P, P_2, P_1, V

답 ㉱

03

정상류 압축일의 미소량을 나타낸 식 중 옳은 것은?

㉮ $-\int vdp$　　㉯ $\int pdv$
㉰ $\int pdv$　　㉱ $\int vdp$

03
압력이 높아질 때의 일이므로
㉮ : 공업일
㉯ : 절대일
㉰ : 압축일

답 ㉱

04

다음 중 절대일이 최소인 과정은?

㉮ 등압　　㉯ 등온
㉰ 단열　　㉱ 폴리트로프

04
등압 〉 등온 〉 폴리트로프 〉 단열 〉 등적

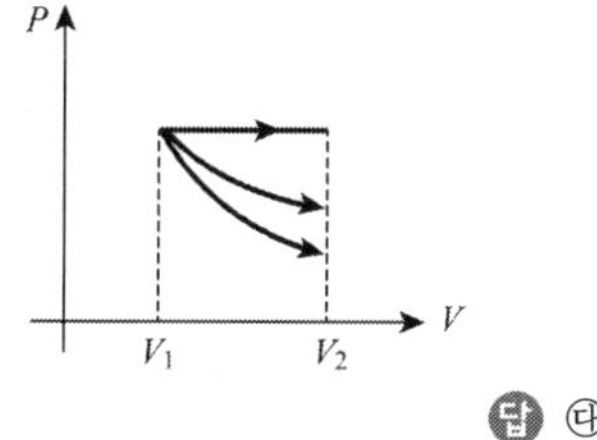

답 ㉰

05

다음 중 중간냉각기에서 압축 전의 온도상태 설명 중 옳은 것은?

㉮ 출발 전 온도까지 냉각한다.
㉯ 출발 전 압력까지 냉각한다.
㉰ 중간냉각기 압력시 온도로 유지한다.
㉱ 온도를 임의로 선택한다.

06

2단 압축시 중간냉각기의 압력 P_x 는?

㉮ $P_1 \times P_2$ ㉯ $\dfrac{P_2}{P_1}$
㉰ $\sqrt{P_1 P_2}$ ㉱ $\dfrac{P_1 + P_2}{2}$

07

3단 압축시 중간냉각기의 압력은?

㉮ $(P_1 P_2)^3$ ㉯ $\dfrac{P_1 + P_2}{3}$
㉰ $(P_1 P_2)^{\frac{1}{3}}$ ㉱ $\ln \dfrac{P_2}{P_1}$

08

공기압축기에서 폴리트로프지수 값이 커지면 압축일은?

㉮ 증가 ㉯ 불변
㉰ 감소 ㉱ 증가 또는 감소

09

간극체적에 대한 설명 중 옳은 것은?

㉮ 피스톤이 상사점에 있을 때 남아있는 체적
㉯ 피스톤이 하사점에 있을 때 남아있는 체적
㉰ 실린더가 왕복하는 체적
㉱ 실린더 전체 체적

해설 및 정답 ㉮㉯㉰㉱

05

처음 출발할 때의 온도 T_1을 압축시켜 T_x까지 상승하고 중간냉각기를 거쳐 T_y는 T_1까지 냉각하는 것으로 가정한다.

답 ㉮

06

답 ㉰

07

답 ㉰

08

$${}_1W_{c_2} = \frac{n}{n-1} P_1 v_1 \left[\left(\frac{P_2}{P_1} \right)^{\frac{n-1}{n}} - 1 \right]$$

$\dfrac{n-1}{n} = 1 - \dfrac{1}{n}$: n이 커지면 $\dfrac{n-1}{n}$이 증가하므로 압축일은 증가한다.

답 ㉮

09

간극체적은 일명 연소실 체적이라고도 한다.

답 ㉮

해설 및 정답 

10

통극비(간극비)란?

㉮ 간극체적을 행정체적으로 나눈 값
㉯ 행정체적을 간극체적으로 나눈 값
㉰ 총체적을 간극체적으로 나눈 값
㉱ 간극체적을 실린더체적으로 나눈 값

10 답 ㉮

11

간극비가 일정할 때 압력비가 커지면 체적효율은 어떻게 변하는가?

㉮ 증가　　㉯ 감소
㉰ 증가 또는 감소　　㉱ 일정

11

$$\eta_v = 1 - \lambda\left[\left(\frac{P_2}{P_1}\right)^{\frac{1}{n}} - 1\right]$$

간극비와 압력비에 반비례한다.

답 ㉯

12

압축비란?

㉮ 실린더 총체적을 간극체적으로 나눈 값
㉯ 행정체적을 간극체적으로 나눈 값
㉰ 실린더 총체적을 행정체적으로 나눈 값
㉱ 간극체적을 행정체적으로 나눈 값

12 답 ㉮

13

다음 중 압축기의 기계효율을 정의한 식 중 옳은 것은?

㉮ $\frac{\text{도시일}}{\text{제동일}}$　　㉯ $\frac{\text{제동일}}{\text{도시일}}$

㉰ $\frac{\text{간극체적}}{\text{행정체적}}$　　㉱ $\frac{\text{행정체적}}{\text{간극체적}}$

13 답 ㉯

14

다음 압축기에서 가역단열 후의 온도에 비해 비가역단열 후의 온도는 어떠한가?

㉮ 높다.
㉯ 낮다.
㉰ 같다.
㉱ 높을 수도 있고 낮을 수도 있다.

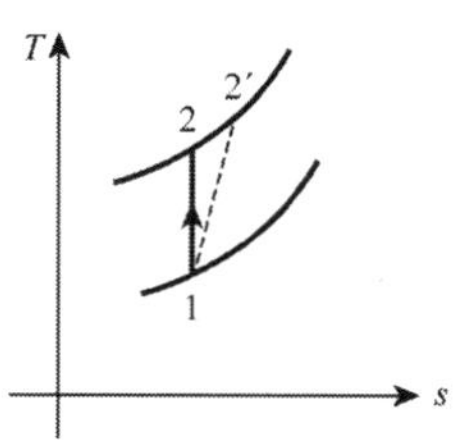

14

실제 온도는 높아진다.

답 ㉮

15

다음 압축기의 $T-s$ 선도에서 압축기의 단열효율은?

㉮ $\dfrac{T_3-T_4'}{T_3-T_4}$　㉯ $\dfrac{T_3-T_4}{T_3-T_4'}$

㉰ $\dfrac{T_2'-T_1}{T_2-T_1}$　㉱ $\dfrac{T_2-T_1}{T_2'-T_1}$

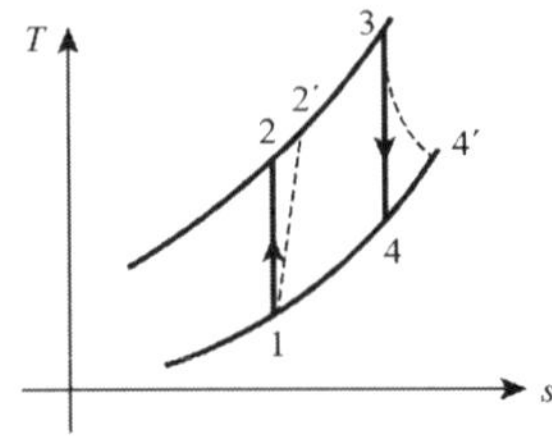

해설 및 정답 ㉮㉯㉰㉱

15

터빈의 단열효율 : $\eta_t = \dfrac{T_3-T_4'}{T_3-T_4}$

압축기의 단열효율 : $\eta_c = \dfrac{T_2-T_1}{T_2'-T_1}$

답 ㉱

16

다단압축시 압축일식 중 옳은 것은? (단, m만일 경우)

㉮ $\dfrac{m \cdot nP_1v_1}{n-1}\left[\left(\dfrac{P_2}{P_1}\right)^{\frac{n-1}{mn}}-1\right]$

㉯ $\dfrac{mnP_1v_1}{n-1}\left[\left(\dfrac{v_1}{v_2}\right)^{m(n-1)}-1\right]$

㉰ $\dfrac{nP_1v_1}{n-1}\left[\left(\dfrac{P_2}{P_1}\right)^{\frac{n-1}{mn}}-1\right]$

㉱ $\dfrac{n-1}{mn}P_1v_1\left[\left(\dfrac{P_2}{P_1}\right)^{\frac{mn}{n-1}}-1\right]$

16

답 ㉮

17

2[bar], 30[℃]의 공기를 8[bar]까지 2단 압축할 때 중간냉각기의 압력은 얼마인가?

㉮ 1[bar]　㉯ 2[bar]

㉰ 4[bar]　㉱ 8[bar]

17

$P_x = \sqrt{P_1P_2} = \sqrt{2\times 8} = 4[\text{bar}]$

답 ㉰

18

최소압력 1[bar], 30[℃]인 공기 2[kg]을 가역단열 변화 후 10[bar]까지 압축한다. 압축일은 몇 [kJ]인가? (단, $R=287$[J/kg·K]이다.)

㉮ 87.44[kJ]　㉯ 112.34[kJ]

㉰ 194.24[kJ]　㉱ 566.54[kJ]

18

$${}_1W_{C_2} = \frac{kP_1v_1}{k-1}\left[\left(\frac{P_2}{P_1}\right)^{\frac{k-1}{k}}-1\right]$$

$$= \frac{kMRT_1}{k-1}\left[\left(\frac{P_2}{P_1}\right)^{\frac{k-1}{k}}-1\right]$$

$$= \frac{1.4\times 2\times 0.287\times 303}{0.4}\left[10^{\frac{0.4}{1.4}}-1\right]$$

$$= 566.54[\text{kJ}]$$

답 ㉱

19

다음 중 정상류 압축일이 최소인 과정은?

㉮ 등온과정 ㉯ 등엔트로피 과정
㉰ 정적과정 ㉱ 폴리트로프 과정

20

공기 1[kg]을 23[℃], 1[bar]를 36[bar]까지 단열 3단 압축할 때 다음을 구하라.

(1) 압축일은 약 몇 [kJ]인가?

㉮ 201.5 ㉯ 101.5
㉰ 367.7 ㉱ 410.4

(2) 3단 후의 온도 T_{x_1}을 구한 것 중 옳은 것은?

㉮ 149[℃] ㉯ 254[℃]
㉰ 422[℃] ㉱ 510[℃]

(3) 3단 후의 압력 P_{x_1}은 어느 것인가?

㉮ 6[bar] ㉯ 3.3[bar]
㉰ 10.9[bar] ㉱ 1.8[bar]

(4) 3단 후의 압력 P_{x_2}는 얼마인가?

㉮ 10.9[bar] ㉯ 3.3[bar]
㉰ 17.4[bar] ㉱ 27[bar]

21

온도 30[℃], 최초압력 98[kPa]인 공기 1[kg]를 단열적으로 980[kPa]까지 압축할 경우 압축일 값은?

㉮ 283.118[kJ] ㉯ 210[kJ]
㉰ 67[kJ] ㉱ 314[kJ]

해설 및 정답

19

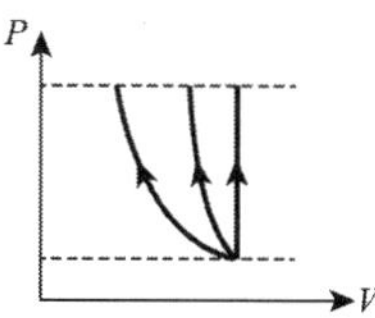

답 ㉮

20

(1) ${}_1W_{c_2}$

$$= \frac{3\times1.4\times0.287\times300}{0.4}\left[36^{\frac{0.4}{3\times1.4}}-1\right]$$

$= 367.7$

답 ㉰

(2) $\dfrac{T_{x_1}}{T_1} = \left(\dfrac{P_2}{P_1}\right)^{\frac{k-1}{m\cdot k}}$ 에서

$T_{x_1} = 300\times36^{\frac{0.4}{3\times1.4}} = 422[°K]=149[℃]$

답 ㉮

(3) $\dfrac{P_{x_1}}{P_1} = \dfrac{P_{x_2}}{P_{x_1}} = \dfrac{P_2}{P_{x_2}}$ 에서 $P_{x_2} = \dfrac{(P_{x_1})^2}{P_1}$

따라서 $\dfrac{P_{x_1}}{P_1} = \dfrac{P_2}{\dfrac{(P_{x_2})^2}{P_1}} = : P_{x_1}^3 = P_1^2\cdot P_2$

$\therefore\ P_{x_1} = P_1^{\frac{2}{3}}\cdot P_3^{\frac{1}{3}} = P_1\times\left(\dfrac{P_2}{P_1}\right)^{\frac{1}{3}}$

$= 1\times36^{\frac{1}{3}} = 3.3[\text{bar}]$

답 ㉯

(4) $P_{x_2} = P_{x_1}\left(\dfrac{P_2}{P_1}\right)^{\frac{1}{3}}$

$= 3.3\times36^{\frac{1}{3}} = 10.896 = 10.9[\text{bar}]$

답 ㉮

21

$${}_1W_{c_2} = \frac{k}{k-1}\times MRT_1\left[\left(\frac{P_2}{P_1}\right)^{\frac{k-1}{k}}-1\right]$$

$$= \frac{1.4}{1.4-1}\times287\times303\times\left[\left(\frac{10}{1}\right)^{\frac{1.4-1}{1.4}}-1\right]$$

$= 283,118[\text{N}\cdot\text{m}]$

$= 283.118[\text{kJ}]$

답 ㉮

해설 및 정답

22

왕복형 압축기의 간극체적 V_c, 행정체적 V_s의 비인 극간비 λ를 옳게 나타낸 것은?

㉮ V_s/V_c　　㉯ V_c/V_s
㉰ $1-V_s/V_c$　　㉱ $1+V_c/V_s$

22

$$\text{극간비} = \frac{\text{간극체적}}{\text{행정체적}}$$

답 ㉱

23

공기를 동일압력까지 압축시 비가역단열 압축 후의 온도는 가역단열 압축 후의 온도에 비하여 어떠한가?

㉮ 높다.
㉯ 낮다.
㉰ 동일
㉱ 경우에 따라 다르다.

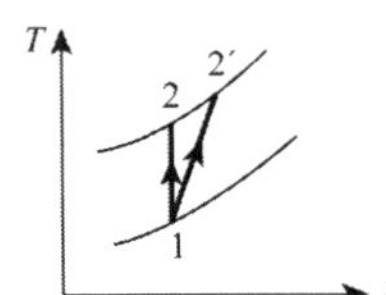

23

답 ㉮

24

다음 중 정상유동 상태의 경우 펌프가 하는 일을 표시하는 것은?

㉮ $\int pdv$　　㉯ $\int VdP$
㉰ $\int pdp$　　㉱ $\int vdv$

24

답 ㉯

25

압력 $P_1 = 0.2$[MPa], 온도 $t_1 = 20$[℃]의 공기를 체적 0.2[m³]의 용기에 넣어 압력 $P_2 - 1$[MPa]까지 압축할 때 이 변화가 가역등온 변화라면 압축 소요일량은 얼마인가?
(단, 공기의 가스상수 R=287[N·m/kg°K]이다.)

㉮ 약 2,793.6[N·m]　　㉯ 약 49,564[N·m]
㉰ 약 5,728.7[N·m]　　㉱ 약 64,377[N·m]

25

$$W = \int vdp = P_1 V_1 \ln\frac{P_2}{P_1}$$
$$= 0.2\times10^6\times0.2\times\ln\frac{1}{0.2} = 64,377\,[\text{N·m}]$$

답 ㉱

26

12[℃]인 공기 1[kgf]를 10[kPa]에서 30[kPa]까지 가역적으로 단열압축을 할 경우 압축일은 몇 [kJ]인가?

㉮ 402[kJ]　　㉯ 4,020[kJ]
㉰ 106.67[kJ]　　㉱ 3,020[kJ]

26

$$w_c = \frac{k}{k-1}P_1V_1\left[\left(\frac{P_2}{P_1}\right)^{\frac{k-1}{k}} - 1\right]$$
$$= \frac{1.4}{0.4}\times287\times288\times\left(3^{\frac{0.4}{1.4}} - 1\right)$$
$$= 106,674.46\,[\text{J}] = 106.67\,[\text{kJ}]$$

답 ㉰

27

압축기가 폴리트로프 압축을 할 때 폴리트로프 지수 n이 커지면 압축일은 어떻게 되는가?

㉮ 작아진다.
㉯ 커진다.
㉰ 클 수도 있고 작을 수도 있다.
㉱ 마찬가지이다.

28

4사이클 단기통 가솔린 기관이 있다. 통경이 6.8[cm], 행정이 8[cm]이며 1,800[rpm]일 때 도시평균 유효압력이 120[kPa]이다. 이 기관의 도시 마력은 몇 [kW]인가?

㉮ 약 0.4227
㉯ 약 0.4887
㉰ 약 0.5227
㉱ 약 0.5887

29

실린더 지름이 7.5[cm]이고 피스톤 행정이 10[cm]인 압축기의 지압선도로부터 구한 평균 유효압력이 2[bar]일 때 한 사이클당 압축일은 얼마인가?

㉮ 2.20[J]
㉯ 8.84[J]
㉰ 88.4[J]
㉱ 22.0[J]

30

실제 가스터빈 사이클에서 최고온도가 630[℃]이고 실제효율이 80[%]이다. 손실 없이 단열팽창 되었을 때의 온도가 290[℃]라면 실제 터빈출구에서의 온도는?

㉮ 348[℃]
㉯ 358[℃]
㉰ 368[℃]
㉱ 378[℃]

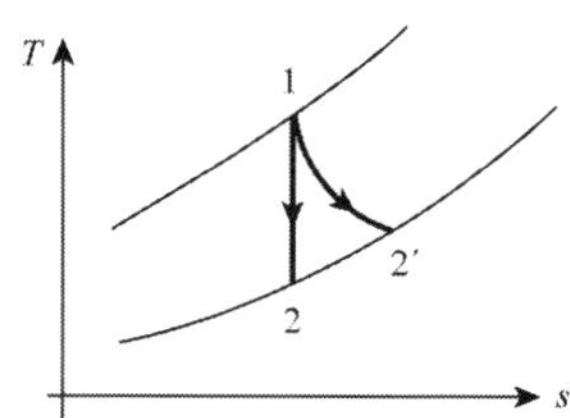

해설 및 정답

27

$${}_1W_{c_2} = \frac{n}{n-1}P_1V_1\left[\left(\frac{P_2}{P_1}\right)^{\frac{n-1}{n}} - 1\right]$$

n이 증가하면 W_c도 증가한다.

답 ㉯

28

$$H = P \cdot A\frac{2SN}{60}\times\frac{1}{4}$$
$$= 120\times10^3\times\frac{\pi\times0.068^2}{4}\times\frac{2\times0.08\times1,800}{60}\times\frac{1}{4}$$
$$= 522.7[W] = 0.5227[kW]$$

답 ㉰

29

$$w_2 = P \cdot A \cdot S$$
$$= 2\times10^5\times\frac{\pi\times0.075^2}{4}\times0.1 = 88.4[J]$$

답 ㉰

30

터빈효율 $\eta_1 = \dfrac{T_1 - T_2'}{T_1 - T_2}$

답 ㉯

제6장. 증 기(실제 기체)

가스(gas)는 액화나 기화가 확연하게 구분되지 않으나 증기(vapour)는 액화나 기화가 용이하게 변한다. 그러므로 가스는 근사적으로 이상기체로 취급할 수 있으나 증기는 고온인 경우를 제외하고는 이상기체 상태방정식을 적용할 수 없다. 결국 증기가 형성될 때까지 실험을 이용하여 표 또는 선도를 이용하는 것이 통례이다. 그렇다면 물 0[℃], 1[kg]을 표준 대기압하에서 가열하여 과열증기가 될 때까지 상태변화를 검증할 필요가 있다.

6-1 증기의 일반적 용어

1) **압축액**

가열전 액체로서 건도가 0인 상태를 말하고 온도 및 비체적은 t_0, v_0로 쓴다.

2) **포화액**(saturated liquid)

압축액에 일정압력하에서 열을 가하면 증발이 발생하는 순간까지 온도가 상승되고 이 이상으로는 온도가 상승되지 않는다. 이때 증발이 시작하는 순간의 액체를 포화액이라 하고 그 때까지의 건도는 0이다.

3) **습증기(습포화증기** ; wet saturated vapour)

포화액을 계속 가열하면 증기가 발생되는데 포화액+증기가 혼합된 상태를 말하며, 이때의 온도는 변하지 않는다. 그러나 건도 x는 $0 < x < 1$ 사이이다.

4) **건도** : x(**질** : quality)

습증기 중 증기량을 [%]로 나타낸 값을 건도라 한다.

5) **습도** : $1-x$

6) **건포화증기(건증기)**

포화액을 계속 가열하면 습기가 없어지는 순간에 이른다. 습도는 0이 되고 건도가 1(100[%])이 되는 순간을 건포화증기라 한다.

7) **과열증기**

건포화증기에 열을 가하면 온도가 올라가기 시작하고 이상기체 상태방정식을 적용할 수 있는 영역을 과열증기라 하고, 이때 과열증기 온도와 건포화 온도와의 차를 과열도라 한다.

6-2 등압하에서 액체가열(물을 끓임) : $\delta q = dh$

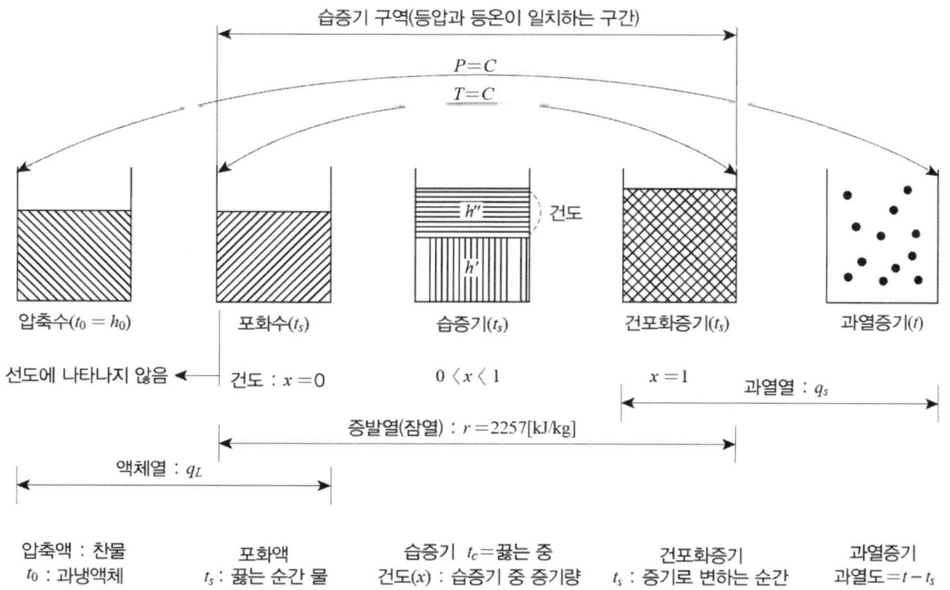

- Critical point : k
  - 임계점 : 액체와 기체와의 비체적이 일치되는 점
- 물
  - 임계압력 P_c : 225.65[ata] = 22MPa
  - 임계온도 T_c : 374[℃]

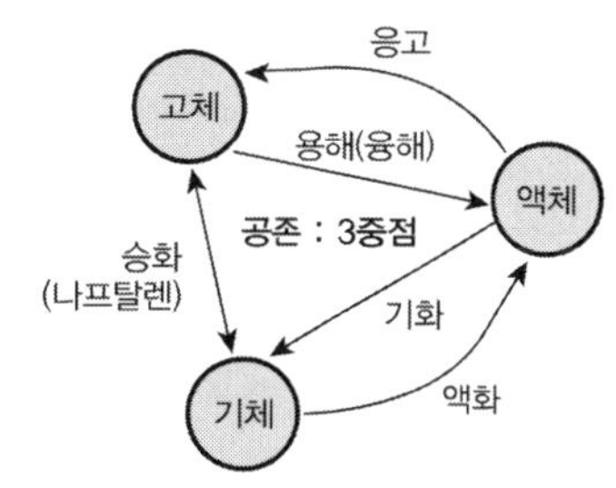

1) **액체열(압축수～포화수) : 현열**

액체를 가열하여 끓는 순간까지 공급한 열량이다. 즉, 형상은 변하지 않고 온도만 상승되는 과정이다.

$q_L : \delta q = dh = C_p dt$

$: q_1 = h' - h_0 = C_p(t_s - t_0)$

$= u' - u_0 + p(v' - v_0)$(내부 액체열+외부 액체열) [J/kg·K]

$\therefore$ Entropy : $ds = \dfrac{\delta Q}{T}$

$$\Delta s = s' - s_0 = \int \frac{dh}{T} = C_p \ln \frac{T_s}{T_0} \text{ [J/kg·K]}$$

■ 이 부분은 선도에 나타나 있지 않으므로 직접 계산해야 한다.

2) **증발열(잠열 : r) : 포화수 → 건포화증기**

포화상태에서 계속 가열해도 온도는 변하지 않고 형상(phase)이 변하는 동안 가열한 열량으로 $\delta q = dh \neq C_p dt$의 식이 되므로 $q = h'' - h' = r$의 식으로 실험한 값을 이용해야 한다.

$r = h'' - h' = u'' + p''v'' - (u' - p'v')$

$= u'' - u' + p(v'' - v')$(내부 증발열+외부 증발열)

$r = h'' - h'$ [J/kg]

$\therefore$ Entropy : $ds = \dfrac{\delta Q}{T}$

$$\Delta s = s'' - s' = \frac{r}{T_s} \text{ [J/kg·K]}$$

■ 이 부분은 실험을 해야 되므로 도표나 선도를 찾아서 구해야 된다.

3) **과열열(건포화증기~과열증기)**

건포화증기를 가열하여 온도 상승되는데 일정온도에 도달할 때까지 가열한 열량이다.

$h - h'' = C_p(t - t_s)$[J/kg]

$\therefore$ Entropy : $ds = \dfrac{C_p dt}{T}$

$$s - s'' = C_p \ln \frac{T}{T_s} \text{ [J/kg·K]}$$

4) **습증기 상태량**

$h_x = h''(x) + h'(1-x) = h''x - h'x + h'$

$h_x = h' + x(h'' - h')$

$u_x = u' + x(u'' - u')$

$s_x = s' + x(s'' - s')$

$v_x = v' + x(v'' - v')$

$h_x = h' + x(h'' - h')$

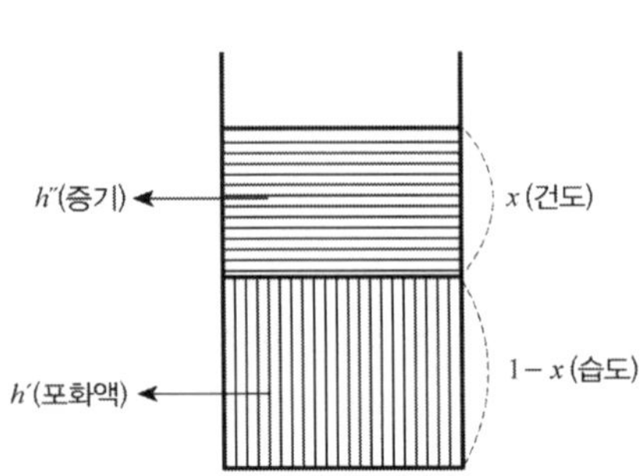

5) **기타**

① 증기의 $h-s$ 선도

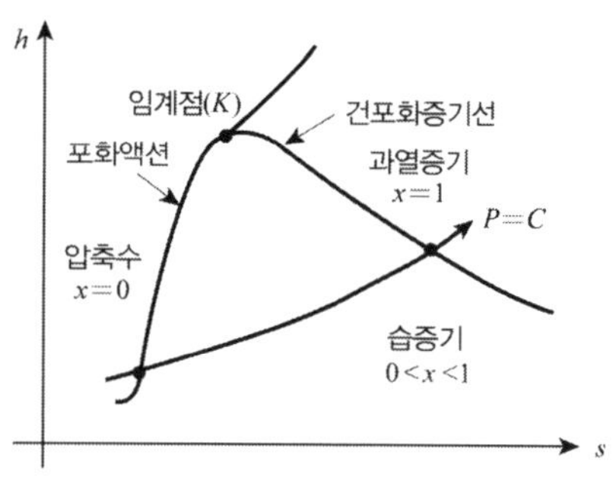

- 습증기를 압력을 높이면 건도는 증가 또는 감소한다.
- 압축수를 압력을 낮추면 건도 증가한다.
- 과열증기를 압력을 낮추면 건도 감소한다.
- 증발열은 온도 상승하면 할수록 $h''-h'$가 적어지므로 감소한다.

② 증기의 $T-s$, $P-V$, $h-s$, $P-T$ 선도

a) $T-s$ 선도

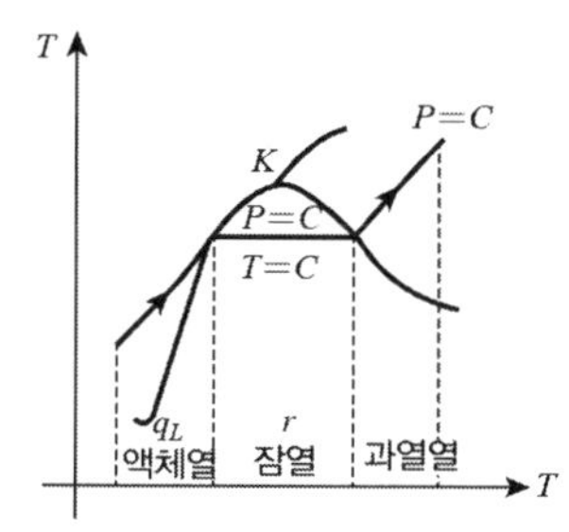

b) $P-V$ 선도

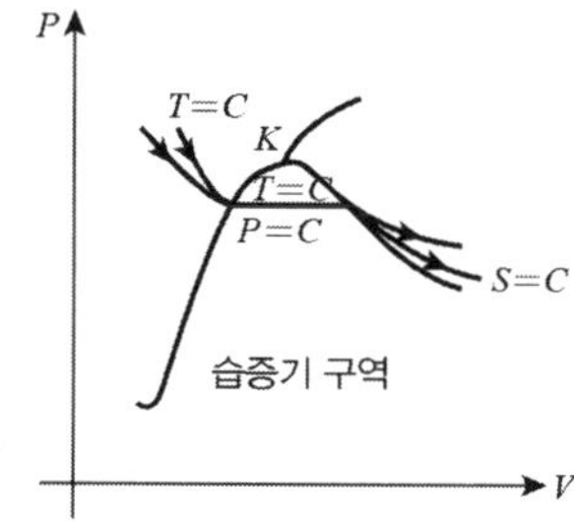

c) $h-s$ 선도

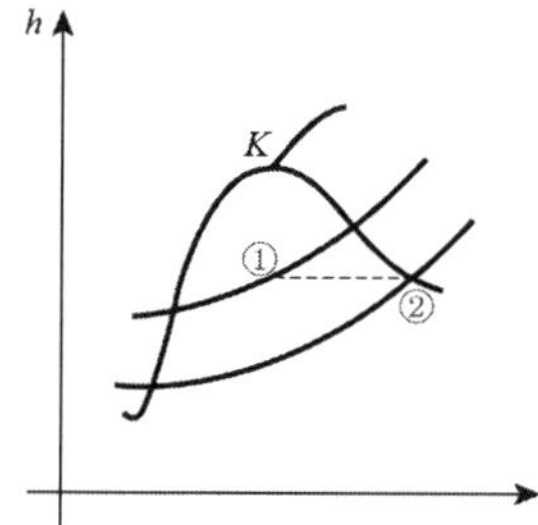

d) $P-T$ 선도

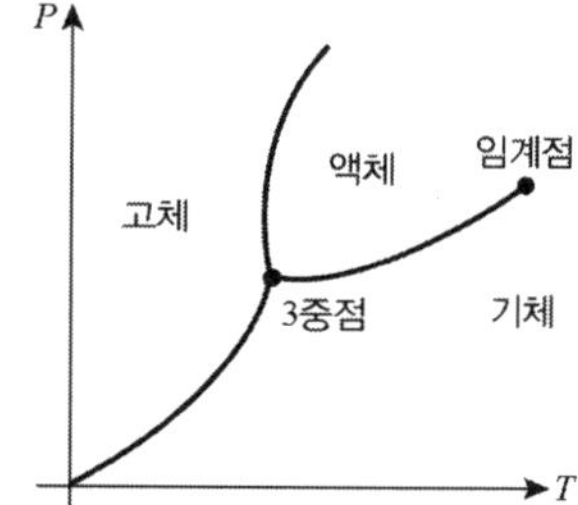

- 교축과정 : $h_1 = h' + x(h''-h')$

$$\therefore\ x = \frac{h_2 - h'}{h'' - h'}$$

($h_2 = h$에서 건도를 측정하는 열량계를 교축열량계라 한다.)

6) 각 과정에 따른 선도

① 등압과정

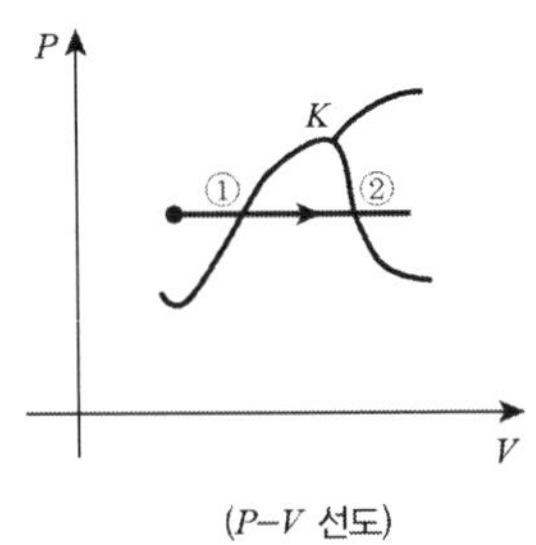

(P–V 선도)

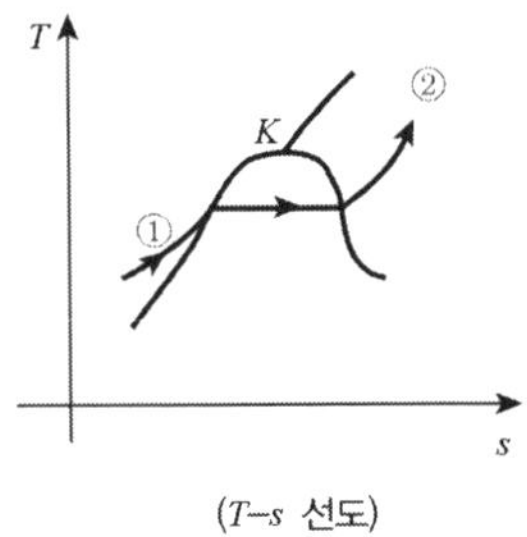

(T–s 선도)

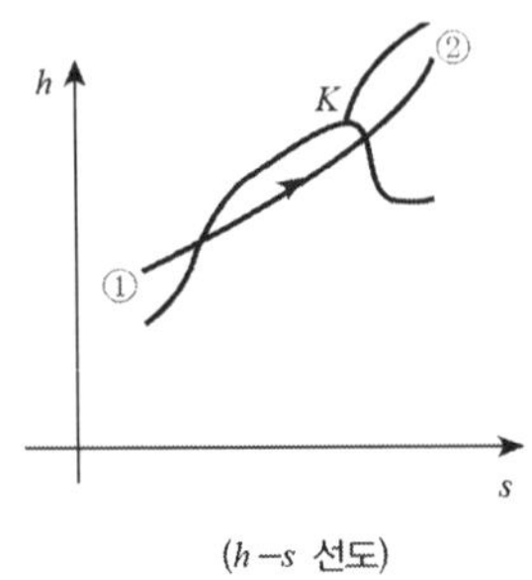

(h–s 선도)

② 등적과정

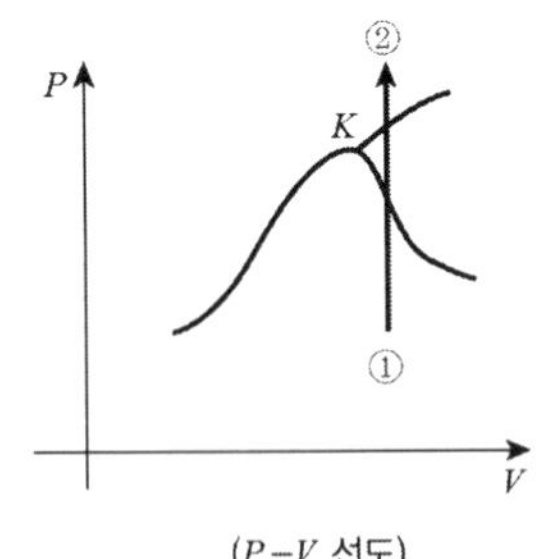

(P–V 선도)

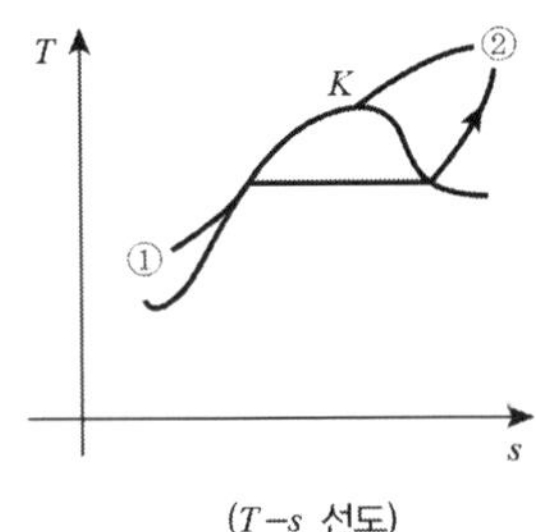

(T–s 선도)

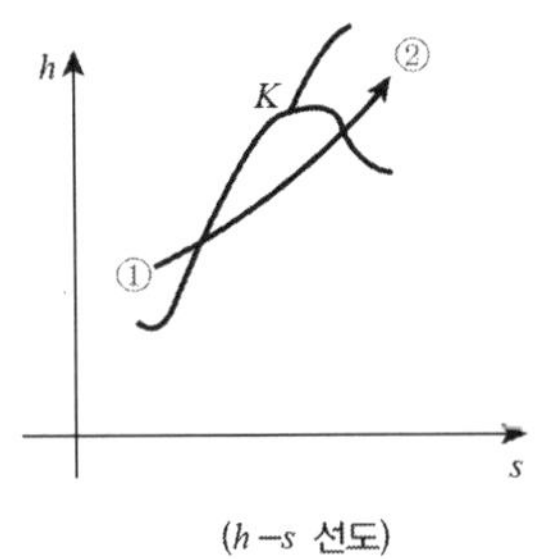

(h–s 선도)

③ 등온과정

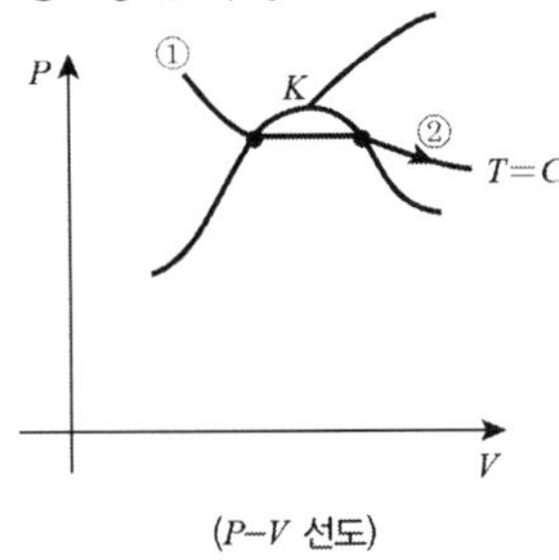

(P–V 선도)

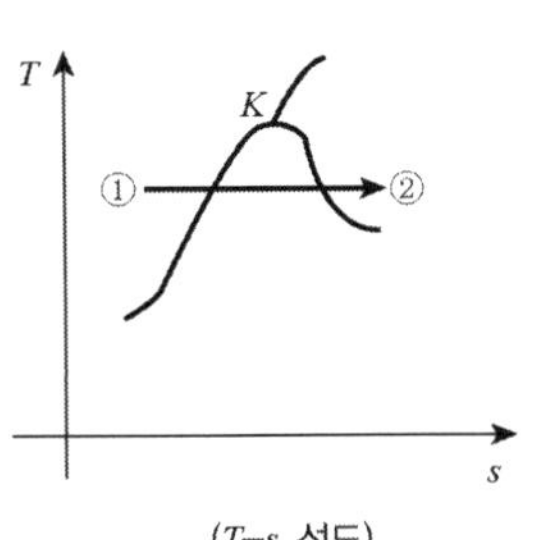

(T–s 선도)

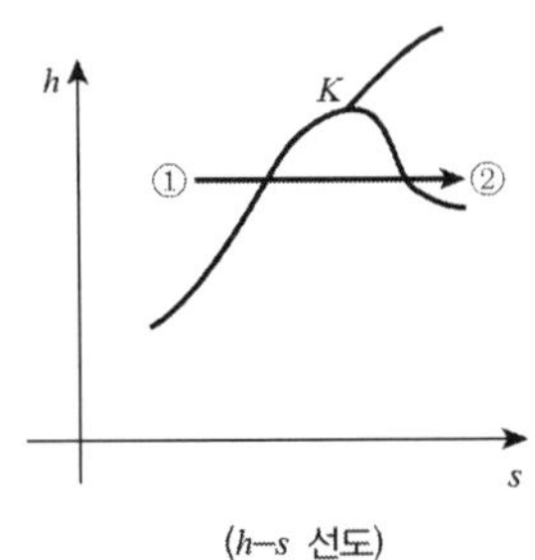

(h–s 선도)

④ 단열과정

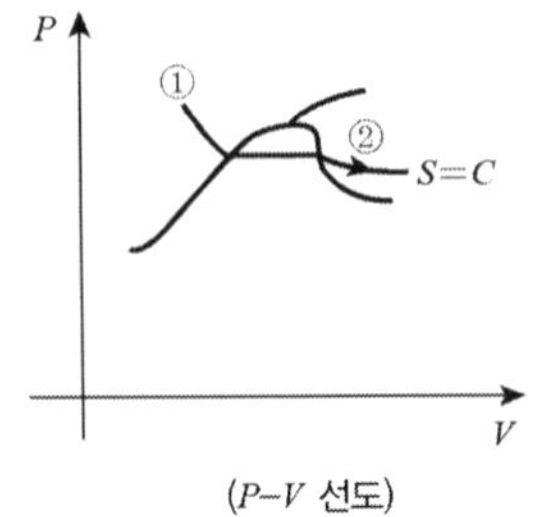

(P–V 선도)

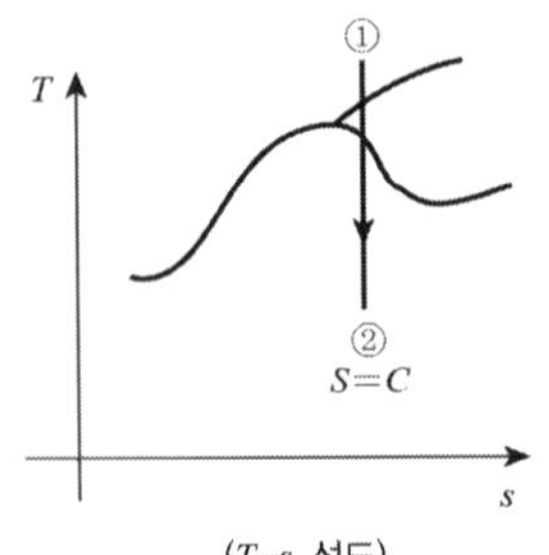

(T–s 선도)

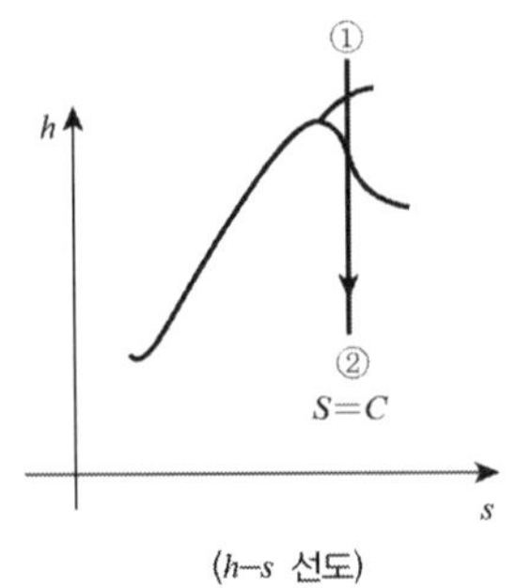

(h–s 선도)

7) 증기의 교축

오리피스나 팽창밸브를 통과할 때 압력강하와 온도강하 및 엔탈피 일정한 현상이 일어나는 교축과정이 있다. 즉, 교축과정은 비가역 현상으로 엔트로피가 증가하는 현상이 일어나고 습증기를 교축하면 과열증기가 된다. 이 현상을 이용하여 건도를 측정하는 계기를 교축열량계라 한다.

개념예제

1. 30[℃]의 물 1[ton]을 100[℃]의 건포화 증기를 넣어 50[℃]로 만들었을 때 혼합시킨 증기의 양은 몇 [kg]인가? (단, 물의 비열은 4.186[kJ/kg·°K]이다.)

Sol) 물이 얻은 열량(30[℃] → 50[℃]) $Q_1 = MC(t_m - t_1) = 1,000 \times 4.186 \times (50-30) = 83,720[\text{kJ}]$

100[℃]의 포화수가 50[℃]가 될 때 잃은 열량 $Q_2 = M \times 2,256 + M \times 4186 \times (100-50)$

즉, $Q_1 - Q_2$에서 $\therefore\ M = \dfrac{1,000 \times 4.186 \times (50-30)}{2,256 + 4.186(100-50)} = 33.96[\text{kg}]$

2. 작업유체를 습증기를 사용하여 정압가열, 단열팽창, 정압냉각, 단열압축을 하는 사이클이 있다. 단열팽창 표에 있어서의 압력이 9[bar], 건도가 90[%]에서 30[℃]까지 팽창하고 다음 정압냉각 후 단열압축 상태가 포화수라 할 때 다음 표를 이용하여 이론 열효율을 구하라. (단, v, h, s의 단위는 각각 [m³/kg], [kJ/kg], [kJ/kg·K]

압력 기준표	9[bar]	$v' = 0.001212,\ v'' = 0.215$	$h' = 742.83,\ h'' = 2773.9$	$s' = 2.0946,\ s'' = 6.6226$
온도 기준표	130[℃]	$v' = 0.001,\ v'' = 0.003289$	$h' = 125.79,\ h'' = 2556.3$	$s' = 0.4369,\ s'' = 8.4533$

Sol) $h-s$ 선도를 그리면

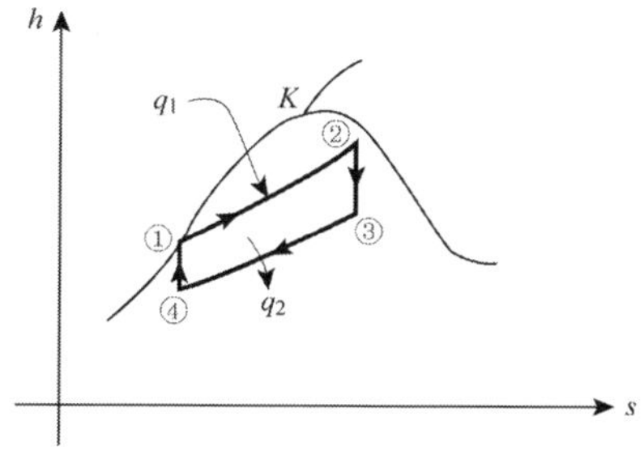

(1) 각 점의 엔탈피 상태를 구한다.

$h_1 = h_1{}' = 742.83[\text{kJ/kg}]$

$h_2 = h_2 + x_2(h_2{}'' - h_2{}') = 743.83 + 0.9(2,773.9 - 742.83) = 2,570.793[\text{kJ/kg}]$

$S_2 = 2.0946 + 0.9(6.6226 - 2.0946) = 6.1698[\text{kJ/kg·K}]$

$S_3 = 0.4369 + x_3(8.4533 - 0.4369)$에서 $S_2 = S_3$이므로

$x_3 = \dfrac{6.1698 - 0.4369}{8.4533 - 0.4369} = 0.71514$

$S_1 = S' = 2.0946$

$S_4 = 0.4369 + x_4(8.4533 - 0.4369)$에서 $S_1 = S_4$이므로

$$x_4 = \frac{2.0946 - 0.4369}{8.4533 - 0.4369} = 0.206$$

$$\therefore\ h_3 = h_3' + x_3(h_3'' - h_3') = 125.79 + 0.71514(2556.3 - 125.79) = 1,863.94[\text{kJ/kg}]$$

$$h_4 = h_4' + x_4(h_4'' - h_4') = 125.79 + 0.206(2556.3 - 125.79) = 626.475[\text{kJ/kg}]$$

(2) 가열량과 방열량을 구한다.

$$q_1 = h_2 - h_1 = 2570.793 - 742.83 = 1827.963$$

$$q_2 = h_3 - h_4 = 1863.94 - 626.475 = 1237.465$$

∴ 구하는 효율 $\eta = 1 - \dfrac{q_2}{q_1} = 1 - \dfrac{1,237.465}{1,827.963} = 0.323 = 32.3[\%]$

제6장 적중 예상문제

01

일반적으로 가열 전 액체인 압축수의 건도는 얼마인가?

㉮ 0　　㉯ 1
㉰ $0 < x < 1$　　㉱ 0.5

01
압축수에서 포화액까지 건도는 0이다.

답 ㉮

02

다음 중 건포화 증기의 건도는 몇 [%]인가?

㉮ 0　　㉯ 100[%]
㉰ $0 < x < 100$[%]　　㉱ 50[%]

02
답 ㉯

03

다음은 실온의 액체를 포화수까지 가열하는 열량을 무엇이라 하는가?

㉮ 증발열　　㉯ 액체열
㉰ 과열열　　㉱ 잠열

03
답 ㉯

04

등압가열시 끓지는 않고 온도만 상승되는 동안 가열한 열량을 무엇이라 하는가?

㉮ 증발열　　㉯ 과열열
㉰ 현열　　㉱ 포화열

04
답 ㉰

05

다음은 현열에 대한 설명 중 옳은 것은?

㉮ 건포화증기의 엔탈피이다.
㉯ 내부 증발열과 외부 증발열로 이루어졌다.
㉰ 내부 액체열과 외부 액체열로 이루어졌다.
㉱ 포화액의 엔탈피와 같다.

05
답 ㉰

06

다음 증발잠열에 대해서 바르게 설명한 것은?

㉮ 포화수의 엔탈피이다.
㉯ 건포화증기의 엔탈피이다.
㉰ 증발에 따르는 내부에너지 변화량이다.
㉱ 건포화증기의 엔탈피와 포화수의 엔탈피 차이다.

07

임계점(critical point)에 대해 바르게 설명한 것은?

㉮ 그 이하의 압력에서는 액체와 기체(증기)가 평형으로 존재할 수 없는 상태
㉯ 그 이상의 체적에서 액체와 기체(증기)가 평형으로 존재할 수 없는 상태
㉰ $h-s$ 선도에서 과열증기가 발생하는 순간
㉱ 액체, 기체, 고체가 평형에 이르는 순간

08

물의 임계압력과 임계온도 중 옳은 것은?

㉮ 1,013[hPa], 100[℃]　　㉯ 22[MPa], 100[℃]
㉰ 1,013[hPa], 374[℃]　　㉱ 22[MPa], 374[℃]

09

압축수를 온도변화 없이 압력을 낮추면 어떻게 되는가?

㉮ 습도 증가　　㉯ 건도 증가
㉰ 건포화증기　　㉱ 과열증기

10

기체를 단열팽창하면 어떻게 되는가?

㉮ 압축수　　㉯ 건도 증가
㉰ 습증기　　㉱ 과열증기

해설 및 정답

06

답 ㉱

07

임계점이란 k점 및 그 위로서 액체의 비체적과 기체의 비체적이 일치하는 점이다.

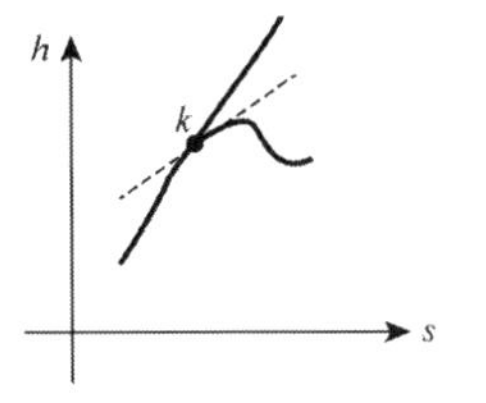

답 ㉮

08

답 ㉱

09

답 ㉯

10

답 ㉰

해설 및 정답 ㉮㉯㉰㉱

11

습증기를 단열 압축하면 어떻게 되는가?

㉮ 건도 감소　　㉯ 건도 증가
㉰ 건도 증가 또는 감소　　㉱ 불변

11

답 ㉰

12

어떤 물체가 하늘을 비행할 때 압력강하장치 개방 후 발생할 수 있는 현상으로 가장 적당한 것은?

㉮ 비가 올 수 있다.　　㉯ 맑아진다.
㉰ 질 향상　　㉱ 불변

12

답 ㉮

13

건도 x인 습증기를 건포화상태($x=1$)까지 가열할 때 공급열량은? (단, 증발열은 γ이다.)

㉮ $(x+1)\gamma$　　㉯ $(x-1)\gamma$
㉰ $(1-x)\gamma$　　㉱ $\dfrac{\gamma}{1-x}$

13

$h_{x_2} = h' + x_2(h'' - h') = h' + 1(h'' - h') = h''$,
$h_{x_1} = h' + x(h'' - h')$, $\delta q = dh$ 에서
${}_1q_2 = h_{x_2} - h_{x_1} = (h'' - h') - x(h'' - h')$
$= (1-x)\gamma$

답 ㉰

14

압력 2[MPa], 건도 0.9인 습증기 6[m³]의 질량은 얼마인가? (단, $v' = 0.001126$[m³/kg], $v'' = 0.198$[m³/kg]이다.)

㉮ 23.36[kg]　　㉯ 26.47[kg]
㉰ 30.18[kg]　　㉱ 33.65[kg]

14

$v_x = \dfrac{V}{M} = v' + x(v'' - v')$ 에서

$$M = \frac{V}{v' + x(v'' - v')}$$
$$= \frac{6}{0.001126 + 0.9(0.198 - 0.001126)}$$
$$= 33.65\,[\text{kg}]$$

답 ㉱

15

23[℃]의 물 20[kg]을 123[℃]의 포화수까지 가열하는 동안 가열량은 얼마인가? (단, 비열은 4.2[kJ/kg·℃]이다.)

㉮ 100[kJ]　　㉯ 2000[kJ]
㉰ 4200[kJ]　　㉱ 8400[kJ]

15

$${}_1Q_2 = GC(T_2 - T_1)$$
$$= 20 \times 4.2 \times (123 - 23) = 8{,}400\,[\text{kJ}]$$

답 ㉱

해설 및 정답 ㉮㉯㉰㉱

16

0[℃]의 물 20[kg]을 100[℃]의 건포화증기까지 가열하는 동안 가열량은 얼마인가? (단, 비열은 4.2[kJ/kg·℃]이고 증발열은 2256[kJ/kg]이다.)

㉮ 8,400[kJ] ㉯ 45,120[kJ]
㉰ 53,520[kJ] ㉱ 67,410[kJ]

16

압축수에서 포화수까지

$_1Q_2 = MC(t_2 - t_1)$

$= 20 \times 4.2 \times (100 - 0) = 8,400[\text{kJ}]$

포화수에서 건포화증기까지

$Q'' = M \times \gamma = 20 \times 2,256 = 45,120[\text{kJ}]$

$\therefore {}_1Q_2 = Q' + Q''$

$= 8,400 + 45,120 = 53,520[\text{kJ}]$

 ㉰

17

0[℃]의 물 1[kg]을 120[℃]의 과열증기까지 만드는데 요하는 가열량은 얼마인가? (단, 물의 비열과 과열증기 비열은 4[kJ/kg·℃]라 가정하고 증발열은 2,256[kJ/kg], 포화온도는 100[℃]이다.)

㉮ 420[kJ] ㉯ 2,256[kJ]
㉰ 840[kJ] ㉱ 2,736[kJ]

17

$_1Q_2 = Q_1 + Q_2 + Q_3$

$= MC(t_s - t_1) + M \times \gamma + MC(t - t_s)$

$= 1 \times 4 \times 1 \times (100 - 0) + 1 \times 2.256$

$+ 1 \times 4 \times (120 - 100)$

$= 2,736[\text{kJ}]$

 ㉱

18

0[℃]의 물 10[kg]을 100[℃]의 포화수까지 가열하는 동안 엔트로피의 변화량은 몇 [kJ/K]인가? (단, 비열은 4.2[kJ/kg·K]이다.)

㉮ 1.31 ㉯ 13.1
㉰ 26.2 ㉱ 2.62

18

$ds = \frac{\delta Q}{T} = \frac{MCdt}{T}$ 에서

$\Delta S = MC\ln\frac{T_2}{T_1}$

$= 10 \times 4.2\ln\frac{373}{273} = 13.1[\text{kJ/K}]$

 ㉯

19

0[℃]의 물 10[kg]을 100[℃]의 건포화증기까지 가열하는 동안 엔트로피 변화량은 몇 [kJ/K]인가? (단, 비열은 4.2[kJ/kg·K]이고 증발열은 2,256[kJ/kg]이다.)

㉮ 13.1 ㉯ 26.2
㉰ 37.8 ㉱ 73.6

19

$\Delta S = MC\ln\frac{T_2}{T_1} + M \cdot \frac{\gamma}{T}$

$= 10 \times 4.2\ln\frac{373}{273} + \frac{10 \times 2,256}{373}$

$= 73.6[\text{kJ/K}]$

 ㉱

20

다음 $T-s$ 선도에서 가장 열량이 큰 것은?

㉮ 액체열
㉯ 증발열
㉰ 과열열
㉱ 내부증발열

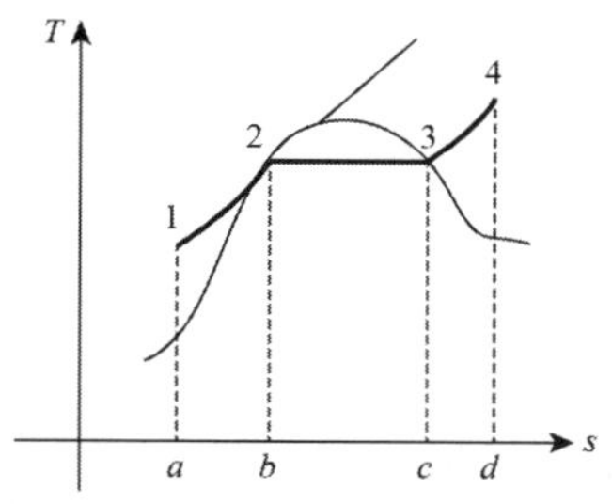

21

다음 중 교축과정에서 압력과 엔탈피 관계를 옳게 나타낸 것은 어느 것인가? (단, 교축 전 상태 P_1, h_1, 교축 후 상태 P_2, h_2이다.)

㉮ $P_1 = P_2$, $h_2 > h_1$
㉯ $P_2 < P_1$, $h_1 = h_2$
㉰ $P_1 > P_2$, $h_1 > h_2$
㉱ $P_1 = P_2$, $h_1 < h_2$

22

다음은 $T-s$ 선도이다. 액체열은 어느 것인가?

㉮ 1~2 면적
㉯ 2~3 면적
㉰ 1~3 면적
㉱ 3~4 면적

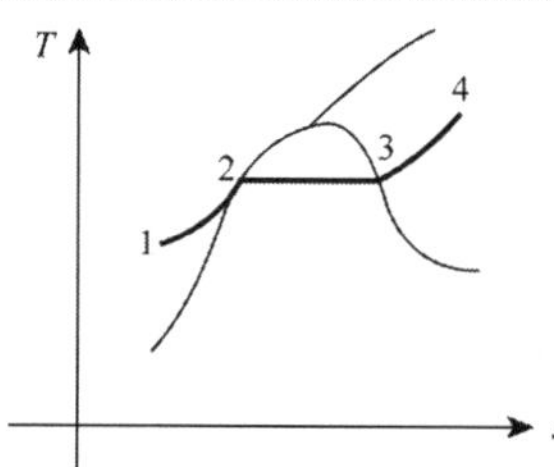

23

다음 $P-V$ 선도에서 등온과정을 옳게 나타낸 것은?

㉮
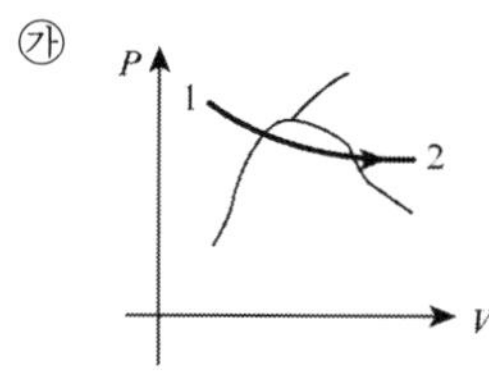

㉯
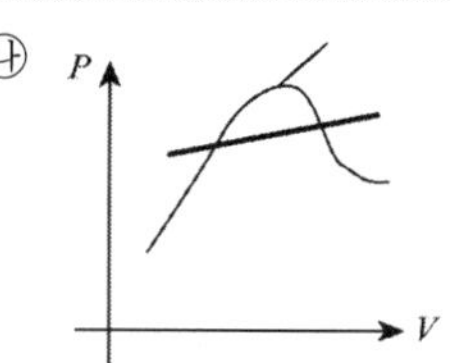

㉰
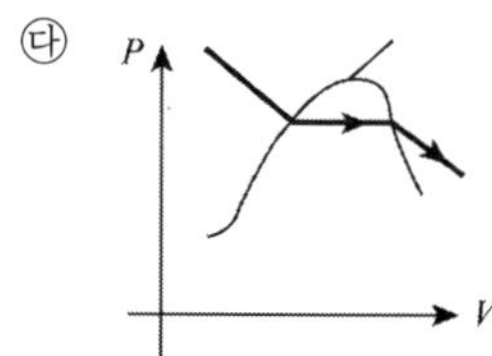

㉱
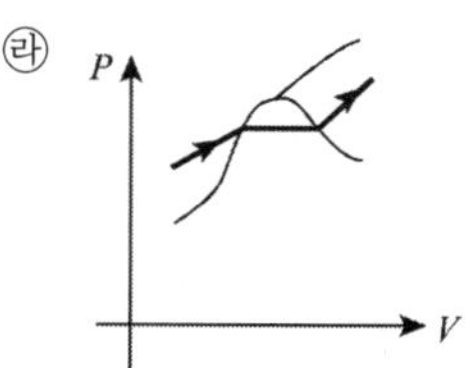

해설 및 정답 

20

답 ㉯

21

교축 후의 상태는 압력과 온도 강하, 엔탈피는 일정하다.

답 ㉯

22

1-2 밑면적 : 액체열
2-3 밑면적 : 증발열
3-4 밑면적 : 과열열

답 ㉮

23

답 ㉰

24

500[l]의 일정한 체적 속에 50[kg]의 습증기가 들어 있다. 이 습증기의 건도 x는 얼마인가? (단, v'=0.0014[m^3/kg], v''=0.02[m^3/kg]이다.)

㉮ 23.1[%] ㉯ 46.2[%]
㉰ 71.4[%] ㉱ 82.4[%]

25

0[℃]의 물 20[kg] 속에 100[℃]의 물 5[kg]을 섞었을 때 엔트로피 변화량은 약 몇 [kJ/K]인가? (단, 물의 비열은 4[kJ/kg]으로 가정한다.)

㉮ 0.83 ㉯ 1.66
㉰ 2.66 ㉱ 3.32

26

포화액과 포화증기의 구분이 없어지는 상태의 기체의 경우 고온, 고압에서 나타나는 이들의 상태는?

㉮ 삼중점 ㉯ 포화점
㉰ 임계점 ㉱ 비점

27

건포화 증기를 단열압축하면 어떻게 되는가?

㉮ 압력이 높아지고 습도가 증가한다.
㉯ 온도는 변하지 않는다.
㉰ 온도가 낮아지며 습증기가 된다.
㉱ 온도가 높아지며 과열증기가 된다.

해설 및 정답

24

$$v_x = \frac{V}{M} = v' + x(v'' - v') = \frac{0.5}{50}$$
$$= 0.0014 + x(0.02 - 0.0014)$$
$$\therefore\ x = \frac{0.01 - 0.0014}{0.02 - 0.0014} = 0.462 = 46.2[\%]$$

 ㉯

25

열평형 법칙에 의하여

$M_1C_1(t_m - t_1) = M_2C_2(t_2 - t_m)$에서

$20 \times 4 \times (t_m - 0) = 4 \times 5 \times (100 - t_m)$,

$20t_m + 5t_m = 500 \quad \therefore\ t_m = \frac{500}{25} = 20[℃]$

0[℃]가 20[℃]가 될 때 엔트로피

$$\Delta s' = M_1C\ln\frac{T_m}{T_1}$$
$$= 20 \times 4 \times \ln\frac{293}{273} = 5.656[\text{kJ/K}]$$

100[℃]가 20[℃]가 될 때 엔트로피

$$\Delta s'' = M_2C\ln\frac{T_m}{T_2}$$
$$= 5 \times 4 \times \ln\frac{293}{373} = -4.828[\text{kJ/kg}]$$
$$\therefore\ \Delta s = \Delta s' + \Delta s''$$
$$= 5.656 - 4.828 = 0.82788[\text{kJ/K}]$$

 ㉮

26

임계점(Critical point)

 ㉰

27

압력을 낮출 때 압축수와 건포화 증기 모두 습증기가 되며 압력을 높이면 습증기는 압축수 또는 과열증기가 된다.

 ㉱

28

1[MPa], 300[℃]에서 50[m/sec]의 속도로 엔트로피 S_c가 7.1229 [kJ/kg℃]인 과열수증기가 터빈에 공급된다. 150[kPa]에서 200 [m/sec]의 속도로 배출된다. 과정은 가역단열 과정으로 가정할 때 배출되는 수증기에는 몇 [%]의 포화물이 포함되어 있는가? (단, 유속변화에 의한 에너지 손실은 무시한다. S_g(포화 수증기의 엔트로피 =7.2233[kJ/kg℃], S_f(증발 엔트로피)=5.7897[kJ/kg℃]이다.)

㉮ 201[%] ㉯ 7[%]
㉰ 1.2[%] ㉱ 18.5[%]

29

다음 $T-s$ 선도에서 액체열을 나타내는 면적은?

㉮ $1-2-c-b-1$
㉯ $0-1-b-a-0$
㉰ $2-3-d-c-2$
㉱ $0-1-2-c-a-0$

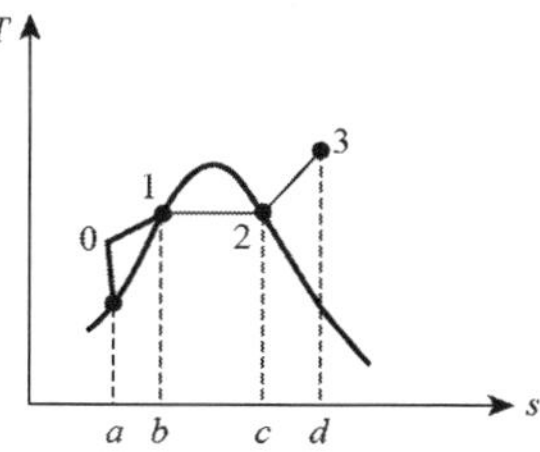

30

다음 온도의 포화수 중 증발열이 가장 많이 소요되는 것은?

㉮ 200[℃] ㉯ 25[℃]
㉰ 0[℃] ㉱ −20[℃]

31

습증기를 가역단열 압축하면 건도는 어떻게 변하는가?

㉮ 감소 또는 증가 ㉯ 감소
㉰ 증가 ㉱ 불변

해설 및 정답 ㉮㉯㉰㉱

28

$S_c = S_f + x(S_g - S_f)$에서

$x = \dfrac{S_c - S_f}{S_g - S_f} = \dfrac{7.1229 - 5.7897}{7.2233 - 5.7897} = 0.93$

$\therefore\ y = 1 - x = 7[\%]$

 ㉯

29

① 액체열 : $0 \to 1 \to b \to a$
② 증발열 : $1 \to 2 \to b \to c$

 ㉯

30

답 ㉱

31

답 ㉮

32

1[MPa] 압력의 습증기를 교축 열량계를 통과하여 압력이 100[kPa], 123[℃]의 과열 증기가 되었다. 이 습증기의 건도는 얼마인가? (단, 1[MPa]에서 포화증기 및 포화수의 엔탈피는 각각 2784[kJ/kg], 760[kJ/kg]이고 100[kPa]에서 123[℃]의 과열증기의 엔탈피는 2730 [kJ/kg]이다.)

㉮ 0.033　　㉯ 0.273
㉰ 0.733　　㉱ 0.973

33

엔탈피 126[kJ/kg]인 물을 보일러에서 가열하여 엔탈피 2,952[kJ/kg]인 증기 $M=10$[ton/h]를 만들고 이것을 증기터빈에 송입하였더니 출구 엔탈피가 2,583[kJ/kg]이었다. 이 경우 보일러에서의 가열량을 구하면 그 값은? (단, 보일러에서는 정압가열이며 터빈에서 단열팽창이다.)

㉮ 7,850[kW]　　㉯ 6,742[kW]
㉰ 640[kW]　　㉱ 570[kW]

34

증기를 가역 단열과정을 거쳐 팽창시키면 증기의 엔트로피는?

㉮ 증가한다.
㉯ 감소한다.
㉰ 변하지 않는다.
㉱ 경우에 따라 증가도 하고 감소도 한다.

35

물 1[kg]이 압력 294[kPa]에서 증발할 때 증가한 체적이 0.8[m³]이었다면 이때의 외부 증발열은 얼마나 되겠는가?

㉮ 235.2[kJ/kg]　　㉯ 127[kJ/kg]
㉰ 260.4[kJ/kg]　　㉱ 370[kJ/kg]

해설 및 정답

32

$h_1 = h_x = 2730 = 760 + x(2784 - 760)$

$\therefore\ x = \dfrac{2730 + 760}{2784 - 760} = 0.973$

답 ㉱

33

$Q = M(h_2 - h_1)$
$= 10,000 \times (2,952 - 126)$
$= 2.826 \times 10^7$[kJ/h]
$= 7,850$[kJ/s]$= 7,850$[kW]

34

증기의 엔트로피
① 가역 : 일정
② 비가역 : 증가

35

외부증발열
$\phi = P(V_2 - V_1)$
$= 294 \times 10^3 \times 0.8 = 235.2$[kJ]

36

다음 그림은 물, 수증기에 대한 $T-s$ 선도이다. 여기에서 곡선 $abcd$는 정압선인 경우 증발의 잠열(증발열)을 표시하는 면적은 어떻게 나타나겠는가?

㉮ $ab21a$
㉯ $bc32b$
㉰ $cd43c$
㉱ $abc31a$

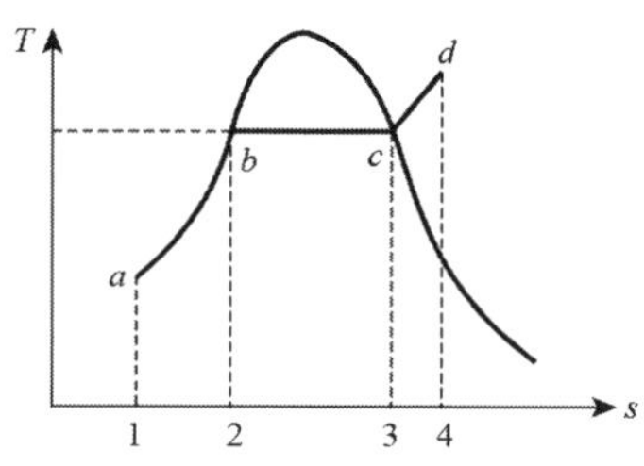

37

압력 600[kPa]의 물의 포화온도는 274[℃], 건포화 증기의 비체적은 0.033[m^3/kg_f]이다. 이 압력하에서 건포화 증기의 상태로부터 75[℃] 만큼 과열되면 비체적은 0.043[m^3/kg_f]가 된다. 과열의 열량은 몇 [kJ/kg]인가? (단, 이 때 평균 정압비열은 3.4[kJ/kg·°K]로 한다.)

㉮ 255 ㉯ 227
㉰ 194 ㉱ 150

38

포화수가 갖는 열량에서 온도는?

㉮ 포화수가 갖는 엔탈피와 같다.
㉯ 포화수가 갖는 내부에너지보다 크다.
㉰ 포화수의 엔탈피보다 작다.
㉱ 잠열량과 같다.

39

건포화 증기를 적정하에서 압력을 낮추면 건도는 어떻게 되는가?

㉮ 증가한다. ㉯ 감소한다.
㉰ 불변이다. ㉱ 증가할 수도 있다.

해설 및 정답

36

① $ab21a$: 액체열
② $bc32b$: 증발열
③ $cd43c$: 과열열

답 ㉯

37

$${}_1q_2 = C_p \cdot \Delta t$$
$$= 3.4 \times 75 = 255\,[kJ/kg]$$

답 ㉮

38

포화수의 엔탈피는 포화수의 온도와 같다.

답 ㉮

39

답 ㉯

40

체적 400[l]의 탱크 안에 습포화 증기 64[kg]이 들어 있다. 온도가 350[℃]일 경우 포화수 및 포화증기의 비체적 V'=0.0017468[m³/kg], V''=0.008811[m³/kg]이라면 건조도는 몇 [%]인가?

㉮ 52　　㉯ 61
㉰ 64　　㉱ 69

41

일정압력하에서 0[℃]의 물에 540[kJ/kg$_f$]의 열을 가하여 압력이 8[kPa]인 증기의 건조도는? (단, 8[kPa]의 h'=171.35[kJ/kg], h'' = 660.8[kJ/kg$_f$]이다.)

㉮ 약 0.753　　㉯ 약 0.558
㉰ 약 0.952　　㉱ 약 0.884

42

증기 엔탈피-엔트로피 선도(Mollier chart)에서 압력 1[ata], 건도 0.9인 포화증기의 엔트로피값은 1[ata], 건도 0.8인 포화증기의 엔트로피 값보다 어떻게 되는가?

㉮ 크다.
㉯ 작다.
㉰ 같다.
㉱ 비교할 수 없다.

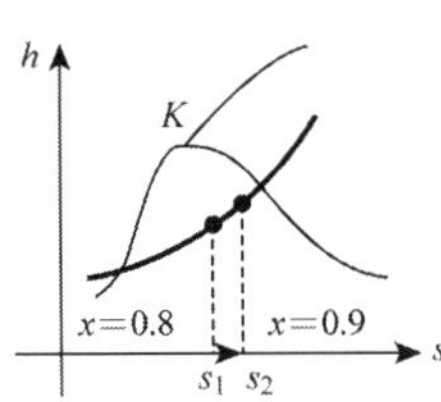

43

1[kg]의 물을 등압하에서 가열할 때 생태변화를 나타내는 $P-V$ 선도는 다음 그림과 같다. 이 그림에서 압축수를 나타내는 점은?

㉮ C점
㉯ D점
㉰ A점
㉱ B점

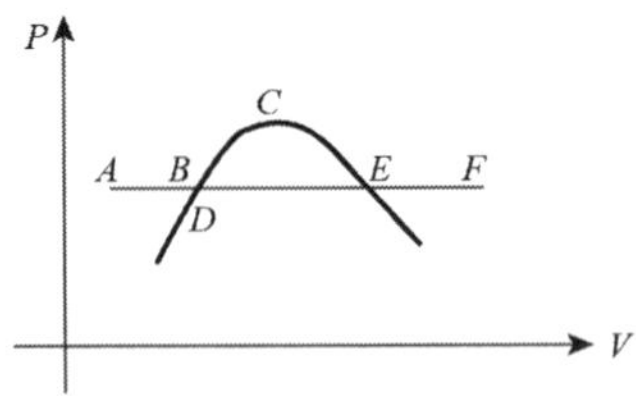

해설 및 정답

40

$V_x = \frac{400}{64} \times 10^{-3} = V' + x(V'' - V')$

$\therefore x = 0.64$

답 ㉰

41

$h_x = 540 = 171.35 + x(660.8 - 171.35)$

$\therefore x = 0.753$

답 ㉮

42

$s_2 > s_1$

답 ㉮

45

① AB구간 : 압축수
② BE구간 : 습증기
③ EF구간 : 과열증기

답 ㉰

해설 및 정답 

44

몰리에 선도(Mollier Chart)는?

㉮ 종축에 엔탈피 h, 횡축에 엔트로피 S를 취한 증기표에 대한 선도이다.
㉯ 종축에 엔탈피 h, 횡축에 온도 T를 취한 증기표에 대한 선도이다.
㉰ 종축에 엔트로피 S, 횡축에 온도 T를 취한 증기표에 대한 선도이다.
㉱ 종축에 온도 T, 횡축에 엔트로피 S를 취한 증기표에 대한 선도이다.

44
몰리에르 선도는 $h-s$ 선도이다.

답 ㉮

45

물의 상태변화를 표시하는 다음의 각종 선도에서 상태변화 $1 \rightarrow 2$가 등온변화를 나타내는 것은?

㉮
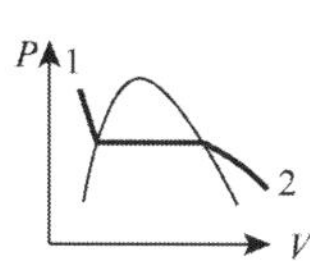

㉯
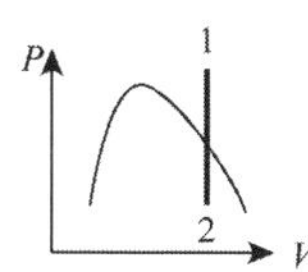

㉰
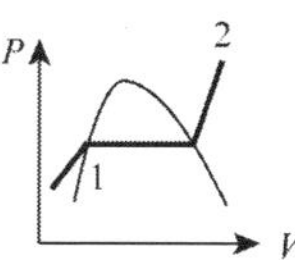

㉱
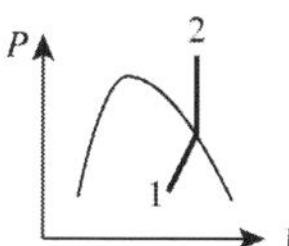

45

답 ㉮

46

1.002[MPa]에서 포화물과 포화증기가 혼합되어 있다. 이 혼합물의 엔탈피가 942[kJ/kg$_f$]이라면 이 혼합물 중의 포화물의 함량은 얼마인가? (단, 1.002[MPa]에서의 포화물과 포화증기의 엔탈피는 각각 763.2[kJ/kg$_f$]과 2778.2[kJ/kg$_f$]이다.)

㉮ 91.13[%] ㉯ 46.75[%]
㉰ 41.56[%] ㉱ 81.02[%]

46
$h_x = h' + x(h'' - h')$에서

$$x = \frac{hx - h'}{h'' - h'} = \frac{942 - 763.2}{2{,}778.2 - 763.2} = 0.0887$$

습도$= (1 - x) \times 100 = (1 - 0.887) \times 100$
$= 91.13[\%]$

 ㉮

47

일정압력하에서 0[℃]의 물에 540[kJ/kg$_f$]의 열을 가하여 압력이 8[kPa]인 증기의 건조도는? (단, 8[kPa]의 $h' = 171.35$[kJ/kg], $h'' = 660.8$[kJ/kg$_f$]이다.) [중량단위로 본 문제임]

㉮ 약 0.753 ㉯ 약 0.558
㉰ 약 0.952 ㉱ 약 0.884

47
$h_x = 540 = 171.35 + x(660.8 - 171.35)$
$\therefore\ x = 0.753$

 ㉮

제7장. 증기동력 사이클

증기동력 사이클은 물을 보일러에서 가열하여 고온·고압의 수증기를 만들고 이 수증기를 터빈에서 팽창시켜 발전기를 구동시키며 에너지를 얻는다. 이 원리를 이용하여 Rankine이 제창한 증기 사이클을 고찰해 보기로 한다.

7-1 Rankine cycle

보일러에서 정압가열 터빈의 단열팽창 복수기의 정압냉각 펌프의 단열(등적) 압축 즉, 2개의 단열과정과 2개의 등압과정으로 이루어진 증기원동기의 이상 사이클이다.

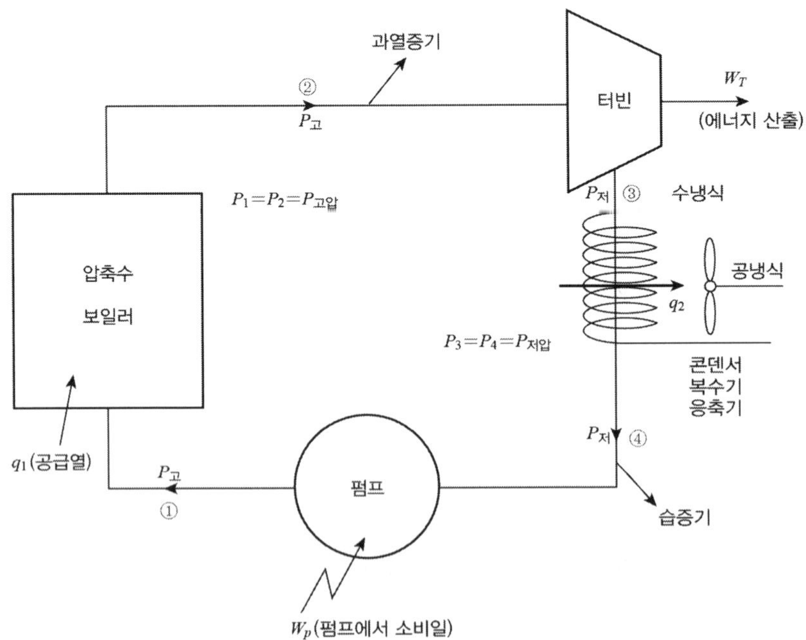

1) **각 과정 해설**

①~② **과정** : 보일러에서 정압가열하므로 $\delta q = dh$ 에서

공급열량 $q_1 = h_2 - h_1$[J/kg] ··· ①

②~③ **과정** : 터빈이 단열팽창하며 터빈 일을 얻는다. 터빈에서 팽창시 공업일에 해당하므로 $\delta q = dh + \delta W_T = 0$ 에서

${}_1W_{T_3} = -(h_3 - h_2) = h_2 - h_3$[J/kg] ··· ②

③~④ **과정** : 복수기의 정압방열이므로 $\delta q = dh$ 에서 방출량은

$q_2 = -({}_3q_4) = -(h_4 - h_3) = h_3 - h_4$[J/kg] ····································· ③

④~① **과정** : 펌프의 단열압축(등적압축)이므로 펌프일은 압축일에 해당한다.

$\delta q = dh - dW_p = 0$

$W_p = {}_4W_1 = \int vdP = h_1 - h_4 = v(P_1 - P_4)$[J/kg] ························ ④

참고

⌘ h_1은 압축수이므로 선도에서 찾을 수 없다. 그러므로 ④식에서 구해야 됨을 인지합시다.

2) $h-s$ **선도 및** $T-s$ **선도**

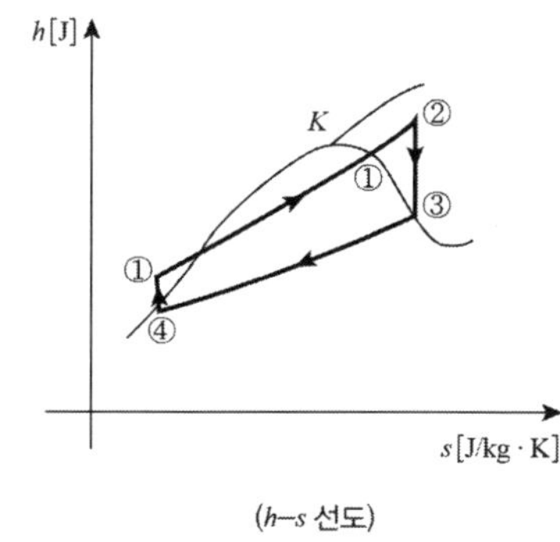

(h–s 선도)

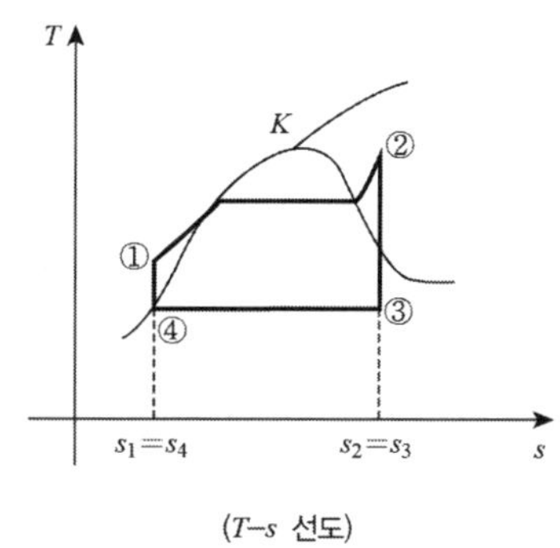

(T–s 선도)

3) **이론 열효율**

① $h-s$ 선도에서

- 공급열량 : $q_1 = h_2 - h_1$
- 방출열량 : $q_2 = h_3 - h_4$

$$\therefore\ \eta_R = 1 - \frac{q_2}{q_1} = 1 - \frac{h_3 - h_4}{h_2 - h_1}$$

② $T-s$ 선도상에서

- 공급열량 : 면적 ①②③$s_3s_4$④① → q_1 : 면적 Ⓐ
- 방출열량 : 면적 ④③$s_3s_4$④ → q_2 : 면적 Ⓑ

$$\therefore \ \eta_R = 1 - \frac{\text{면적 Ⓑ}}{\text{면적 Ⓐ}}$$

③ 이론 열효율 증대 방법

- 공급열량 크게 <초온, 초압 크게>
- 방출열량 적게 <배압(복수기 압력) 적게>
- 터빈일 크게($q_1 - q_2 = W_T$)

④ 이론 열효율 크게 할 경우 문제점

- 터빈에서 팽창도중 습도 증가
- 습도에 의한 터빈 날개 침식 : 수명 단축

4) **터빈의 실제효율(터빈효율)**

$$\eta = \frac{h_2 - h_{3'}}{h_2 - h_3}$$

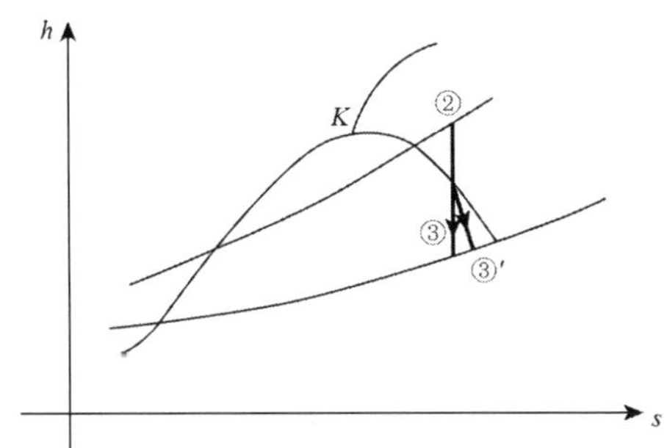

참고

⌘ **터빈효율 증대방법(단열효율)**

① 분자인 $h_2 - h_3{}'$가 커지면 된다.

② 그러므로 $h_3{}'$가 적어지면 되기 때문에 습도증가 밖에 없다(건도 감소).

③ 습증기 구역에서는 온도변화가 없다.

개념예제

1. 100[bar], 600[℃]로 터빈에 공급되는 과열증기가 0.5[bar]인 복수기에 단열팽창할 경우 다음 표를 이용하여 물음에 답하라. (단, v, h, s의 단위는 각각 [m^3/kg], [kJ/kg], [kJ/kg·K]이다.)

과열 증기표	100[bar] 600[℃]	v=0.003837	h=3,625.3	s=6.9029
압력 기준 포화 증기표	0.5[bar]	v'=0.00103 v''=0.324	h'=340.49 h''=2645.9	s'=1.091 s''=7.5939

(1) 가열량은 몇 [kJ/kg]인가?
(2) 방열량은 몇 [kJ/kg]인가?
(3) 이론 열효율은 몇 [%]인가?

Sol) (1) 표에서

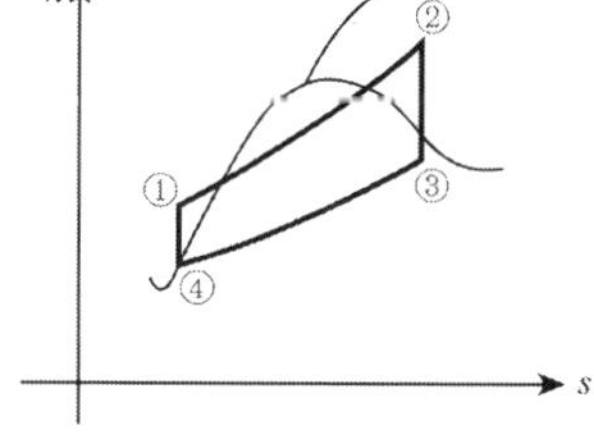

$h_2 = 3625.3$[kJ/kg]

$h_4 = h' = 340.49$[kJ/kg]

$S_2 = S_3$에서

$S_2 = 6.9026$

$S_3 = S' + x_3(S'' - S') = 1.091 + x_3(7.5939 - 1.091)$

$\therefore\ x_3 = \dfrac{6.9029 - 1.091}{7.5934 - 1.091} = 0.8937$

$h_3 = h' + x_3(h'' - h') = 340.49 + 0.8937(2,645.9 - 340.49)$
$= 2,400.89$[kJ/kg]

펌프일 : $W_P = h_1 - h_4 = v'(P_1 - P_4) = 0.00103 \times \dfrac{(100 \times 10^5 - 0.5 \times 10^5)}{10^3}$

$h_1 = 340.49 + \dfrac{0.00103(100 \times 10^5 - 0.5 \times 10^5)}{10^3} = 350.7385$[kJ/kg]

$\therefore$ 공급열량 : $q_1 = h_2 - h_1 = 3,625.3 - 350.7385 = 3,274.5615$[kJ/kg]

(2) $q_2 = h_3 - h_4 = 2,400.83 - 340.49 = 2,060.34$[kJ/kg]

(3) $\eta = 1 - \dfrac{q_2}{q_1} = 1 - \dfrac{2,060.34}{3,274.5615} = 0.3708 = 37.08$[%]

7-2 재열사이클(Reheating cycle)

랭킨사이클에서 초압(보일러 압력)을 높이고 배압(복수기 압력)을 낮추면 이론 열효율이 증가하는데, 이때 초압과 배압의 압력차가 크면 터빈에서 팽창 도중에 습증기가 발생하여 터빈의 날개를 침식 또는 마찰을 증대하는 현상이 발생한다.

이로 인해 수명이 단축되는 결과가 오는데 이것을 방치하기 위하여 팽창 도중에 재열기를 설치하여 단락의 터빈을 돌림으로써 터빈 일을 증가시키는데 주목적은 효율증대보다는 터빈출구의 질(건도)을 향상시켜 수명을 연장시키므로 효율증대 효과를 얻는다. 이 사이클을 재열사이클이라 한다.

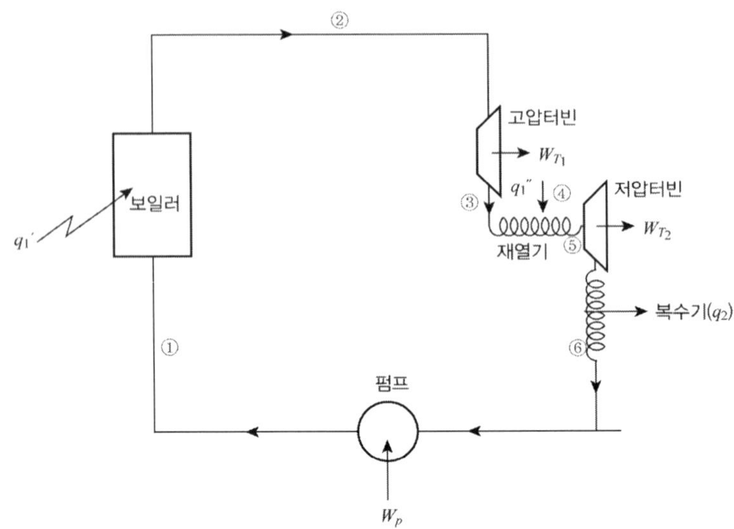

1) **각 과정 해설**

①~② **과정** : 보일러에서 정압가열하므로 $\delta q = dh$ 에서

공급열량 $q_1' = h_2 - h_1$[J/kg]

②~③ **과정** : 고압터빈에서 단열팽창 $\delta q = dh + \delta W_T = 0$ 이므로

$W_{T_1} = h_2 - h_3$[J/kg]

③~④ **과정** : 재열기에서 정압가열하므로

$q_1'' = h_4 - h_3$[J/kg]

④~⑤ **과정** : 저압터빈에서 단열팽창하므로

$W_{T_2} = h_4 - h_5$[J/kg]

⑤~⑥ **과정** : 복수기에서 정압방열하므로

$q_2 = h_5 - h_6$

⑥~① **과정** : 펌프의 단열압축(등적)이므로

$$W_p = h_1 - h_6 = \int_{P_6}^{P_1} v dP$$

2) $h-s$ 선도

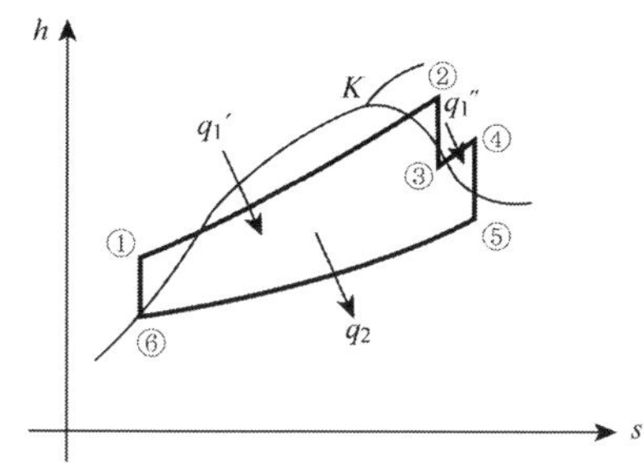

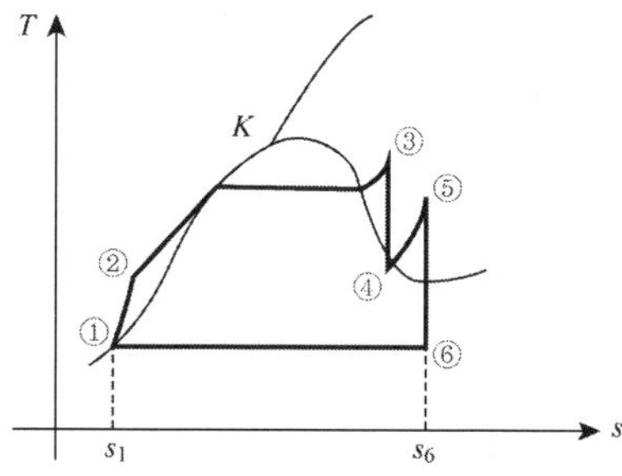

3) **이론 열효율**

- $q_1 = h_2 - h_1 + h_4 - h_3$(면적123456 $s_6 s_1$1)
- $q_2 = h_5 - h_6$(면적 16$s_6 s_1$1)

$$\therefore\ \eta_{Reh} = 1 - \frac{q_2}{q_1} = 1 - \frac{h_5 - h_6}{h_2 - h_1 + h_4 - h_3}$$

7-3 재생사이클(Regenerative cycle)

복수기에서 배출되는 방열량이 가스터빈에 비해서 크므로 열손실이 많아진다. 이 열손실은 보일러에서 공급해야할 열량 즉, 연료소비가 많아지므로 이를 방지하기 위하여 복수기에서 방열 도중 추기를 이용하여 추기량을 냉각시키지 않고 재생시키는 역할을 반복하는 사이클이다. 이것을 재생사이클이라 한다.

1) $h-s$ **선도 및** $T-s$ **선도**

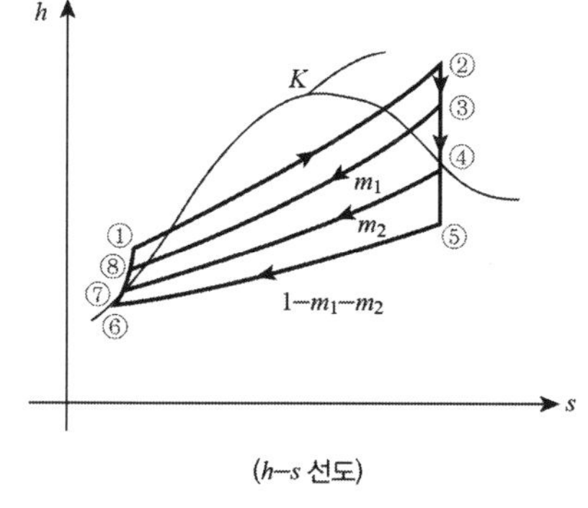

(h–s 선도)

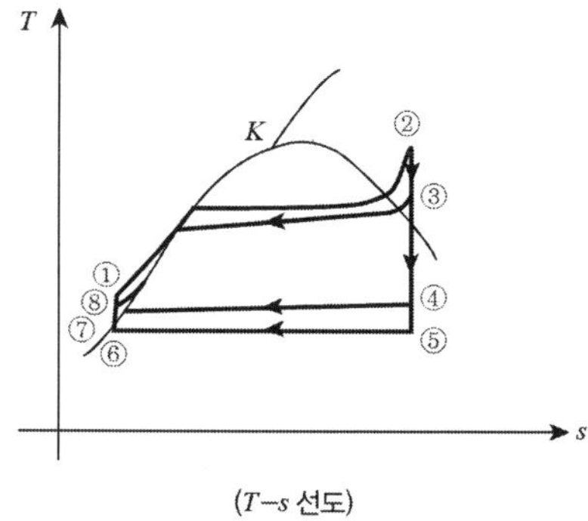

(T–s 선도)

2) 각 과정 해설

증기 1[kg]이 보일러에서 공급된 것으로 생각해 보면 터빈에 1[kg]이 ②~③ 과정에 공급되고 추기점 ③에서 m_1을 추기한 후 나머지 $1-m_1$은 ③~④ 과정까지 팽창하여 ④에서 다시 m_2가 추기하는 것으로 본다.

①~② **과정** : 보일러에서 등압가열하므로

$$q_1 = h_2 - h_1 [\text{J/kg}]$$

②~③ **과정** : 1차 터빈일이므로

$$W_{T_1} = h_2 - h_3 [\text{J/kg}]$$

③~④ **과정** : 2차 터빈에서의 팽창일이므로

$$W_{T_2} = (1-m_1)(h_3 - h_4)[\text{J/kg}]$$

④~⑤ **과정** : 3차 터빈일이므로

$$W_{T_3} = (1-m_1-m_2)(h_4 - h_5)[\text{J/kg}]$$

펌프일을 생략한 터빈일 총합은

$$\begin{aligned} W_T &= W_{T_1} + W_{T_2} + W_{T_3} \\ &= h_2 - h_3 + (1-m_1)(h_3-h_4) + (1-m_1-m_2)(h_4-h_5)[\text{J/kg}] \end{aligned}$$

참고

⌘ **추기량 결정방법**

① 추기량 m_1을 결정하려면 $(h_3-h_8)m_1 = (1-m_1)(h_8-h_n)$에서

$m_1h_3 - m_1h_8 = h_8 - h_n - m_1h_8 + m_1h_n$

$\therefore\ m_1 = \dfrac{h_8-h_n}{h_3-h_n}$ 으로 결정하고

② 추기량 m_2를 결정하려면 $m_2(h_4-h_n) = (1-m_1-m_2)(h_n-h_6)$에서 결정한다.

3) 이론 열효율

$$\eta = \frac{W_T}{q_1} = \frac{(h_2-h_3)+(1-m_1)(h_3-h_4)+(1-m_1-m_2)(h_4-h_5)}{h_2-h_1}$$

7-4 재열 재생사이클

재생사이클에서 팽창도중 증기를 추기하여 급수를 가열하고 재열사이클은 팽창도중 습도를 방지하기 위하여 증기를 재가열하는 것이지만, 재열 재생사이클은 이 두 가지를 조합시킨 사이클이다.

1) $h-s$ 선도

1단 재생 1단 재열을 예로 한다.

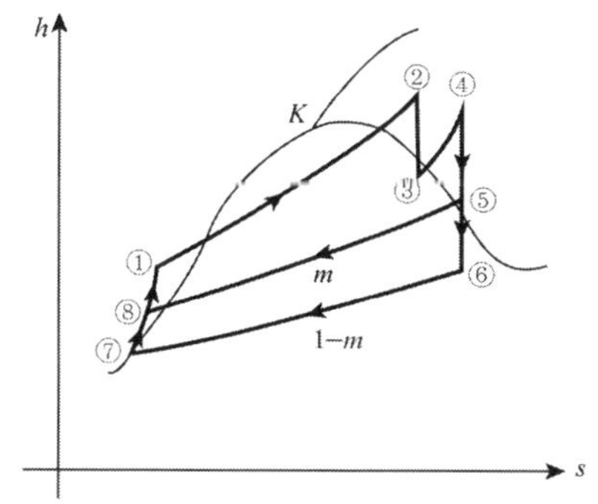

2) **각 과정 해설**

①~② **과정** : 보일러에서 등압가열하므로

$$q_1' = h_2 - h_1$$

②~③ **과정** : 제1터빈에서 단열팽창하므로

$$W_{T_1} = h_2 - h_3$$

③~④ **과정** : 재열기에서 등압가열하므로

$$q_{1''} = h_4 - h_3$$

④~⑤ **과정** : 제2터빈에서 단열팽창하므로

$$W_{T_2} = h_4 - h_5$$

⑤~⑥ **과정** : 추기를 준 후 단열팽창하므로

$$W_{T_2} = m(h_5 - h_6) \quad 단, m = \frac{h_8 - h_7}{h_5 - h_7}$$

⑥~⑦ **과정** : 복수기에서 정압방열하므로

$$q_2 = (1-m)(h_6 - h_7)$$

3) **이론 열효율**

$$\eta = 1 - \frac{q_2}{q_1} = 1 - \frac{q_2}{q_1{}' - q_1{}''} = 1 - \frac{(1-m)(h_6 - h_7)}{h_2 - h_1 + h_4 - h_3}$$

7-5 2유체 사이클

금속성 액체인 수은과 물의 조합으로 $T-s$ 선도상에서 포화액선의 기울기가 크고 임계온도가 높은 유체를 사용하면 효율은 높일 수 있는 결과를 가져오는데, 고온측의 버리는 열을 저온측의 가열열로 이용하도록 한 사이클을 2유체 증기사이클이라 한다.

결국 수은의 포화압력이 낮은 점을 이용하여 고온측 사이클을 2유체 사이클에 적용하는 원리이다. 물과 수은, 물과 가스, 물과 프레온을 동작물질로 하여 정해진 온도 범위 내에서 2단뿐만 아닌 3단으로 하면 3유체 사이클로도 생각해 볼 수 있다.

7-6 비가역 사이클(실제 사이클)

실제 사이클은 비가역 사이클로서 등엔트로피가 되지 않고 엔트로피가 증가하므로 다음과 같은 현상이 나타난다.

1) $h-s$ **선도**

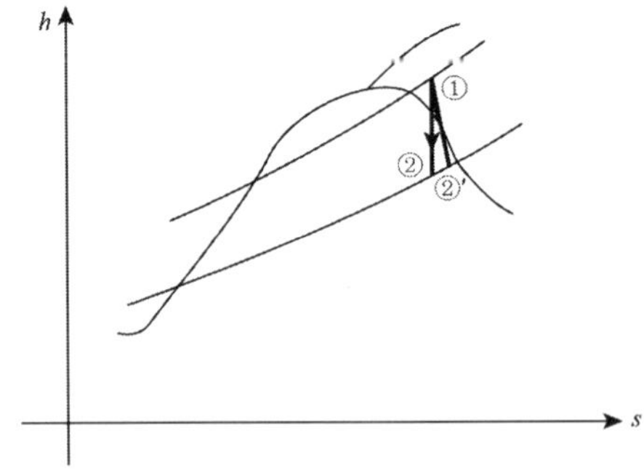

가역 사이클은 ①~② 과정이지만 실제 사이클은 비가역 사이클이므로 ①~②'가 되며 터빈의 실제효율은 η는 다음과 같다.

$$\eta = \frac{h_1 - h_2{}'}{h_1 - h_2}$$

2) $T-s$ **선도**

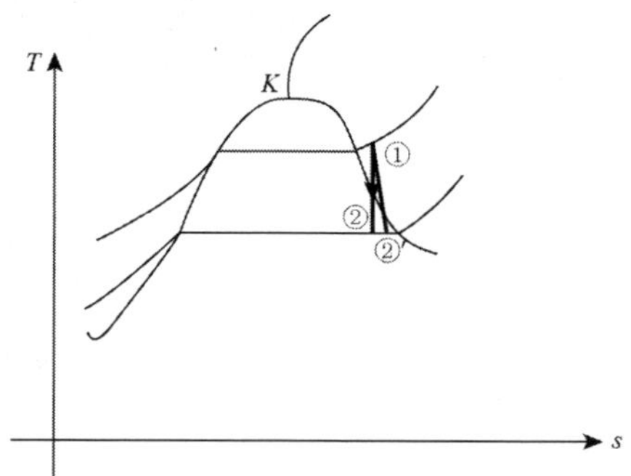

제7장 적중 예상문제

해설 및 정답 ㉮㉯㉰㉱

01

보일러에서 증기의 순환경로 중 옳은 것은?

㉮ 보일러 → 터 빈 → 복수기 → 펌 프
㉯ 보일러 → 복수기 → 터 빈 → 펌 프
㉰ 보일러 → 터 빈 → 펌 프 → 복수기
㉱ 보일러 → 복수기 → 펌 프 → 터 빈

01 답 ㉮

02

랭킨사이클의 각 과정 중 틀린 것은?

㉮ 보일러의 정압과정
㉯ 터빈의 단열팽창
㉰ 복수기의 단열압축
㉱ 펌프의 단열압축

02 답 ㉰

03

랭킨사이클의 이론 열효율에 대한 설명 중 틀린 것은?

㉮ 보일러의 압력이 높을수록 효율이 좋다.
㉯ 복수기의 압력이 낮을수록 효율이 좋다.
㉰ 복수기의 압력이 작을수록 배출열량이 적다.
㉱ 복수기의 압력이 높을수록 터빈일이 증가한다.

03 답 ㉱

04

랭킨사이클에서 터빈의 단열효율에 대한 설명 중 틀린 것은?

㉮ 보일러의 압력이 높을수록 습도가 증가한다.
㉯ 비가역 후 습도가 증가하면 터빈효율이 커진다.
㉰ 터빈효율이 증가하면 건도가 감소한다.
㉱ 터빈의 배기온도가 높아지면 터빈효율이 증가한다.

04 답 ㉱

05

랭킨사이클의 이론 열효율을 증가시키기 위한 수단으로 보일러 압력을 높이고 복수기 압력을 낮추면 된다. 이 때 발생되는 문제점은 어느 것인가?

㉮ 터빈출구의 질을 향상시킨다.
㉯ 습도가 감소한다.
㉰ 배출열량이 증가한다.
㉱ 습증기로 인한 터빈날개를 침식시킨다.

06

다음 중 재열사이클의 목적이 아닌 것은?

㉮ 터빈 출구의 질을 향상시킨다.
㉯ 이론 열효율이 증가한다.
㉰ 수명이 연장된다.
㉱ 터빈 출구의 습도가 증가해 터빈 날개를 침식시킨다.

07

재열사이클의 목적 중 틀린 것은?

㉮ 보일러에서 공급한 증기를 재가열한다.
㉯ 터빈일을 증가시킨다.
㉰ 터빈 출구의 질을 향상시킨다.
㉱ 공급열량을 감소시킨다.

08

보일러의 공급열량을 절약하므로 효율증대 효과를 위한 사이클은 어느 것인가?

㉮ 랭킨사이클　　㉯ 재열사이클
㉰ 재생사이클　　㉱ 재열, 재생사이클

09

재생사이클의 목적이 틀린 것은?

㉮ 추기를 이용하여 급수를 가열한다.
㉯ 랭킨사이클보다 효율이 좋다.
㉰ 보일러에 공급할 연료가 절감된다.
㉱ 터빈 출구의 질을 향상시킨다.

해설 및 정답

05
보일러의 압력을 증가시키고 복수기의 압력을 낮추면 이론 열효율은 증가한다. 하지만 온도차나 압력차가 크면 빨리 습증기가 발생되어 터빈의 날개가 침식된다.

답 ㉱

06

답 ㉱

07
재열사이클의 목적
① 터빈일 증가
② 터빈 출구의 질 향상

답 ㉱

08

답 ㉰

09
재열사이클의 목적
추기를 이용하여 급수가열하므로 공급열량 절약을 목적으로 한다.

답 ㉱

10

다음 랭킨사이클에서 보일러 압력을 그대로 두고 복수기의 압력을 낮출수록 이론 열효율은?

㉮ 효율 증가　　㉯ 효율 감소
㉰ 효율 증가 또는 감소　　㉱ 일정

11

랭킨사이클의 터빈 입구가 과열증기이고 출구가 습증기라 할 때 단열효율을 증가시키면?

㉮ 터빈의 출구온도가 상승한다.
㉯ 터빈의 출구온도가 하락한다.
㉰ 터빈 출구의 건도가 증가한다.
㉱ 터빈 출구의 건도가 감소한다.

12

2유체 사이클에서 수은을 고온 사이클에 사용하는 이유는 어느 것인가?

㉮ 수은 포화압력이 낮은 점을 이용한다.
㉯ 수은 포화압력이 높은 점을 이용한다.
㉰ 수은 비중이 크기 때문이다.
㉱ 수은은 비중도 크고 가격도 저렴하기 때문이다.

13

랭킨사이클의 $h-s$ 선도를 이용한 이론 열효율 식으로 옳은 것은?

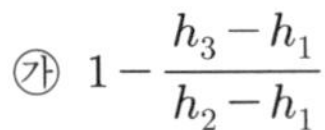

㉮ $1-\dfrac{h_3-h_1}{h_2-h_1}$

㉯ $\dfrac{h_2-h_3}{h_2-h_1}$

㉰ $1-\dfrac{h_2-h_3}{h_2-h_1}$

㉱ $\dfrac{h_3-h_4}{h_2-h_1}$

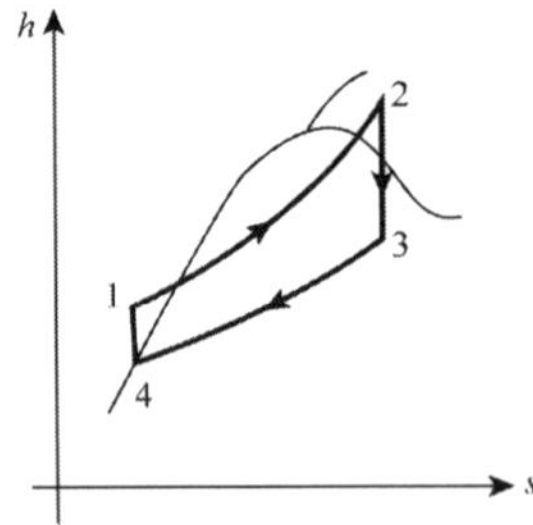

해설 및 정답 ㉮㉯㉰㉱

10

답 ㉮

11

터빈효율을 증가시키려면 터빈 출구의 건도를 감소시키면 된다.

답 ㉱

12

답 ㉮

13

공급열량 : $q_1 = h_2 - h_1$,
방출열량 : $q_2 = h_3 - h_4$

$\therefore\ \eta = 1 - \dfrac{q_1}{q_2} = 1 - \dfrac{h_3-h_4}{h_2-h_1}$

답 ㉮

14

랭킨사이클에서 $T-s$ 선도를 이용한 이론 열효율 식을 옳은 것은?

㉮ $\frac{\text{면적}1234}{\text{면적}12S_3S_1}$

㉯ $1-\frac{\text{면적}43S_3S_4}{\text{면적}123S_3S_1}$

㉰ $\frac{\text{면적}43S_3S_4}{\text{면적}134}$

㉱ $1-\frac{\text{면적}34S_4S_3}{\text{면적}12S_3S_44}$

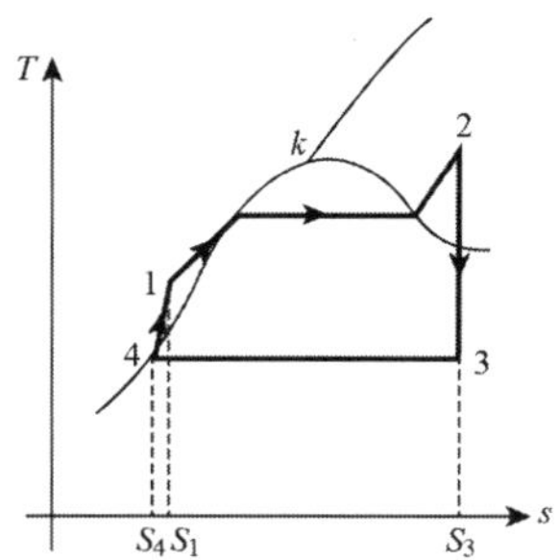

15

랭킨사이클에서 증기 엔탈피 값이 다음과 같을 때 이론 열효율은 얼마인가?

㉮ 25.5[%]

㉯ 29.4[%]

㉰ 32.3[%]

㉱ 36.4[%]

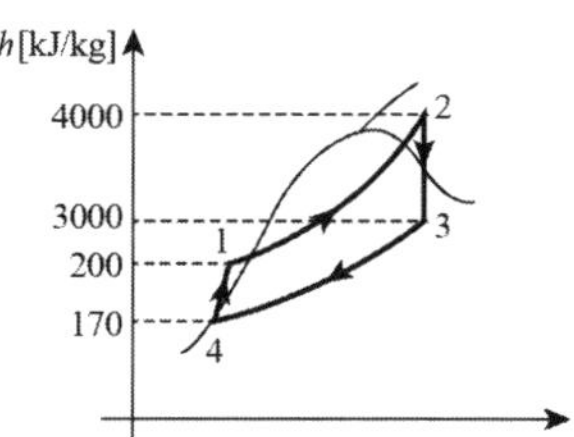

16

물을 동작물질로 하는 랭킨사이클의 보일러 압력이 50[bar]이고 응축기 압력을 5[bar]로 가정할 때 펌프일은 얼마인가?

㉮ 1,500[J/kg] ㉯ 2,500[J/kg]

㉰ 35,000[J/kg] ㉱ 4,500[J/kg]

해설 및 정답

14

$T-s$ 선도에서 S쪽 면적 즉, $\delta Q = Tds$ 에서 열량이 되므로

$Q_1 = 123S_3S_1$이고, $Q_2 = 43S_3S_4$이다.

답 ㉯

15

$$\eta = 1-\frac{q_2}{q_1} = 1-\frac{h_3-h_4}{h_2-h_1}$$

$$= 1-\frac{3{,}000-170}{4{,}000-200} = 0.255$$

답 ㉮

16

펌프일은 압축일이므로

$$w_p = \int vdp = v(P_2-P_1)$$

$$= 0.001(50-5)\times 10^5[\text{J/kg}]$$

$$= 4500[\text{J/kg}]$$

단, $v = \frac{1}{\rho} = \frac{1}{1000}[\text{m}^3/\text{kg}]$

답 ㉱

17

보일러 압력이 20[MPa]이고 터빈 입구의 과열증기 온도가 500[℃]에서 2[MPa]까지 단열팽창한 후 400[℃]까지 재가열하여 0.5[MPa]까지 단열팽창한 $h-s$ 선도를 이용하여 다음을 구하라.

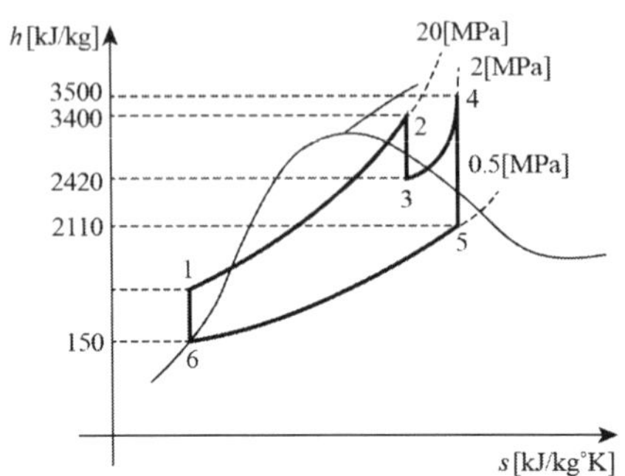

(1) 펌프입구에서 동작물질은 물로 가정하고 펌프일을 구한 것 중 옳은 것은?

㉮ 19.5[kJ/kg] ㉯ 13.2[kJ/kg]
㉰ 10[kJ/kg] ㉱ 5.8[kJ/kg]

(2) 보일러 입구의 엔탈피는 몇 [kJ/kg]인가?

㉮ 157.4[kJ/kg] ㉯ 169.5[kJ//kg]
㉰ 179.5[kJ/kg] ㉱ 184.5[kJ/kg]

(3) 이 사이클의 이론 열효율은 얼마인가?

㉮ 0.545 ㉯ 0.455
㉰ 0.421 ㉱ 0.395

18

다음 중 랭킨사이클(Rankine cycle)에 관한 사항으로 부적당한 것은?

㉮ 복수기의 압력이 낮아지면 방출열량이 적어진다.
㉯ 복수기의 압력이 낮아지면 열효율이 증가한다.
㉰ 터빈의 배기온도를 낮추면 터빈효율은 증가한다.
㉱ 터빈의 배기온도를 낮추면 터빈 날개가 부식한다.

해설 및 정답

17

(1) $w_p = h_1 - h_6 = v(P_1 - P_2)$
$= 0.001 \times (20 - 0.5) \times 10^6 [J/kg]$
$= 19.5 [kJ/kg]$

답 ㉮

(2) $w_p = h_1 - h_6 = 19.5$에서
$h_1 = h_6 + 19.5 = 169.5 [kJ/kg]$

답 ㉯

(3) $\eta = 1 - \frac{q_2}{q_1}$

$= 1 - \frac{h_5 - h_6}{h_2 - h_1 + h_4 - h_3}$

$= 1 - \frac{2,110 - 150}{(3,400 - 169.5) + (3,500 - 2,420)}$

$= 0.545$

답 ㉮

18

① 복수기 압력이 낮고 초압이 크면 효율이 증대되고 Q_2는 적어진다.
② 터빈의 출구온도를 낮추면 날개가 부식된다.

답 ㉰

19

랭킨사이클에서 보일러 압력과 온도가 일정하고 복수기 압력이 낮을수록 어떤 현상이 발생하겠는가?

㉮ 열효율이 증가한다.
㉯ 터빈효율이 증가한다.
㉰ 열효율이 감소한다.
㉱ 터빈 출구의 증기 건도가 높아진다.

20

재열 랭킨사이클에서 재열의 주목적은?

㉮ 펌프일을 감소시킨다.
㉯ 복수기 압력을 감소시킨다.
㉰ 터빈 출구 습증기의 질(건도)을 높인다.
㉱ 이론 열효율을 증가시키는 것이 주목적이다.

21

랭킨사이클의 각 점의 증기 엔탈피는 다음과 같다. 보일러 입구 69.4[kJ/kg$_f$], 보일러 출구 830.6[kJ/kg$_f$], 복수기 입구 626.4[kJ/kg$_f$], 복수기 출구 68.4[kJ/kg$_f$]이다. 이 사이클의 효율은? (단, 펌프일은 무시한다.)

㉮ 27.85[%]
㉯ 29.85[%]
㉰ 26.69[%]
㉱ 28.82[%]

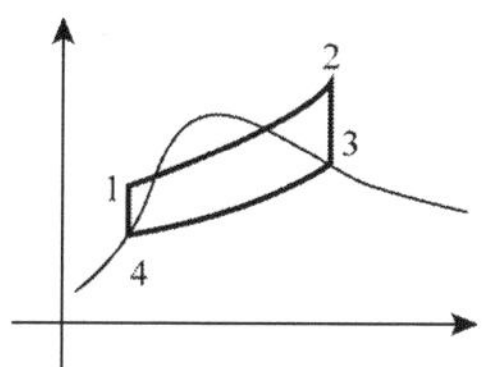

22

다음의 기본 랭킨사이클에서 보일러의 물이 가열되는 열량을 엔탈피 값으로 표시하였을 때 올바른 것은? (단, h는 엔탈피이다.)

㉮ $h_5 - h_1$
㉯ $h_4 - h_5$
㉰ $h_4 - h_2$
㉱ $h_2 - h_1$

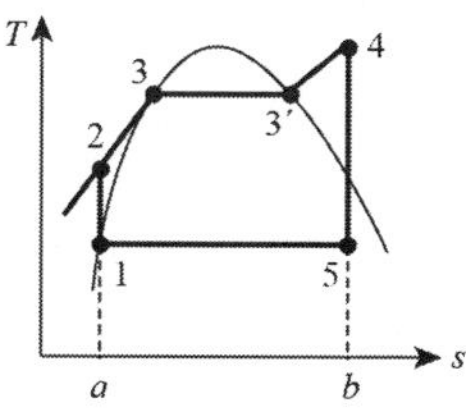

해설 및 정답

19

복수기 압력을 낮추면 터빈일은 증가한다.

 ㉮

20

재열사이클의 주목적
터빈 출구의 건도를 향상시키므로 침식을 방지하므로 효율의 상승효과가 나온다.

 ㉰

21

$$\eta = 1 - \frac{h_3 - h_4}{h_2 - h_1}$$
$$= 1 - \frac{626.4 - 68.4}{830.6 - 69.4}$$
$$= 0.2669$$
$$= 26.69[\%]$$

 ㉰

22

$q_1 = h_4 - h_2$
$q_2 = h_5 - h_1$

답 ㉰

해설 및 정답

23

랭킨사이클(Rankine cycle)에서 보일러 압력과 온도가 일정할 때 복수기 압력이 높을수록 열효율은?

㉮ 감소한다. ㉯ 증가한다.
㉰ 불변이다. ㉱ 증가 또는 감소한다.

23

랭킨사이클의 이론 열효율은 보일러 압력이 높고 복수기 압력이 낮아지면 효율이 증가한다.

답 ㉮

24

다음 중 단열과정과 정압과정만으로 이루어지는 사이클은?

㉮ 랭킨사이클 ㉯ 오토사이클
㉰ 디젤사이클 ㉱ 카르노 사이클

24

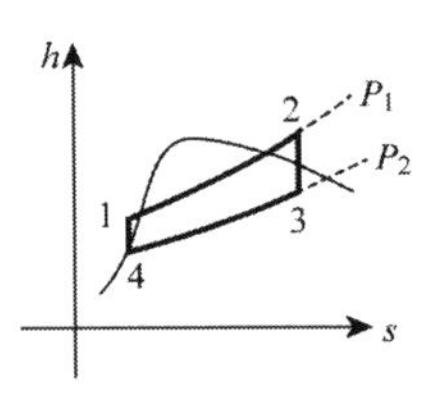

답 ㉮

25

증기터빈의 저압단에서의 증기의 건도를 높이는데 가장 큰 효과가 있는 사이클은?

㉮ 포화증기를 사용하는 랭킨사이클
㉯ 과열증기를 사용하는 랭킨사이클
㉰ 재열사이클
㉱ 재생사이클

25

① 재열사이클 : 증기 건도 증가
② 재생사이클 : 연료 절감

답 ㉰

26

랭킨사이클(Rankine cycle)의 각 점의 증기 엔탈피가 다음과 같을 때 이론 열효율은 얼마인가?

- 보일러 입구 : 69.4[kJ/kg$_f$]
- 보일러 출구 : 830.6[kJ/kg$_f$]
- 터빈 출구 : 626.4[kJ/kg$_f$]
- 복수기 출구 : 68.6[kJ/kg$_f$]

㉮ 16.4% ㉯ 20.6%
㉰ 26.8% ㉱ 30.4%

26

$$\eta = 1 - \frac{q_2}{q_1} = 1 - \frac{h_3 - h_4}{h_2 - h_1}$$

$$= 1 - \frac{626.4 - 68.6}{830.6 - 69.4} = 0.268$$

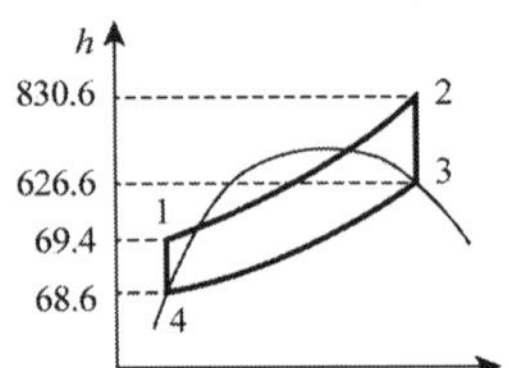

답 ㉰

27

복수기(응축기)에서 100[kPa], 건도 $x=0.96$인 수증기를 매시 1,000[kg] 응축시키는데 필요한 냉각수의 유량은? (단, 냉각수는 15[℃]에서 들어오고 25[℃]에서 나간다. 그리고 100[kPa]의 포화액과 포화증기의 엔탈피는 각각 $h'=191.83$[kJ/kg], $h''=2{,}584.7$[kJ/kg]이며 물의 비열은 4.2[kJ/kg·℃]이다.)

㉮ 약 27,400[kg/h]　㉯ 약 34,800[kg/h]
㉰ 약 54,700[kg/h]　㉱ 약 75,500[kg/h]

28

포화증기를 정적하에서 압력을 높이면 어떻게 되며 일정 압력하에서 온도를 높이면 어떻게 되겠는가?

㉮ 모두 포화증기 그대로이다.
㉯ 모두 과열증기 그대로이다.
㉰ 정적하에서 압력을 가하면 포화증기가 되나 일정 압력하에서 온도를 높이면 과열증기 된다.
㉱ 정적하에서 압력을 가하면 과열증기가 되나 일정 압력하에서 온도를 높이면 포화증기 된다.

29

효율이 85[%]인 터빈에 들어갈 때의 증기의 엔탈피가 3,390[kJ/kg]이고 가역단열과정에 의해 팽창할 경우에 출구에서의 엔탈피가 2,135[kJ/kg]이 된다고 한다. 이 터빈의 실제 일은 몇 [kJ/kg]인가?

㉮ 1,476　㉯ 1,255
㉰ 1,067　㉱ 906

해설 및 정답

27

$$Q_2 = 1{,}000\times(h'+x(h''-h')-h')$$
$$= M\times c\times \Delta t$$
$$M=\frac{1000\times 0.96(2584.7-191.83)}{4.2\times(25-15)}$$
$$=54{,}700\,[\text{kg/h}]$$

답 ㉰

28

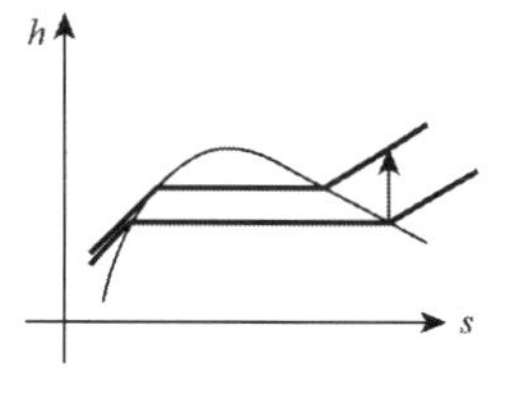

답 ㉯

29

$$\eta=\frac{h_2-h_1'}{h_2-h_1}\text{에서}$$
$$h_2-h_1'=\eta(h_2-h_1)$$
$$=0.85\times(3{,}390-2{,}135)$$
$$=1{,}066.75\,[\text{kJ/kg}]$$

 ㉰

30

압력 20[bar], 온도 400[℃]인 증기를 배기압 0.5[bar]까지 단열팽창시킬 때 랭킨사이클의 열효율을 구하면? (단, 펌프일은 무시하고 $h_1 = 3247.6$[kJ/kg], $h_2 = 2,480$[kJ/kg], $h_3 = 340.47$[kJ/kg]이다. 여기서 첨자 1은 터빈의 입구, 첨자 2는 터빈 출구, 첨자 3은 펌프에서의 상태를 말한다.)

㉮ 26.4[%] ㉯ 43.2[%]
㉰ 58.2[%] ㉱ 72.2[%]

31

다음 사항 중 틀린 것은?

㉮ 랭킨사이클의 열효율은 터빈입구의 과열증기 상태와 복수기의 진공도에 의해서 거의 결정된다.
㉯ 랭킨사이클의 열효율을 열역학적으로 개선한 것이 재생 랭킨사이클이다.
㉰ 증기터빈에서 복수기의 배압은 냉각수의 온도에 의해서 정해지므로 자유로이 바꿀 수는 없다.
㉱ 랭킨사이클의 열효율은 터빈의 입구압력, 입구온도의 영향만을 받는다.

해설 및 정답 ㉮㉯㉰㉱

30

$$\eta_R = 1 - \frac{2,480 - 340.47}{3,247.6 - 340.47} = 0.264 = 26.4[\%]$$

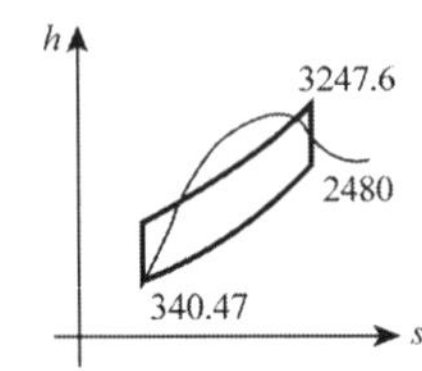

답 ㉮

31

Rankine cycle은 초온 초압이 커지고 배압이 낮으면 효율은 증가한다.

답 ㉱

제8장. 가스동력 사이클

가스동력 사이클은 열기관 중에서 공기와 연료의 연소가스가 작업유체로 사용되는 내연기관을 말한다. 여기에 근사적으로 적용되는 기관으로는 가솔린기관, 디젤기관, 고속디젤기관, 로터리기관 등이 있으며 내연기관과 구분되는 외연기관은 보일러와 같이 열교환기를 이용하여 열을 공급받는 형식 즉, 증기 원동기를 예로 들 수 있다.

특히 내연기관의 동작물질은 공기와 연료의 혼합물의 혼합가스로 이를 연소시키는데 반드시 공기가 필요하므로 공기 표준 사이클이라 하고, 이를 해석하는 데는 다음과 같은 가정하에서 이루어진다.

1) 동작물질은 비열이 일정한 공기를 취급한다.
2) 사이클은 밀폐 사이클로서 공급한 열과 방출된 열량 차이만큼 가역적으로 외부에 일을 한다.
3) 압축 및 팽창과정은 가역 단열과정으로 간주한다.

열기관 사이클 중 카르노 사이클(Carnot cycle)은 가역 사이클로서 효율이 가장 좋은 사이클이나 실제로는 제작 불가능한 사이클로서 자연현상인 비가역 사이클을 증명하기 위한 수단으로 이용될 뿐이다.

8-1 내연기관 사이클

1. 점화방식에 따라 분류

1) 소구기관

2행정 사이클로서 어선용 원동기에 사용되며 연소가 잘되지 않으므로 표면(열면) 점화방식을 택한다.

2) 가솔린(석유)기관

전기 점화기관으로서 일명 불꽃 점화기관이라고 한다.

3) 디젤기관

저속용으로 점화가 잘되지 않는 중유를 사용하므로 분사 단절비를 이용하여 열을 공급하는데 점화는 압축착화 방식으로 이루어진다.

2. 열 공급형태에 따라 분류

1) **오토사이클**(otto cycle)

오토사이클은 공기표준사이클로서 등적하에서 열을 공급하고 등적하에서 열을 방출한다하여 일명 등적사이클이라고도 한다.

압축비 : $\varepsilon = \dfrac{V_T}{V_C} = \dfrac{V_1}{V_2} = \dfrac{V_4}{V_3} = 1 + \dfrac{1}{\lambda}$

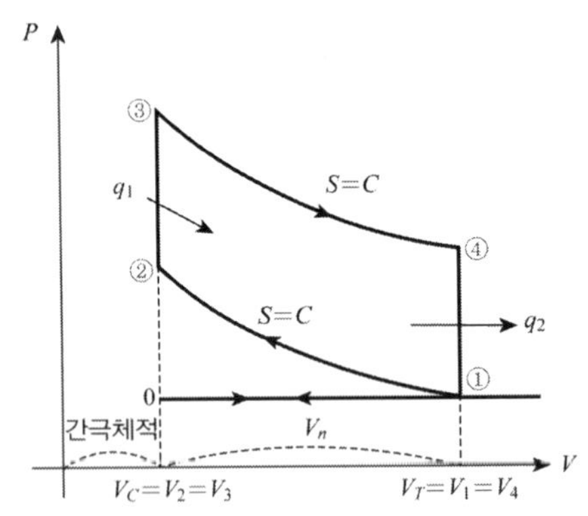

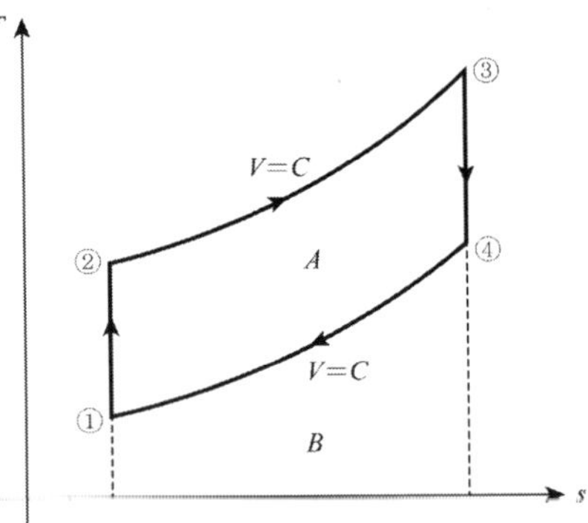

① 각 과정 해설

0 → ① : 흡기(혼합기 : 공기 + 연료) 과정

① → 0 : 배기(연소가스) 과정

① → ② : 단열압축 과정

$$T_2 = T_1\left(\frac{V_1}{V_2}\right)^{k-1} = T_1\varepsilon^{k-1}$$

② → ③ : 등적가열 과정

$$\delta q = du = C_v dt$$

$$q_1 = {}_1q_3 = C_v(T_3 - T_2)$$: 공급열량

③ → ④ : 단열팽창 과정

$$\frac{T_4}{T_3} = \left(\frac{T_3}{T_4}\right)^{k-1} = \frac{1}{\varepsilon^{k-1}} \qquad \therefore\ T_3 = T_4\varepsilon^{k-1}$$

④ → ① : 등적방열 과정

$$\delta q = du = C_v dt$$

$$-q_2 = C_v(T_1 - T_4)$$: 방출이므로 음(−)이다.

$$q_2 = C_v(T_4 - T_1)$$: 방출열량

② 이론 열효율

$$\eta_0 = 1 - \frac{q_2}{q_1} = 1 - \frac{C_v(T_4 - T_1)}{C_v(T_3 - T_2)}$$

$$= 1 - \frac{T_4 - T_1}{T_4\varepsilon^{k-1} - T_1\varepsilon^{k-1}} = 1 - \frac{1}{\varepsilon^{k-1}}$$

즉, 오토사이클 효율은 압축비만의 함수이며 압축비에 따라 비례한다.

2) **디젤사이클**(Diesel cycle)

독일인 Rudolf Diesel이 창안한 사이클로 급열과정은 등압팽창시 이루어지고 방열과정은 등적과정으로 이루어진 저속 디젤기관의 기본 사이클로서, 등압하에서 열이 공급된다 하여 일명 등압사이클이라고도 한다.

$\sigma = \dfrac{V_3}{V_2}$ [체절비, 분사단절비 ……]

압축비 $\varepsilon = \dfrac{V_1}{V_2} = \dfrac{V_4}{V_2}$

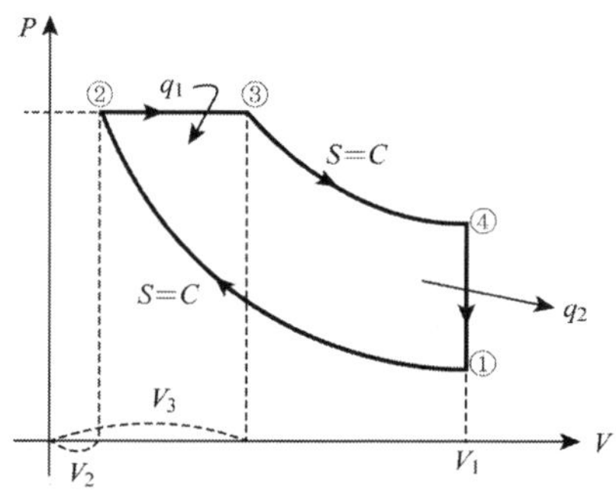

① 각 과정

①~② : 가역단열 과정

$$T_2 = T_1\varepsilon^{k-1}$$

②~③ : 등압가열 과정

$$\delta q = dh = C_v dt$$

$$q_1 = C_p(T_3 - T_2)$$

$$P_2 = P_3 = \frac{RT}{V_2} = \frac{RT}{V_3}$$

$$T_3 = T_2\sigma = T_1\sigma\varepsilon^{k-1}$$

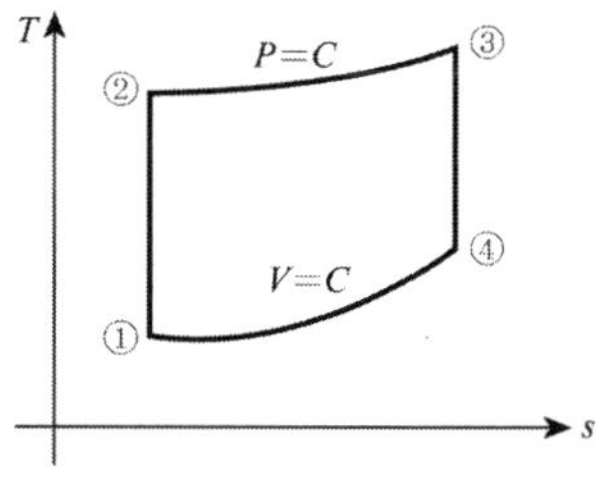

③~④ : 가역단열 과정

$$\frac{T_4}{T_3} = \left(\frac{V_3/V_2}{V_1/V_2}\right)^{k-1}$$

$$T_4 = T_3\left(\frac{\sigma}{\varepsilon}\right)^{k-1} = T_1\sigma\varepsilon^{k-1}\sigma^{k-1}\varepsilon^{1-k} = T_1\sigma^k$$

④~① : 등적방열 과정

$$q_2 = C_v(T_4 - T_1)$$

② **이론 열효율**

$$\eta_d = 1 - \frac{q_2}{q_1} = 1 - \frac{C_v(T_4 - T_1)}{C_p(T_3 - T_2)}$$

$$= 1 - \frac{T_1\sigma^k - T_1}{k(T_1\sigma\varepsilon^{k-1} - T_1\varepsilon^{k-1})}$$

$$= 1 - \frac{1}{\varepsilon^{k-1}} \cdot \frac{\sigma^k - 1}{k(\sigma - 1)}$$

3) **특 징**

분사단절비와 압축비만의 함수이며 압축비에는 비례하나 분사단절비에는 반비례한다.

3. 사바테 사이클(Sabathe cycle)

고속 디젤기관으로서 연료분사기를 전진시킴으로써 연소기간을 단축시키는 사이클이다. 즉, 등압연소 · 등적연소시키므로 2중연소 사이클이라고도 볼 수 있다.

압축비 : $\varepsilon = \dfrac{V_1}{V_2} = \dfrac{V_1}{V_2'} = \dfrac{V_4}{V_2}$

분사단절비 : $\sigma = \dfrac{V_3}{V_2'} = \dfrac{V_3}{V_2}$

폭발비 : $\rho = \dfrac{P_3}{P_2} = \dfrac{P_2'}{P_2}$

1) **각 과정 해설**

①~② : 가열단열 압축과정

$$T_2 = T_1\varepsilon^{k-1}\left(\frac{T_2}{T_1}\right) = \left(\frac{V_1}{V_2}\right)^{k-1}$$

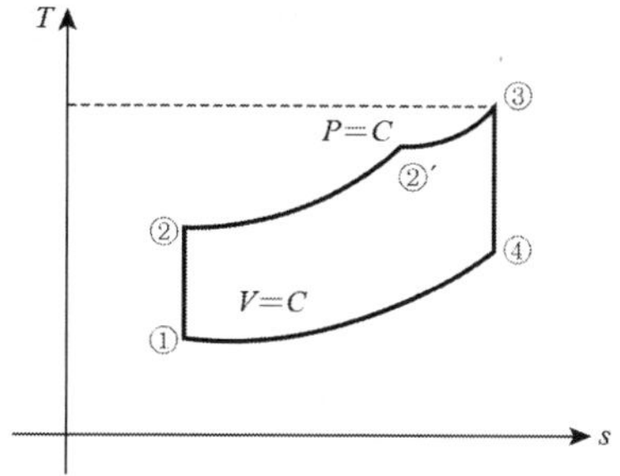

②'~② : 등적가열 과정

$$q_1{}' = C_v(T_2{}' - T_2)$$

$$V_2 = V_2{}' = \frac{RT_2{}'}{P_2{}'} \; : \; T_2{}' = \frac{P_2{}'}{P_2}T_2$$

$$T_2{}' = T_1\rho\varepsilon^{k-1}$$

②~③ : 등압가열 과정

$$\delta q = dh = C_p dt$$

$$q_1{}'' = C_p(T_2 - T_2{}')$$

$$P_2{}' = P_3 = \frac{RT_2{}'}{V_2{}'} = \frac{RT_3}{V_3}$$

$$T_3 = T_2{}'\sigma = T_1\rho\sigma\varepsilon^{k-1}$$

③~④ : 단열팽창 과정

$$\frac{T_4}{T_3} = \left(\frac{V_3/V_2}{V_4/V_2}\right)^{k-1}$$

$$\therefore \; T_4 = T_1\rho\sigma^k$$

④~① : 등적방열 과정

$$q_2 = C_v(T_4 - T_1)$$

공급열량 : $q_1 = q_1{}' - q_1{}''$

2) 이론 열효율

$$\eta_s = 1 - \frac{q_2}{q_1{}' + q_1{}''}$$

$$= 1 - \frac{C_v(T_4 - T_1)}{C_v(T_2{}' - T_2) + C_p(T_3 - T_4)}$$

$$= 1 - \frac{T_1\rho\sigma^k - T_1}{T_1\rho}$$

$$= 1 - \frac{1}{\varepsilon^{k-1}}\frac{\rho\sigma^k - 1}{[(\rho - 1) + k\rho(\sigma - 1)]}$$

3) 분사단절비와 압력비에 따른 변화

- 사바테 사이클에서 분사단절비가 $\sigma = 1$이면 오토사이클이 된다.
- 사바테 사이클에서 폭발비가 $\rho = 1$이면 디젤사이클이 된다.

4. 각 사이클의 $P-V$ 선도와 $T-s$ 선도

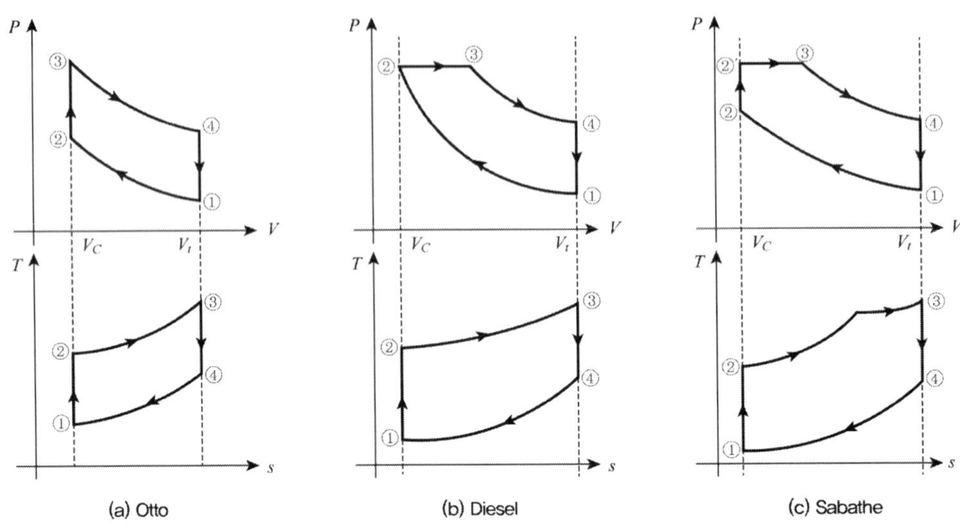

(a) Otto (b) Diesel (c) Sabathe

5. 각 사이클의 효율비교

1) 각 기관의 크기(압축비)가 같고 공급열량(Q_1)이 같은 경우

$$\eta = 1 - \frac{Q_2}{Q_1}$$

방출열량 Q_2가 적으면 효율이 커지므로 ④~① 면적 Q_2가 디젤기관이 가장 크고 오토사이클이 가장 적으므로 $\eta_0 > \eta_s > \eta_D$가 된다.

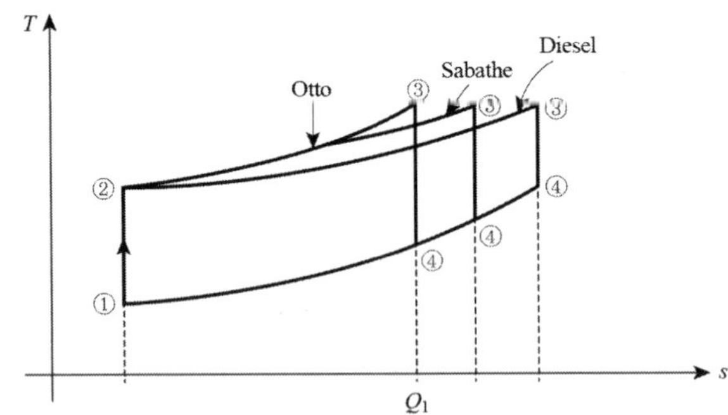

2) **최고압력이 일정하고 공급열량이 같은 경우**

다음과 같은 경우에는 디젤기관이 가장 좋고 오토사이클이 가장 적다.

$$\eta_D > \eta_s > \eta_0$$

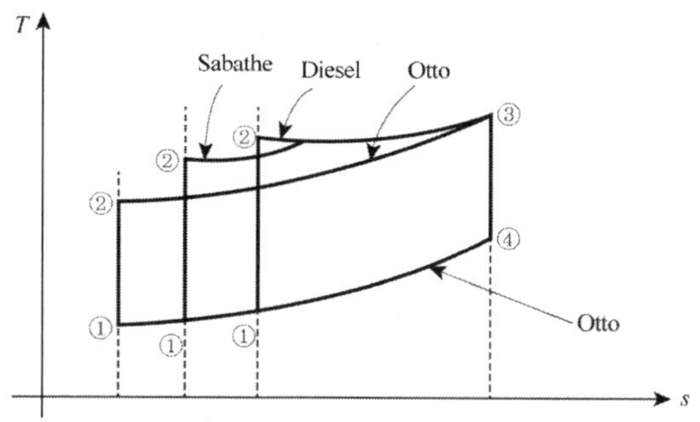

참고

⌘ Diesel cycle의 최고 온도가 상승하면 등압보다 등적과정의 기울기가 크므로 얻는 일보다 방출열량이 커지므로 이론 열효율은 감소한다.

8-2 가스터빈 사이클

가스터빈은 터빈의 날개에 직접 연소가스를 분출시켜 회전일을 얻는 직접 회전식 내연기관이라 할 수 있다.

1. 브레이턴 사이클(Brayton cycle)

브레이턴 사이클은 가스터빈의 이상 사이클로서 압축기, 연소기, 터빈의 3대 기본 요소로 구성되고 보조장치로 시동모터, 분사펌프, 제어 및 안전장치가 있다.

흡입(공기연료) → 압축기 → 연소기 → 터빈 → 배기

여기서 압축기와 터빈의 과정은 단열과정이고 연소기와 흡・배기시에는 등압하에 이루어지므로 $P-V$ 선도와 $T-s$ 선도를 보고 참고하길 바란다.

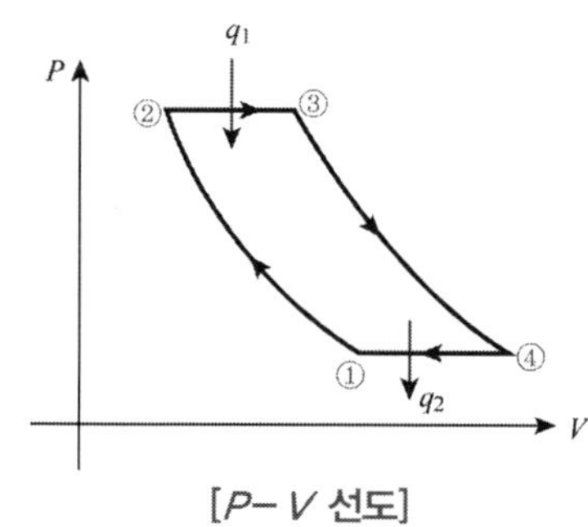

[$P-V$ 선도]

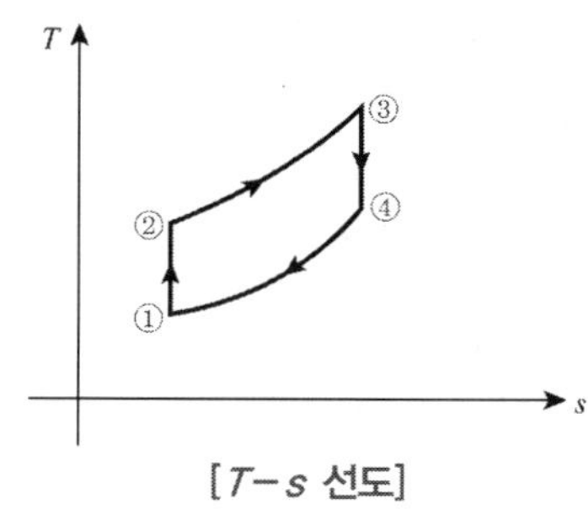

[$T-s$ 선도]

1) 각 과정을 생각하면

①~② **과정** : 단열압축

$$\frac{T_2}{T_1}=\left(\frac{P_2}{P_1}\right)^{\frac{k-1}{k}}=\gamma^{\frac{k-1}{k}}$$

②~③ **과정** : 등압가열이므로 $\delta q = dh - vdP$에서

가열량 : $q_1 = {}_2q_3 = C_p(t_3 - t_2)$

③~④ **과정** : 단열압축

$$\frac{T_3}{T_4}=\left(\frac{P_3}{P_4}\right)^{\frac{k-1}{k}}=\gamma^{\frac{k-1}{k}}$$

④~① **과정** : 등압방열이므로 $\delta q = dh$에서

$-q_2 = {}_4q_1 = C_p(T_1 - T_4)$

$\therefore$ 방열량 $q_2 = C_p(T_4 - T_1)$

여기서 $\gamma = \dfrac{P_2}{P_1} = \dfrac{P_3}{P_4}$는 압력비로서 최고압력을 배기압력으로 나눈 값이다.

2) **이론 열효율**

$$\eta_B = 1 - \frac{q_2}{q_1} = 1 - \frac{C_p(T_4 - T_1)}{C_p(T_3 - T_2)}$$

$$= 1 - \frac{T_4 - T_1}{T_4 \cdot \gamma^{\frac{k-1}{k}} - T_1\gamma^{\frac{k-1}{k}}} = 1 - \left(\frac{1}{\gamma}\right)^{\frac{k-1}{k}}$$

$$= 1 - \left(\frac{P_1}{P_2}\right)^{\frac{k-1}{k}} = 1 - \frac{T_1}{T_2} = 1 - \frac{T_4}{T_3}$$

3) **실제효율(단열효율)**

실제기관에서는 비가역적으로 발생하므로 가역과 비가역의 비를 살펴본다.

① 압축기의 단열효율

$$\eta_c = \frac{T_2 - T_1}{T_2' - T_1}$$

② 터빈의 단열효율

$$\eta_t = \frac{T_3 - T_4'}{T_3 - T_4}$$

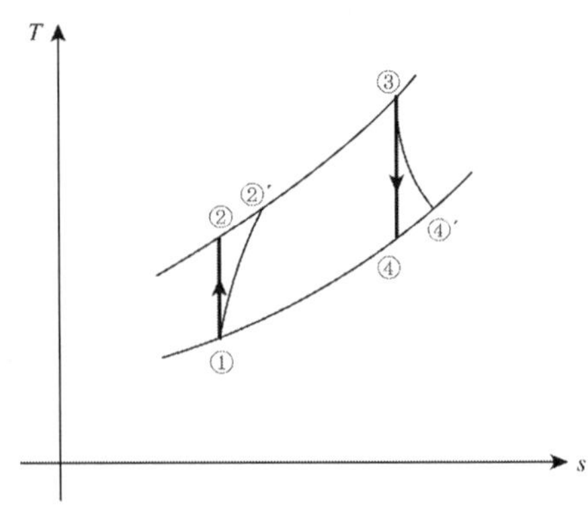

2. 에릭슨 사이클(Ericsson cycle)

브레이턴 사이클의 단열과정을 등온과정으로 개량한 사이클로서 열효율은 카르노 사이클과 같이 온도범위에서 효율을 구할 수 있고 가스터빈의 이상 사이클로서 실현이 곤란하다.

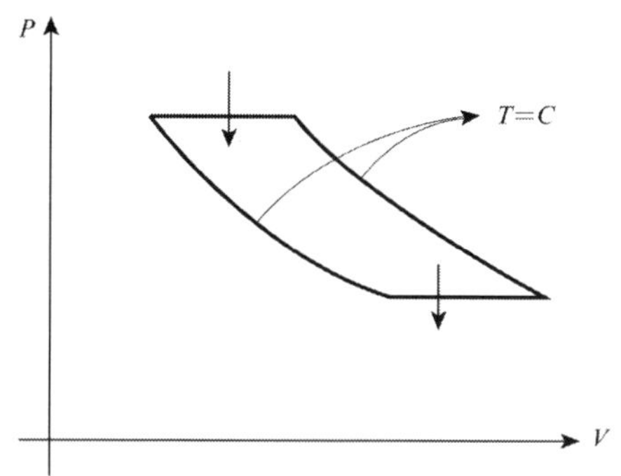

3. 스터링 사이클(Stirling cycle)

오토사이클에서 단열과정을 등온과정으로 개량한 사이클로 이 사이클 또는 온도범위에서 열효율을 구할 수 있는 Carnot cycle과 같이 해석할 수 있다.

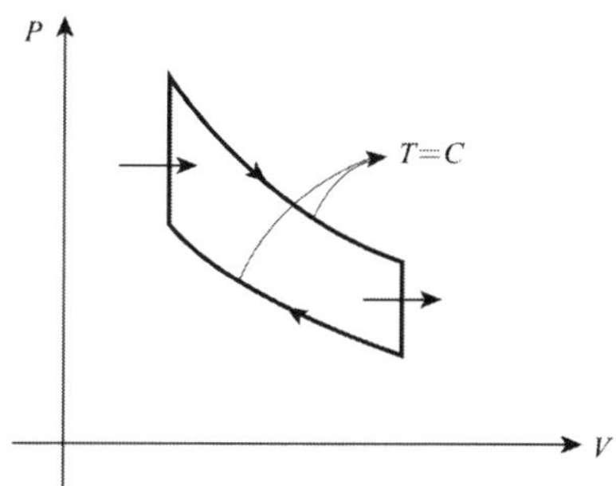

4. 아르킨슨 사이클(Arkinson cycle)

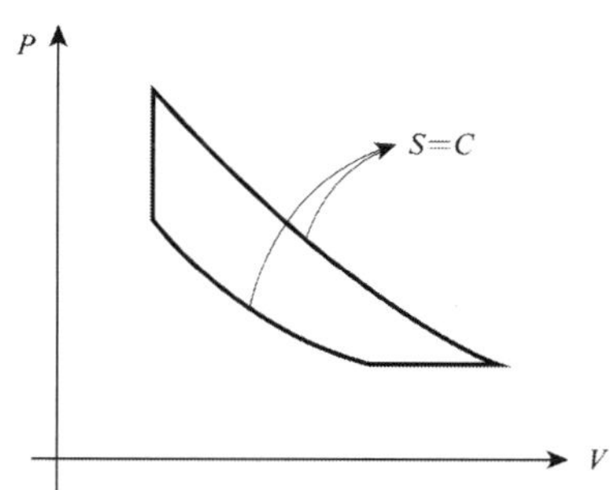

5. 르누아 사이클(Lenoir cycle)

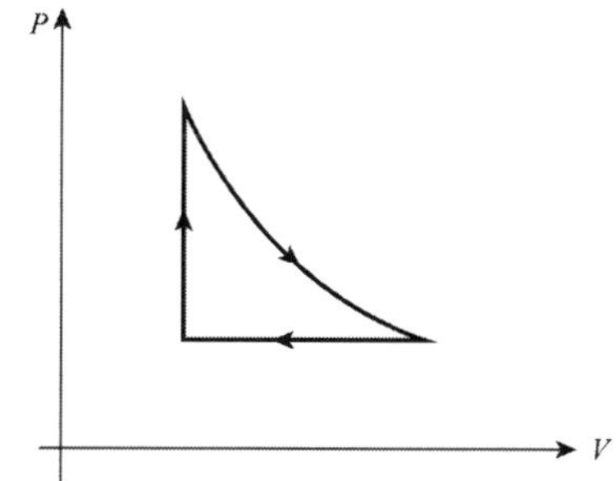

제8장 적중 예상문제

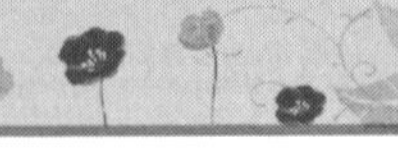

해설 및 정답

01

다음 오토사이클 설명 중 틀린 것은 어느 것인가?

㉮ 등적하에서 연소가 일어난다.
㉯ 전기점화 기관이다.
㉰ 디젤사이클보다 열효율이 좋다.
㉱ 압축비에 비례하여 열효율이 커진다.

01

답 ㉰

02

간극체적이 행정체적의 10[%]일 때 오토사이클 이론 열효율 중 옳은 것은?

㉮ 57.3[%] ㉯ 59.4[%]
㉰ 61.7[%] ㉱ 65.4[%]

02

압축비

$\varepsilon = \dfrac{v_c + v_p}{v_c} = 1 + \dfrac{1}{\lambda} = 1 + \dfrac{1}{0.1} = 11$

$\therefore\ \eta_0 = 1 - \dfrac{1}{\varepsilon^{k-1}} = 1 - \dfrac{1}{11^{0.4}} = 0.617$

$= 61.7[\%]$

답 ㉰

03

가솔린 기관의 이론 열효율이 60[%]라면 압축비는 얼마이겠는가?

㉮ 9.88 ㉯ 7.28
㉰ 12.78 ㉱ 4.92

03

$\eta_0 = 1 - \dfrac{1}{\varepsilon^{k-1}}$ 에서 $0.6 = 1 - \dfrac{1}{\varepsilon^{0.4}}$

$\therefore\ \dfrac{1}{\varepsilon^{0.4}} = 1 - 0.6 = 0.4$

$\varepsilon^{0.4} = \dfrac{1}{0.4}$ 에서

$\therefore\ \varepsilon = \left(\dfrac{1}{0.4}\right)^{\frac{1}{0.4}} = 2.5^{2.5} = 9.88$

답 ㉮

04

두 개의 등적과정과 두 개의 단열과정으로 이루어진 사이클은?

㉮ 스터링사이클 ㉯ 오토사이클
㉰ 디젤사이클 ㉱ 에릭슨사이클

04

답 ㉯

05

두 개의 등온과정과 두 개의 등적과정으로 이루어진 사이클은?

㉮ 스터링사이클　　　㉯ 오토사이클
㉰ 디젤사이클　　　㉱ 에릭슨사이클

06

다음은 디젤사이클의 $P-V$ 선도인데 열효율 중 옳은 것은 어느 것인가? (단, $\varepsilon=\frac{v_1}{v_2}$, $\sigma=\frac{v_3}{v_2}$)

㉮ 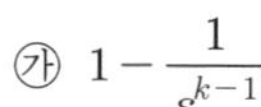 $1-\frac{1}{\varepsilon^{k-1}}$

㉯ $1-\frac{1}{\varepsilon^{k-1}}\cdot\frac{\rho\sigma^k-1}{(\rho-1)+k\rho(\sigma-1)}$

㉰ $1-\frac{T_1}{T_2}$

㉱ $1-\frac{1}{\varepsilon^{k-1}}\cdot\frac{\sigma^k-1}{k(\sigma-1)}$

07

다음 디젤사이클 효율 설명 중 옳은 것은 어느 것인가?

㉮ 분사단절비가 클수록 효율 증가한다.
㉯ 최고온도가 증가하면 효율 증가한다.
㉰ 압축비에 반비례한다.
㉱ 압축비에 비례하고 분사단절비에 반비례한다.

08

다음 중 저속 디젤기관은 어느 것에 해당하는가?

㉮ Otto cycle　　　㉯ Diesel cycle
㉰ Sabathe cycle　　　㉱ Brayton cycle

09

다음 중 고속 디젤기관은 어느 것에 해당하는가?

㉮ Otto cycle　　　㉯ Diesel cycle
㉰ Sabathe cycle　　　㉱ Brayton cycle

해설 및 정답

05

두 개의 등적과 두 개의 등온과정으로 이루어진 사이클은 otto cycle이고 otto cycle의 단열과정이 등온과정으로 바뀐 사이클은 스터링사이클이다.

답 ㉮

06

답 ㉱

07

$\eta_0=1-\frac{1}{\varepsilon^{k-1}}\cdot\frac{\sigma^k-1}{k(\sigma-1)}$

답 ㉱

08

답 ㉯

09

답 ㉰

10

디젤기관에서 등압팽창 체적이 행정체적의 20[%]일 때 분사단절비(σ)를 압축비로 나타낸 식은?

㉮ $\sigma = 1 + 0.2(\varepsilon - 1)$
㉯ $\sigma = \dfrac{\varepsilon - 1}{0.2} + 1$
㉰ $\sigma = \dfrac{1}{0.2(\varepsilon - 1)} + 1$
㉱ $\sigma = 1 + \dfrac{0.2}{\varepsilon - 1}$

해설 및 정답

10

압축비 $\dfrac{v_1}{v_2} = \varepsilon$

분사단절비 $\sigma = \dfrac{v_3}{v_2}$에서

$\therefore \dfrac{v_3 - v_2}{v_1 - v_2} = 0.2$

분자 분모를 v_2로 나누면

$$\frac{\dfrac{v_3}{v_2} - 1}{\dfrac{v_1}{v_2} - 1} = \frac{\sigma - 1}{\varepsilon - 1} = 0.2$$

$\therefore \sigma = 1 + 0.2(\varepsilon - 1)$

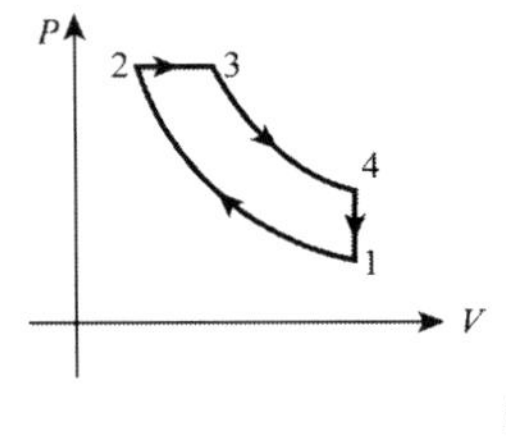

답 ㉮

11

다음 중 디젤사이클에서 최고온도 T_3가 증가할 때 이론 열효율 설명 중 옳은 것은?

㉮ 증가
㉯ 감소
㉰ 증가 또는 감소
㉱ 무관

11

T_3가 증가하면 Q_2의 증가비가 크므로

$\eta = 1 - \dfrac{Q_2}{Q_1}$에서 이론 열효율은 감소한다.

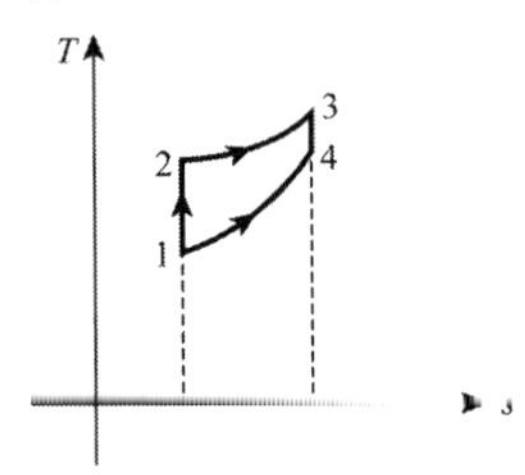

답 ㉯

12

사바테 사이클에 대한 설명 중 틀린 것은?

㉮ 정적과 정압하에서 열이 공급된다.
㉯ 카르노 사이클보다 열효율이 항상 낮다.
㉰ 등압하에서 열이 방출된다.
㉱ 열효율은 압축비, 분사단절비, 폭발비의 함수이다.

12

답 ㉰

해설 및 정답 ㉮㉯㉰㉱

13

다음 사바테 사이클의 $P-V$선도에서 이론 열효율식으로 옳은 것은? (단, $\rho = \dfrac{P_2'}{P_2}$, $\varepsilon = \dfrac{v_1}{v_2}$, $\sigma = \dfrac{v_3}{v_2'}$)

㉮ 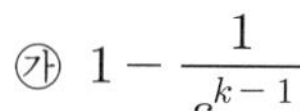 $1 - \dfrac{1}{\varepsilon^{k-1}}$

㉯ $1 - \dfrac{1}{\varepsilon^{k-1}} \cdot \dfrac{\sigma^k - 1}{k(\sigma - 1)}$

㉰ $1 - \dfrac{1}{\varepsilon^{k-1}} \cdot \dfrac{\rho\sigma^k - 1}{k(\sigma - 1)}$

㉱ $1 - \dfrac{1}{\varepsilon^{k-1}} \cdot \dfrac{\rho\sigma^k - 1}{(\rho - 1) + k\rho(\sigma - 1)}$

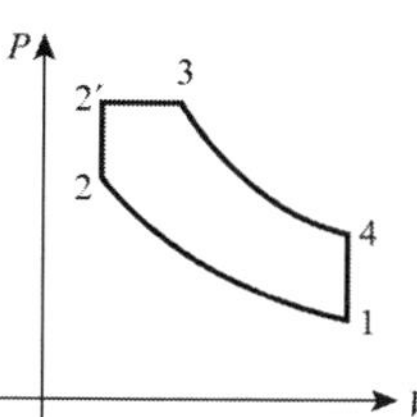

13

답 ㉱

14

다음 사바테 사이클에서 폭발비가 1이면 무슨 사이클인가?

㉮ Otto cycle　　㉯ Diesel cycle

㉰ Carnot cycle　　㉱ Brayton cycle

14

$\rho = \dfrac{P_2'}{P_2} = 1$이면 디젤사이클이 되고

$\sigma = \dfrac{v_3}{v_2'} = 1$이면 오토사이클이 된다.

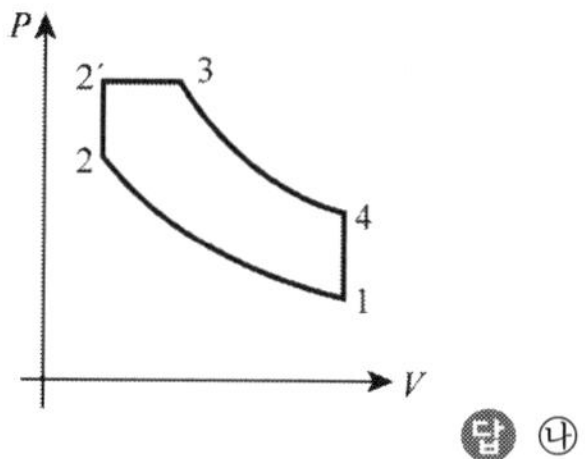

답 ㉯

15

다음 사바테 사이클에서 분사단절비가 1이면 무슨 사이클이 되는가?

㉮ Otto cycle　　㉯ Diesel cycle

㉰ Carnot cycle　　㉱ Brayton cycle

15

답 ㉮

16

초온, 초압, 최고압력, 가열량이 일정할 때 효율이 가장 좋은 사이클은 어느 것인가?

㉮ 오토사이클　　㉯ 디젤사이클

㉰ 사바테사이클　　㉱ 브레이턴사이클

16

답 ㉯

해설 및 정답 ㉮㉯㉰㉱

17

초온, 초압, 압축비, 가열량이 일정할 때 효율관계 중 옳은 것은 어느 것인가?

㉮ $\eta_O > \eta_S > \eta_D$　　㉯ $\eta_O > \eta_D > \eta_S$

㉰ $\eta_D > \eta_S > \eta_O$　　㉱ $\eta_S > \eta_O > \eta_D$

17

① 초온, 초압, 가열량, 최고압력 일정 :
$\eta_O > \eta_S > \eta_D$

② 초온, 초압, 가열량, 압축비 일정 :
$\eta_O > \eta_S > \eta_D$

답 ㉮

18

다음 내연기관 사이클 설명 중 틀린 것은?

㉮ 실린더 크기가 일정하고 일정하게 열을 공급했다고 가정하면 오토사이클 효율이 가장 크다.

㉯ 폭발력인 최고압력이 동일하고 일정한 열을 공급했다고 하면 디젤기관 효율이 가장 좋다.

㉰ 사바테 사이클은 오토사이클과 디젤사이클을 혼합한 사이클이므로 효율이 가장 좋다.

㉱ 실린더 크기나 최고압력 소선에 관계없이 사바테 사이클 효율은 오토사이클과 디젤사이클의 중간에서 머문다.

18

답 ㉰

19

가스터빈의 이상 사이클인 브레이턴 사이클의 구성 중 틀린 것은?

㉮ 압축기　　㉯ 연소기

㉰ 터빈　　㉱ 팽창밸브

19

브레이턴 사이클의 구성요소

① 압축기

② 연소기

③ 터빈

답 ㉱

20

Brayton cycle에 관한 사항으로 옳은 것은?

㉮ 가스터빈의 이상 사이클이다.

㉯ 증기원동기의 이상 사이클이다.

㉰ 가솔린기관의 이상 사이클이다.

㉱ 압축점화기관의 이상 사이클이다.

20

가스터빈의 이상 사이클 : 브레이턴 사이클

증기원동기의 이상 사이클 : 랭킨사이클

가솔린 기관의 이상 사이클 : 오토사이클

압축점화 이상 사이클 : 디젤사이클

답 ㉮

21

다음 가스터빈의 최고압력이 20[MPa]인 $T-s$ 선도에서 이론 열효율 중 적당한 것은?

㉮ 0.5
㉯ 0.4
㉰ 0.7
㉱ 0.6

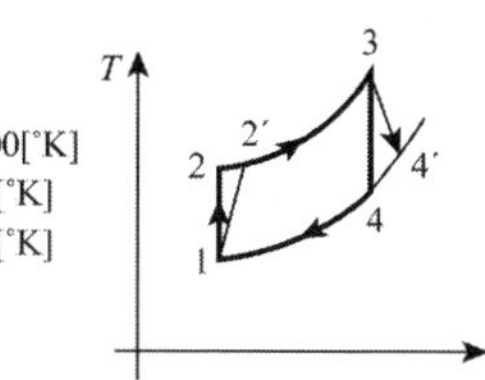

22

[문제 21]의 브레이턴 사이클 $T-s$ 선도 중 가역과 비가역을 나타낸 선도에서 터빈의 단열효율은?

㉮ $\dfrac{T_2-T_1}{T_2{}'-T_1}$　㉯ $\dfrac{T_3-T_4{}'}{T_3-T_4}$

㉰ $\dfrac{h_2-h_2}{h_2{}'-h_1}$　㉱ $\dfrac{h_3-h_4}{h_3-h_4{}'}$

23

브레이턴 사이클에서 최고온도가 630[°K], 팽창열의 온도가 530[°K]인 터빈의 단열효율 η_t가 70[%]일 때 터빈출구의 공기온도는 몇 [°K]인가?

㉮ 860　㉯ 540
㉰ 560　㉱ 360

24

복합사이클(Sabathe cycle)의 이론 열효율은

$$\eta_s = 1-\left(\frac{1}{\varepsilon}\right)^{k-1}\frac{\sigma^k\rho-1}{(\rho-1)+k\rho(\sigma-1)}$$

이다. 어떠할 때 디젤사이클의 열효율과 일치되는가?
(단, ε : 압축비, ρ : 압력비, σ : 분사단절비, k : 비열비)

㉮ $\rho=1$　㉯ $\sigma=1$
㉰ $\varepsilon=1$　㉱ $\varepsilon=1, \sigma=1$

해설 및 정답

21

$T_3 = 1{,}000$[°K]
$T_2 = 600$[°K]
$T_1 = 300$[°K]

$$\eta_B = 1-\left(\frac{1}{\gamma}\right)^{\frac{k-1}{k}} = 1-\frac{T_1}{T_2}$$
$$= 1-\frac{300}{600} = 0.5$$

답 ㉮

22

압축기의 단열효율 : $\eta_c = \dfrac{T_2-T_1}{T_2'-T_1}$

터빈의 단열효율 : $\eta_e = \dfrac{T_3-T_4}{T_3-T_4'}$

답 ㉯

23

$$\eta_t = \frac{T_3-T_4'}{T_3-T_4}$$

$0.7 = \dfrac{630-T_4'}{630-530}$　∴ $T_4' = 560$[°K]

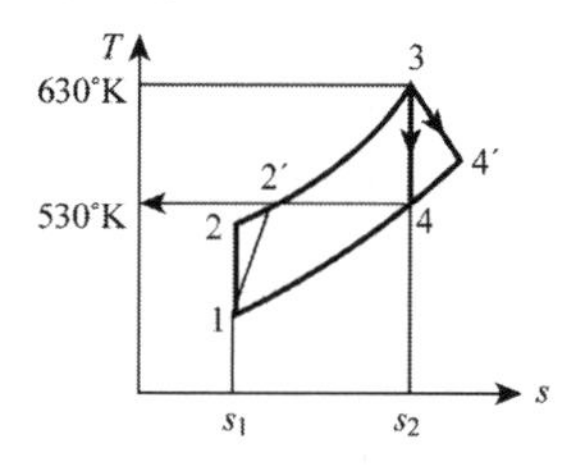

답 ㉰

24

$\rho = 1$이면 디젤사이클
$\sigma = 1$이면 오토사이클

답 ㉮

25

공기표준 브레이턴(Brayton) 사이클에서 최저압력이 98[MPa]이고 최고압력이 392[MPa]이며 최고온도가 700[℃]라고 하면 이론 열효율은? (단, $k=1.4$라 한다.)

㉮ 32.7[℃] ㉯ 33.5[℃]
㉰ 35.5[℃] ㉱ 37.5[℃]

26

다음 사이클(cycle) 중에서 동작유체 단위질량당의 팽창일에 비하여 압축일이 가장 적게 소요되는 사이클은?

㉮ 브레이턴 사이클 ㉯ 오토사이클
㉰ 랭킨사이클 ㉱ 디젤사이클

27

작업유체(working substance)를 단열압축하여 고온고압으로 점화하지 않아도 분사된 연료는 자연 착화되어 일정한 압력하에서 연소하는 사이클(cycle)은 다음 중 어느 것인가?

㉮ Diesel cycle ㉯ Otto cycle
㉰ Sabathe cycle ㉱ Brayton cycle

28

브레이턴 사이클(Brayton cycle)의 열공급 및 방출은?

㉮ 정적하에서 열이 들어오고 정적하에서 열이 나간다.
㉯ 정압하에서 열이 들어오고 정적하에서 열이 나간다.
㉰ 정압하에서 열이 들어오고 정압하에서 열이 나간다.
㉱ 정적 및 정압하에서 열이 들어오고 열이 나간다.

29

정압연소로서 가스터빈의 이상 사이클이 되는 사이클은?

㉮ 랭킨(Rankine) 사이클 ㉯ 브레이턴(Brayton) 사이클
㉰ 냉동(Refrigeration) 사이클 ㉱ 재열(Reheating) 사이클

해설 및 정답

25

$$\eta_B = 1-\left(\frac{1}{\gamma}\right)^{\frac{k-1}{k}} = 1-\left(\frac{98}{392}\right)^{\frac{0.4}{1.4}} = 32.7\,[\%]$$

답 ㉮

26

펌프의 압축일은 무시할 정도

답 ㉰

27

① Otto cycle : 등적연소
② Diesel cycle : 등압연소
③ Sabathe cycle : 등적 · 등압연소

28

정압하에서 열이 들어오고 정압하에서 열이 나간다.

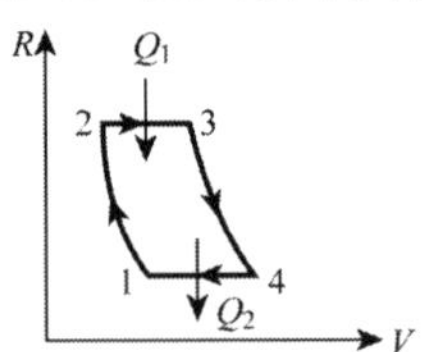

답 ㉰

29

① 가스터빈의 이상 사이클 : Brayton cycle
② 증기 원동시의 이상 사이클 : Rankine cycle

답 ㉯

30

고속 디젤기관에 사용되는 사이클은 다음 중 어느 사이클인가?

㉮ 정적 사이클(Otto cycle)　㉯ 정압 사이클(Diesel cycle)
㉰ 합성 사이클(Sabathe cycle)　㉱ 카르노 사이클(Carnot cycle)

31

다음은 이론공기 사이클인 오토 사이클(η_{tho}), 디젤 사이클(η_{thd}), 사바테 사이클(η_{ths})을 비교하여 설명한 것이다. 이 중 맞지 않는 것은?

㉮ 오토 사이클에 있어서 공급열량에는 관계없이 압축비의 증가만으로써 효율(η_{tho})은 높아진다.
㉯ 디젤 사이클에 있어서는 압축비의 증가와 더불어 효율(η_{thd})은 높아지나 반대로 차단비의 증가와 더불어 효율은 감소하므로 공급열량에 관계된다.
㉰ 사바테 사이클에 있어서 압축비 및 압력비의 증가와 더불어 효율(η_{ths})은 높아진다.
㉱ 공급열량 및 최대압력이 일정할 때 각 효율의 크기는 $\eta_{tho} < \eta_{thd} < \eta_{ths}$이다.

32

그림에서 $T_1 = 561$[K], $T_2 = 1{,}010$[K], $T_3 = 690$[K], $T_4 = 383$[K]인 공기($C_p = 1.00$[kJ/kg·℃])를 작업유체로 하는 브레이턴 사이클(Brayton cycle)의 이론 열효율은?

㉮ 0.388　㉯ 0.425
㉰ 0.317　㉱ 0.412

33

다음은 디젤사이클에 대한 설명이다. 틀린 것은 어느 것인가?

㉮ 일정한 압력하에서 열이 공급된다.
㉯ 일정한 체적하에서 열이 방출된다.
㉰ 저중속 디젤기관의 표준이론 사이클이다.
㉱ 사이클의 이론 열효율은 cut-off-ratio만의 함수이다.

해설 및 정답

30

① 정압 사이클 : 저속 디젤기관
② 합성 사이클 : 고속 디젤기관

답 ㉰

31

답 ㉱

32

$$\eta = 1 - \frac{T_3}{T_2} = 1 - \frac{T_4}{T_1} = 1 - \frac{383}{561} = 0.317$$
$= 31.7\%$

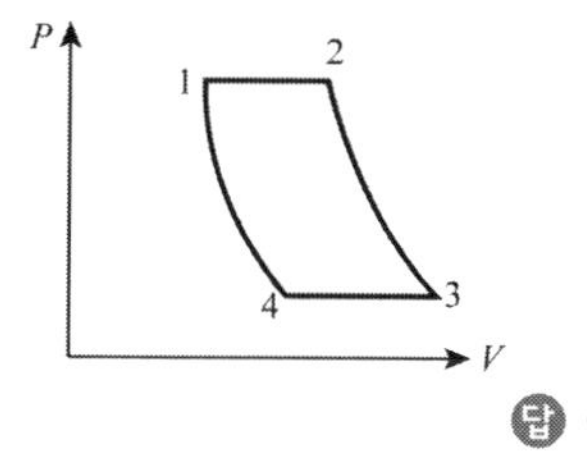

답 ㉰

33

답 ㉱

해설 및 정답

34

다음 그림은 브레이턴 사이클의 역인 공기표준 냉동사이클의 가장 간단한 형태로 그림에서 냉동효과는 무엇으로 표시되는가?

㉮ 면적 $a1234ba$로 표시된다.
㉯ 면적 $41ab4$로 표시된다.
㉰ 면적 12341로 표시된다.
㉱ (면적 12341)÷(면적 $41ab4$)로 표시된다.

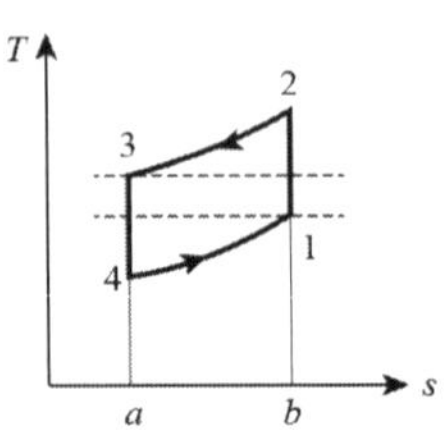

34

$Q_2 = 4 \rightarrow 1 \rightarrow a \rightarrow b \rightarrow 4$

35

브레이턴 사이클(Brayton cycle)은 다음 무슨 사이클에 가장 적합한가?

㉮ 정적연소 사이클　　㉯ 정압연소 사이클
㉰ 등온연소 사이클　　㉱ 합성연소 사이클

35

브레이턴 사이클은 가스터빈의 이상 사이클이며 2개의 등압과정, 2개의 가역 단열과정이다.

36

오토사이클과 디젤사이클에 있어서 최고압력과 최고온도가 동일하다면 두 사이클의 압축비는?

㉮ 디젤사이클의 압축비가 크다.
㉯ 오토사이클의 압축비가 크다.
㉰ 두 사이클의 압축비는 같다.
㉱ 이 조건만으로는 비교할 수 없다.

36

최고압력이 일정할 때 디젤사이클의 열효율이 좋아진다.
디젤기관 압축비 : 18~21,
가솔린기관 압축비 : 9~11

37

이론 사이클을 행하는 가스터빈에 있어서 흡입공기의 온도 20[℃], 압력 1[bar], 터빈의 입구온도 580[℃], 압력비를 7이라고 하면 압축기의 출구온도는?

㉮ 약 231[℃]　　㉯ 약 225[℃]
㉰ 약 238[℃]　　㉱ 약 511[℃]

37

$$\frac{T_2}{T_1} = \left(\frac{P_2}{P_1}\right)_6^{\frac{k-1}{k}} = r^{\frac{k-1}{k}}$$

$$\therefore T_2 = T_1 \times r^{\frac{k-1}{k}} = (273+20) \times 7^{\frac{1.4-1}{1.4}}$$

$$= 510.9 \fallingdotseq 511[°K] = 238[℃]$$

38

다음은 오토(Otto) 사이클의 온도－엔트로피($T-s$) 선도이다. 이 사이클의 열효율을 온도의 항으로 표시할 때 옳은 것은?
(단, 공기의 비열은 일정한 것으로 본다.)

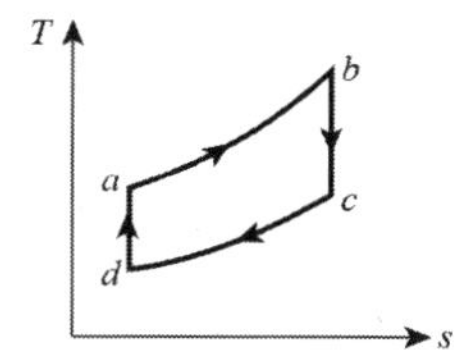

㉮ $1-\dfrac{T_c-T_d}{T_b-T_a}$

㉯ $1-\dfrac{T_b-T_a}{T_c-T_d}$

㉰ $1-\dfrac{T_a-T_d}{T_b-T_c}$

㉱ $1-\dfrac{T_b-T_c}{T_a-T_d}$

해설 및 정답

38

$$\eta=1-\frac{Q_2}{Q_1}=1-\frac{T_c-T_d}{T_b-T_a}$$

$\therefore\ Q_1=C_p(T_b-T_a),\ Q_2=C_p(T_c-T_d)$

답 ㉮

제9장. 냉동 사이클

냉동(refrigeration)이란 계나 물체로부터 열을 흡수하여 주위의 온도보다 낮은 온도로 만드는 것을 지칭한다. 또한 냉각이란 얼음의 융해열 또는 드라이 아이스와 같이 증발열을 이용하여 목적을 달성하는 것도 있으나 이것을 냉동이라 하지는 않는다.

9-1 냉매(Refrigerant)

냉매는 안전성이 좋은 R-11, R-12, R-13, R-21, R-113, R-114가 있고 연소하기는 쉬우나 유독성이 있는 암모니아(NH_3), 아황산가스(SO_2) 등이 있다.

참고

⌘ **냉매의 구비조건**

① 증발압력과 응축압력이 적당할 것
② 응고점이 낮을 것
③ 점성이 적을 것
④ 전열은 양호하고 전기 저항은 클 것
⑤ 비체적이 적을 것(밀도와 비중량은 클 것)
⑥ 증기의 비열은 크고 액체 비열은 적을 것

9-2 역 카르노 사이클(Carnot cycle)

이상기체를 이용한 이상 사이클인 열기관 카르노 사이클은 열을 공급하여 유효에너지를 얻는 것으로 되어 있다.

이러한 이상 사이클은 역회전시키면 이론적으로 냉동사이클이 되는데 실현 불가능하지만 원리만 볼 수 있다.

1. 역 카르노 사이클(Carnot cycle)의 과정

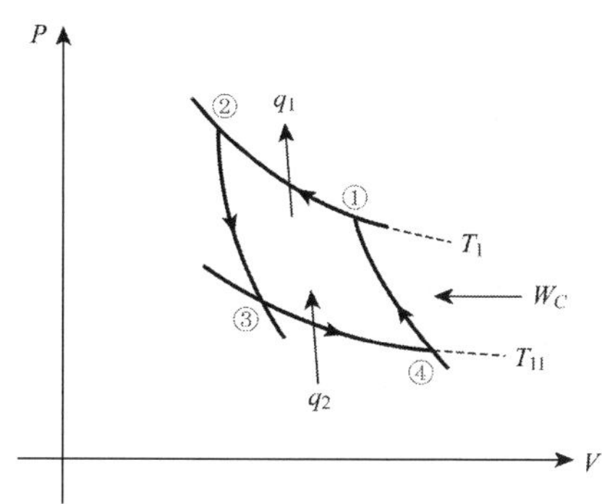

①~② 과정 : 등온압축으로 $\delta q - Pdv$에서

$$-q_1 = RT_1 \ln \frac{V_2}{V_1} \text{(방열량)}$$

③~④ 과정 : 등온흡수 $\delta q = Pdv$에서

$$q_2 = RT_{11} \ln \frac{V_4}{V_3}$$

②~③ 과정과 ①~④ 과정은 단열이므로

$$\frac{T_④}{T_③} = \left(\frac{V_1}{V_4}\right)^{k-1} = \frac{T_③}{T_②} = \left(\frac{V_2}{V_3}\right)^{k-1}$$

$$\therefore \ \frac{V_1}{V_4} = \frac{V_2}{V_3}, \ \frac{V_1}{V_2} = \frac{V_4}{V_3}$$

2. 성능계수

1) 히터의 성능계수

$$\varepsilon_h = \frac{q_1}{W} = \frac{q_1}{q_1 - q_2} = \frac{T_1}{T_1 - T_{11}}$$

2) 냉동기의 성능계수

$$\varepsilon_R = \frac{q_2}{W} = \frac{q_2}{q_1 - q_2} = \frac{T_{11}}{T_1 - T_{11}}$$

9-3 역 브레이턴 사이클(공기냉동 사이클)

공기냉동 사이클은 가스터빈의 이상 사이클인 브레이턴 사이클을 역회전시킨 사이클이다.

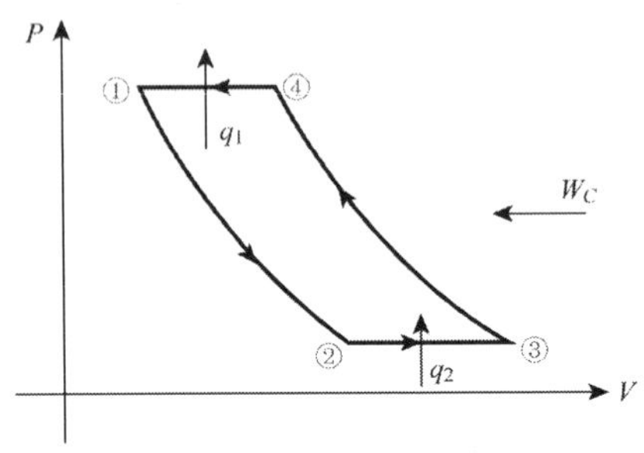

1. 각 과정

②~③ 과정 : 등압흡수로 $\delta q = dh = C_p dt$ 에서

흡수열 $q_2 = C_p(T_3 - T_2)$

④~① 과정 : 등압방열로 $\delta q = dh = C_p dt$ 에서

방열량 $-q-1 = C_p(T_1 - T_4)$

$q_1 = C_p(T_4 - T_1)$

①~② 과정과 ④~③ 과정은 단열과정이므로

$$\frac{T_2}{T_1} = \left(\frac{P_2}{P_1}\right)^{\frac{k-1}{k}} = \left(\frac{P_3}{P_4}\right)^{\frac{k-1}{k}} = \frac{T_3}{T_4}$$

$$\therefore\ T_2 = T_1 \cdot \left(\frac{P_2}{P_1}\right)^{\frac{k-1}{k}}$$

$$T_3 = T_4 \cdot \left(\frac{P_2}{P_1}\right)^{\frac{k-1}{k}}$$

2. 성능계수

1) 냉동기 성능계수

$$\varepsilon_R = \frac{q_2}{w} = \frac{q_2}{q_1 - q_2}$$

$$= \frac{C_p(T_3 - T_1)}{C_p(T_4 - T_1) - C_p(T_3 - T_2)}$$

$$= \frac{(T_4 - T_1)\left(\frac{P_2}{P_1}\right)^{\frac{k-1}{k}}}{(T_4 - T_1) - (T_4 - T_1)\left(\frac{P_2}{P_1}\right)^{\frac{k-1}{k}}}$$

$$= \frac{\left(\frac{P_2}{P_1}\right)^{\frac{k-1}{k}}}{1 - \left(\frac{P_2}{P_1}\right)^{\frac{k-1}{k}}} = \frac{\frac{T_2}{T_1}}{1 - \frac{T_2}{T_1}} = \frac{T_2}{T_1 - T_2}$$

$$= \frac{\frac{T_3}{T_4}}{1 - \frac{T_3}{T_4}} = \frac{T_3}{T_4 - T_3} = \frac{\text{저온}}{\text{고온} - \text{저온}}$$

2) 히터의 성능계수

$$\varepsilon_h = \frac{q_2}{w} = \frac{q_2}{q_1 - q_2}$$

$$= \frac{1}{1 - \left(\frac{P_2}{P_1}\right)^{\frac{k-1}{k}}} = \frac{1}{1 - \frac{T_2}{T_1}}$$

$$= \frac{T_1}{T_1 - T_2} = \frac{T_4}{T_4 - T_3}$$

9-4 증기 압축식 냉동 사이클

증기냉동 사이클은 압축기(compressor), 응축기(condensor), 팽창밸브(expansion valve), 증발기(evaporator)의 네 가지 부품으로 구성되며 실제 사용하는 냉동기라고 보면 적당하다.

1. 구 성

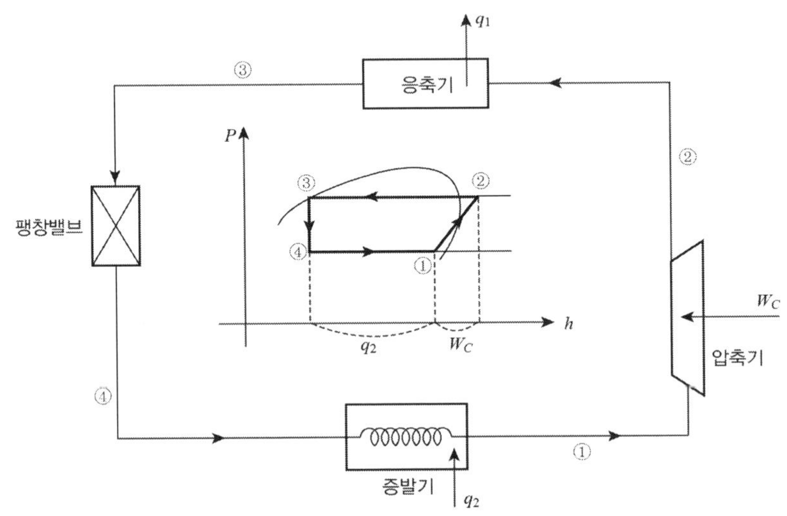

냉매의 순환경로 : 증발기 → 압축기 → 응축기 → 팽창밸브

2. 각 과정

①~② **과정** : 증발기에서 나온 저온저압의 가스를 단열 압축시킨다.

$$\therefore \ \delta q = dh - \delta W_c = 0$$

$$\delta W_c = dh$$

$${}_1W_{c2} = h_2 - h_1 \ \text{(압축기일)} : [\text{J/kg}]$$

②~③ **과정** : 압축기에서 공급한 W_c와 증발기에서 흡수한 q_2를 등압방열하는 과정(응축과정)

$$\delta q = dh, \ -q_1 = h_3 - h_4 \text{에서}$$

$$q_1 = {}_2q_3 = h_2 - h_3 \ \text{(발열량)} : [\text{J/kg}]$$

③~④ **과정** : 팽창밸브에서 등엔탈피 과정으로 교축과정이라 한다.

- 엔탈피 변화가 없다($h_3 = h_4$).
- 압력과 온도 강하
- 엔트로피 증가 : 비가역현상이 발생

④~① **과정** : 등압과정으로 증발기에서 저열원을 흡수하며 온도조절기에 의하여 온도를 일정하게 유지할 수 있다.

$\delta q = dh$

$q_2 = {}_4q_1 = h_1 - h_4$ (증발잠열, 냉동효과) : [J/kg]

3. 각 선도

1) $P-h$ 선도

증기냉동 사이클은 등압과정 2개와 단열 및 교축과정으로 이루어지므로 $P-h$ 선도를 이용한다.

$w_c = h_2 - h_1$
$q_2 = h_1 - h_4$

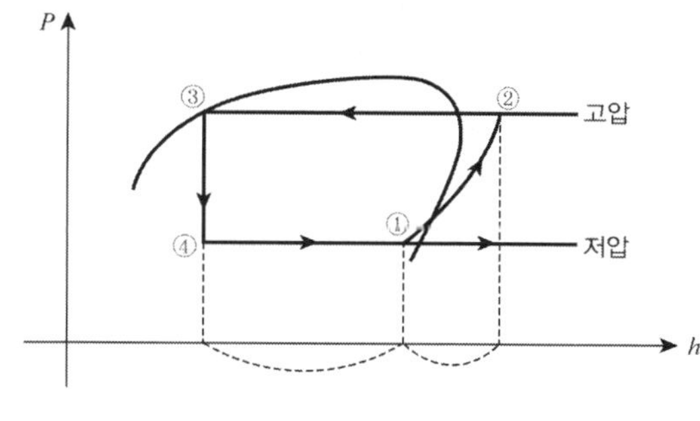

2) $h-s$ 선도

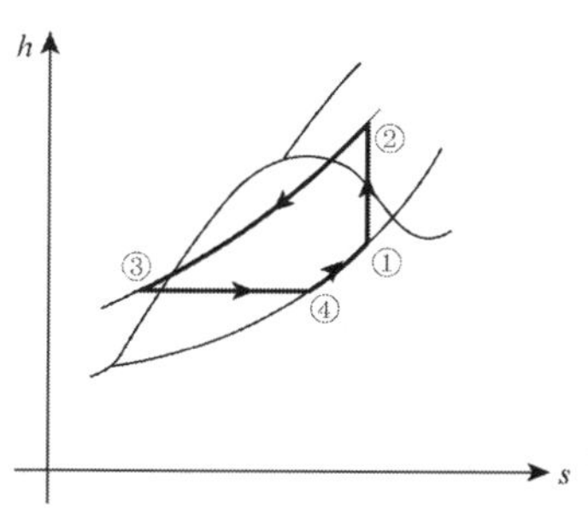

3) $T-s$ 선도

$q_1 =$ 면적 $2\,3\,S_3\,S_1$

$q_2 =$ 면적 $4\,S_4\,S_1\,1$

$W_c = q_1 - q_2 =$ 면적 $1\,2\,3\,S_3\,S_4\,4\,1$

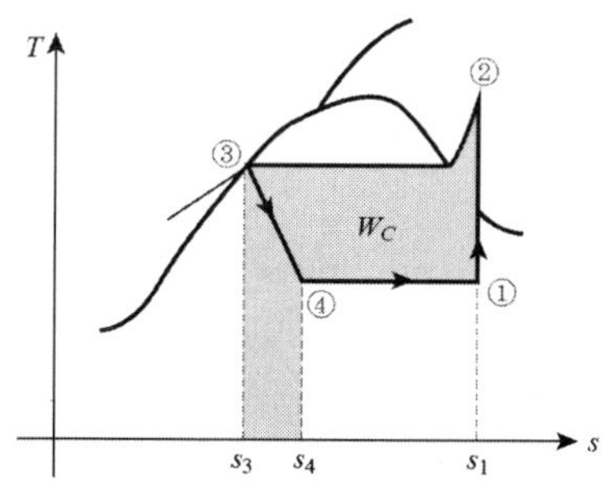

4. 성능계수

냉동기의 성능계수

$$\varepsilon_R = \frac{q_2}{W_c} = \frac{q_2}{q_1 - q_2} = \frac{h_1 - h_4}{h_2 - h_1}$$

로 나타낼 수 있고 $T-s$ 선도에서 면적으로 표시할 수 있다.

5. 2단압축 냉동 사이클

1) $T-s$ 선도

$P_2' = \sqrt{P_1 \cdot P_2}$ (중간냉각기 압력)

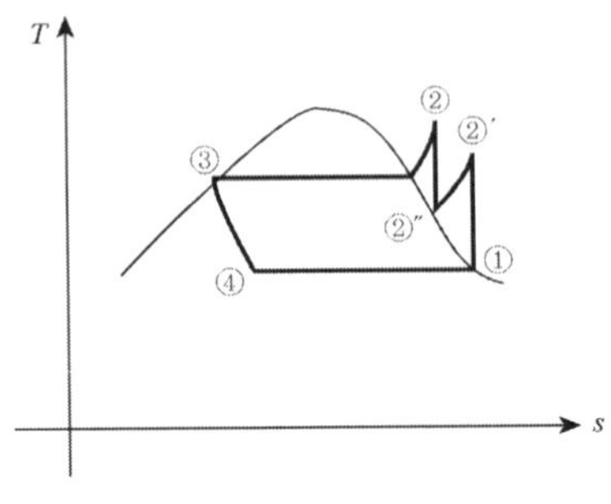

2) $P-h$ 선도

$W_c = h_2' - h_1 + h_2 - h_2''$

$q_2 = h_1 - h_4$

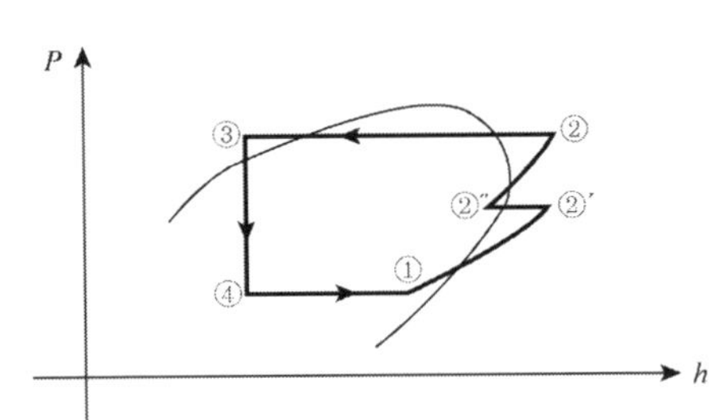

3) 2단압축 냉동기의 성능계수

$$\varepsilon_R = \frac{h_1 - h_4}{h_2' - h_1 + h_2 - h_2''}$$

참고

⌘ **다단압축 냉동 사이클**

① 압축비가 6 이상 : 2단 압축

② 압축비가 20 이상 : 3단 압축을 하는 것이 보통이다.

압축비가 위와 같이 클 경우에는 중간 냉각기를 사용하여 과열도를 낮추고 소요동력을 절약할 수 있다.

6. 증발기에서의 냉동능력표시

1) 냉매순환량(G) : G[kg/s]

2) 냉동효과(q) : 냉매 1[kg] 당 흡입열량[kJ/kg]

3) 냉동능력(Q_2) : 냉매순환량×냉동효과

$$Q_2 = Gq[\text{kJ/s}]$$

냉동능력표기는 냉동톤(ton of refrigeration)으로 쓰고 1냉동톤(1R.T)은 0[℃]의 물 1[ton]을 하루(24[h]) 동안 0[℃]의 얼음 1[ton]으로 만드는 냉동능력을 말한다.

여기서 얼음의 융해열은 334[kJ/kg]이므로 1냉동톤이란 다음과 같다.

$$1\text{RT} = \frac{334 \times 1000}{24 \times 3000} = 3.86[\text{kW}]$$

이고, 중량단위에서는 3320[kcal/h]이다.

제9장 적중 예상문제

01

냉동기의 성능계수를 정의한 것 중 옳은 것은?

㉮ 공급된 일에 대한 저온체에서 흡수한 열량비
㉯ 저온체에서 흡수한 열량에 대한 공급된 일의 비
㉰ 공급된 일에 대한 고온체에서 흡수한 열량비
㉱ 고온체에서 흡수한 열량에 대한 공급한 일의 비

02

저온체에서 흡수한 열량을 q_2, 온도 T_2, 고온체에서 흡수한 열량을 q_1, 온도 T_1이라 할 때 히터의 성능계수는?

㉮ $\dfrac{q_2}{q_1 - q_2}$　　㉯ $\dfrac{T_1 - T_2}{T_1}$

㉰ $\dfrac{q_1}{q_1 - q_2}$　　㉱ $\dfrac{T_1 - T_2}{T_2}$

03

냉매의 표현 및 성질을 설명한 것 중 틀린 것은?

㉮ 열전도율이 커야 한다.
㉯ 증발열이 커야 한다.
㉰ 비체적이 적어야 한다.
㉱ 임계온도가 높고 가연성이어야 한다.

04

증기 냉동 사이클에서 냉매의 순환경로를 옳게 나타낸 것은?

㉮ 증발기 → 압축기 → 응축기 → 교　축
㉯ 증발기 → 응축기 → 압축기 → 교　축
㉰ 증발기 → 교　축 → 응축기 → 압축기
㉱ 압축기 → 응축기 → 증발기 → 교　축

해설 및 정답 ㉮㉯㉰㉱

01

$$\varepsilon_R = \frac{q_2}{w} = \frac{T_{11}}{T_1 - T_{11}} = \frac{q_2}{q_1 - q_2}$$

답 ㉮

02

답 ㉰

03

답 ㉱

04

답 ㉮

05

다음은 증기압축 냉동 사이클의 각 과정 설명 중 틀린 것은?

㉮ 증발기에서는 등압과정이다.
㉯ 압축기에서는 등엔트로피 과정이다.
㉰ 팽창밸브에서는 교축과정이다.
㉱ 응축기에서는 등압, 등온 과정이다.

06

이상기체의 엔탈피가 변하지 않는 가역 과정은?

㉮ 교축과정　　㉯ 등온과정
㉰ 가역단열과정　　㉱ 등압과정

07

이상기체의 엔탈피가 변하지 않는 과정은?

㉮ 교축과정　　㉯ 등압과정
㉰ 가역단열과정　　㉱ 비가역 단열과정

08

배기가스가 팽창밸브를 통하여 분사된다. 이 현상을 교축과정이라 하는데 교축 후의 상태 중 틀린 것은?

㉮ 엔탈피 일정　　㉯ 엔트로피 증가
㉰ 온도강하　　㉱ 압력상승

09

다음 중 공기 냉동 사이클은 어느 사이클에 해당하는가?

㉮ 카르노 사이클　　㉯ 브레이턴 사이클
㉰ 역 카르노 사이클　　㉱ 역 브레이턴 사이클

해설 및 정답

05
답 ㉱

06
엔탈피가 일정한 과정은 가역과정에서 등온이고 비가역 과정에서는 교축이다.
답 ㉯

07
답 ㉮

08
답 ㉱

09
답 ㉱

10

다음의 증기 냉동 사이클에서 가역단열 과정은 어느 곳에서 일어나는가?

㉮ 증발기　　㉯ 압축기
㉰ 응축기　　㉱ 팽창밸브

11

증발기에서 얼음을 얼릴 때 사용하는 용어 중 1냉동톤이란 무엇을 의미하는가?

㉮ 3.86[kW]　　㉯ 3,320[W]
㉰ 3.86[kcal/h]　　㉱ 3,320[kcal/s]

12

증기 냉동 사이클에서 냉동효과란?

㉮ 증발기에서 흡입열량　　㉯ 증발기에서 방출열량
㉰ 응축기에서 흡입열량　　㉱ 응축기에서 방출열량

13

증기 냉동 사이클에서 응축온도를 변하지 않게 하고 증발온도를 높일수록 성능계수는 어떻게 되는가?

㉮ 증가　　㉯ 감소
㉰ 증가 또는 감소　　㉱ 일정

14

증발기 온도가 -13[℃]이고 응축온도가 37[℃]일 때 최대 성능계수는 얼마인가?

㉮ 13.64　　㉯ 9.62
㉰ 5.2　　㉱ 3.26

해설 및 정답

10

 ㉯

11

1[R.T] : 0[℃]의 물 1[ton]을 0[℃]의 얼음으로 하루 동안 얼리는데 요하는 열량

융해열 79.8[kcal/kg]=334[kJ/kg]이고 생산되는 얼음은 $\frac{1,000[\text{kg}]}{24[\text{h}]}$이므로

$$\therefore\ 1[\text{R.T}] = \frac{334\times 1,000}{24\times 3,600} = 3.86[\text{kJ/s}] = 3.86[\text{kW}]$$

 ㉮

12

 ㉮

13

$\varepsilon_R = \frac{T_2}{T_1 - T_2} = \frac{1}{\frac{T_1}{T_2} - 1}$에서 T_2가 커지면 분모가 적어지므로 ε_R은 증가한다.

 ㉮

14

$$\varepsilon_R = \frac{T_2}{T_1 - T_2} = \frac{-13+273}{37-(-13)} = \frac{260}{50} = 5.2$$

 ㉰

15

냉동기의 성능계수를 10 이상으로 높이려 한다. 저온체에서 흡수한 온도가 -3[℃]라면 응축온도는 얼마로 해야 되는가?

㉮ 24[℃] ㉯ 297[℃]
㉰ 24[°K] ㉱ 34[°K]

16

다음 중 증기 냉동 사이클에서 사용하기에 가장 편리한 선도는?

㉮ $h-s$ 선도 ㉯ $T-s$ 선도
㉰ $P-V$ 선도 ㉱ $P-h$ 선도

17

다음은 증기 냉동 사이클의 $P-h$ 선도이다. 이 냉동사이클의 성능계수는 얼마인가?

㉮ 2.4
㉯ 3.6
㉰ 4.5
㉱ 5.2

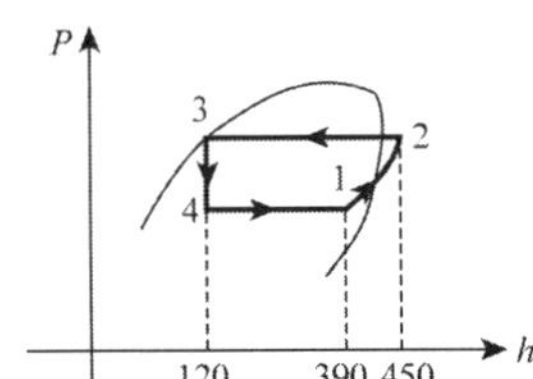

18

다음은 증기 냉동 사이클의 $h-s$ 선도이다. 이 냉동기의 성능계수는 얼마인가?

㉮ $\dfrac{h_1-h_4}{h_2-h_1}$

㉯ $\dfrac{h_2-h_3}{h_2-h_1}$

㉰ $\dfrac{h_1-h_4}{h_2-h_3}$

㉱ $\dfrac{h_2-h_1}{h_1-h_4}$

h, 2, 1, 3, 4, s

해설 및 정답

15

$$\varepsilon_R = \frac{T_2}{T_1-T_2} = \frac{-3+273}{T_1-(-3+273)} \geq 10$$

에서 $270 \geq 10T_1 - 2,700$ 이므로
$10T_1 \leq 2970$[°K]
$T_1 \leq 297$[°K]
$T_1 \leq 24$[℃]

답 ㉮

16 

냉동사이클은 등압과정이 2개이다.
그리고 $\delta q = \delta h$ 이므로 흡수열 및 방출열량은 엔탈피로 나타내므로 $P-h$ 선도가 가장 적당하다.

답 ㉱

17

$$\varepsilon_R = \frac{h_1-h_4}{h_2-h_1} = \frac{390-120}{450-390} = 4.5$$

답 ㉰

18

답 ㉮

19

냉동기의 성능계수가 4인 냉동기로 10[ton]을 냉동하기 위해 공급해야 할 동력은 몇 [kW]인가?

㉮ 9.65[kW] ㉯ 14.4[kW]
㉰ 20.4[kW] ㉱ 22.65[kW]

20

냉동기의 성능계수가 4인 냉동기가 360×10^3[kJ]의 열을 1시간 동안 흡수할 때 요구되는 동력은 몇 [kW]인가?

㉮ 5[kW] ㉯ 10[kW]
㉰ 20[kW] ㉱ 25[kW]

21

20[℃]의 물을 −10[℃]의 얼음으로 시간당 1,000[kg]씩 만들고자 한다. 냉동기의 성능계수를 4로 하려면 소비되는 동력은 약 몇 [kW]인가? (단, 융해열은 334[kJ/kg]이고 얼음의 비열은 2[kJ/kg℃], 물의 비열은 4.2[kJ/kg℃]이다.)

㉮ 14.44[kW] ㉯ 1.44[kW]
㉰ 30.42[kW] ㉱ 2.88[kW]

22

다음은 증기 냉동사이클의 $T-s$ 선도이다. 냉동기의 성능계수를 옳게 나타낸 식은 어느 것인가?

㉮ $\dfrac{\text{면}23s_3s_112}{\text{면적}12341}$

㉯ $\dfrac{\text{면적}341s_1s_33}{\text{면적}12341}$

㉰ $\dfrac{\text{면적}1234}{\text{면}s_1s_441s_1}$

㉱ $\dfrac{\text{면적}41s_4s_14}{\text{면적}123s_3s_441}$

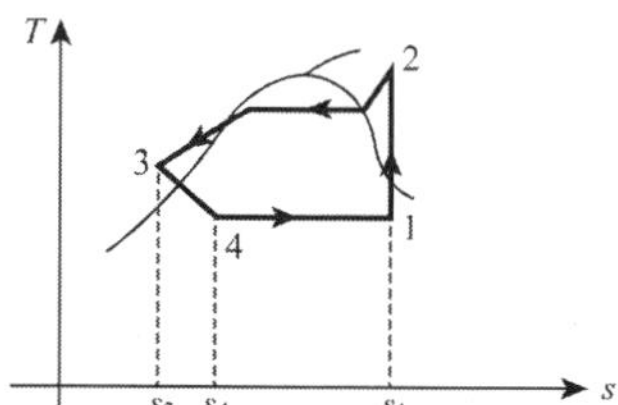

해설 및 정답

19

1[R.T]=3.86[kW], 10[R.T]=38.6[kW],

$\varepsilon_R = \dfrac{Q_2}{W}$ 에서

$W = \dfrac{Q_2}{\varepsilon_R} = \dfrac{38.6}{4} = 9.65\,[\text{kW}]$

답 ㉮

20

$\dot{Q}_2 = 360 \times 10^3\,[\text{kJ/h}]$

$= \dfrac{360 \times 10^3}{3{,}600}\,[\text{kJ/s}] = 100\,[\text{kJ/s}]$

$\varepsilon_R = \dfrac{\dot{Q}_2}{w}$ 에서 $w = \dfrac{\dot{Q}_2}{\varepsilon_R}$

$= \dfrac{100}{4} = 25\,[\text{kJ/s}] = 25\,[\text{kW}]$

답 ㉱

21

20[℃] → 0[℃] → 0[℃] → 10[℃]
(물) (물) (얼음) (얼음)

$\dot{Q}_2 = \dot{M} \cdot C_1(20-0) + \dot{M} \times 334 + \dot{M}C_2 \times [0-(-10)]$

$= 1{,}000 \times 4.2 \times 20 + 1{,}000 \times 334 + 1{,}000 \times 2 \times 10\,[\text{kJ/h}]$

$= 438{,}000\,[\text{kJ/h}] = 121.67\,[\text{kJ/s}]$

$\varepsilon_R = \dfrac{\dot{Q}_2}{w}$ 에서

$\therefore\ w = \dfrac{\dot{Q}_2}{\varepsilon_R} = \dfrac{121.67}{4} = 30.42\,[\text{kW}]$

답 ㉰

22

답 ㉱

23

냉각탑이란 물을 무엇으로 냉각하는 장치인가?

㉮ 냉각수　　㉯ 공기
㉰ 암모니아　　㉱ 프레온

24

단위시간당 252,000[kJ]을 흡수하는 냉동기의 용량은 몇 냉동톤인가?

㉮ 13.3　　㉯ 17.07
㉰ 18.1　　㉱ 22.05

25

다음은 냉동톤(ton of refrigeration)에 대한 사항을 열거한 것이다. 이 중 틀린 것은?

㉮ 1냉동톤은 0[℃]의 물 1[ton]을 1일간(24시간)에 0[℃]의 얼음으로 냉동시키는 능력으로 정의한다.
㉯ 1냉동톤은 3.86[kW]이다.
㉰ 표준냉동톤은 32[°F]의 얼음 1[ton](2,200[lb])을 24시간에 32[°F]의 물로 용해시키는 데 필요한 열량을 말한다.
㉱ 1냉동톤은 3,320[kJ/k]이다.

26

증기 냉동기에서 냉매가 순환되는 경로를 올바르게 나타낸 것은?

㉮ 증발기 → 압축기 → 응축기 → 수액기 → 팽창밸브
㉯ 증발기 → 응축기 → 수액기 → 팽창밸브 → 압축기
㉰ 압축기 → 수액기 → 응축기 → 증발기 → 팽창밸브
㉱ 압축기 → 증발기 → 팽창밸브 → 수액기 → 응축기

27

이상적인 냉동 사이클의 기본 사이클인 것은?

㉮ 카르노 사이클　　㉯ 브레이턴 사이클
㉰ 랭킨사이클　　㉱ 역 카르노 사이클

해설 및 정답

23

냉각탑은 물을 공기로 냉각한다.

 ㉯

24

${}_1Q_2 = 500[\text{kPa}]$

$Q_2 = 252,000[\text{kJ/h}]$

$= \dfrac{252,000}{3,600} = 70[\text{kW}]$

$1[\text{R.T}] = 3.86[\text{kW}]$이므로

$\dfrac{70}{3.86} = 18.112[\text{ton}]$

 ㉰

25

$1[\text{R.T}] = 334[\text{kJ/kg}] \times \dfrac{1,000[\text{kg}]}{24 \times 3,600[\text{s}]}$

$= 3.86[\text{kJ/s}]$

 ㉱

26

냉동 사이클의 구성

증발기($P = C$) → 압축기($S = C$)
→ 응축기($P = C$) → 수액기 → 팽창밸브(교축)

답 ㉮

27

① 역 카르노 사이클 : 냉동 사이클의 기본 사이클
② 역 브레이턴 사이클 : 공기냉동

 ㉱

28

어떤 냉동기에서 0[℃]의 물로 0[℃]의 얼음 2[ton]을 만드는 데 50[kWh]의 일이 소요된다면 이 냉동기의 성능계수는? (단, 얼음의 융해잠열은 334[kJ/kg]이다.)

㉮ 1.05 ㉯ 2.31
㉰ 2.67 ㉱ 3.71

29

냉동용량이 10냉동톤인 어느 냉동기의 성능계수가 4.8이라면 이 냉동기를 작동하는데 필요한 동력은 몇 [kW]인가?

㉮ 약 8[kW] ㉯ 약 9[kW]
㉰ 약 7[kW] ㉱ 약 5[kW]

30

다음은 증기사이클의 $P-V$ 선도이다. 이는 어떤 종류의 사이클인가?

㉮ 재생 사이클
㉯ 재생재열 사이클
㉰ 재열 사이클
㉱ 급수가열 사이클

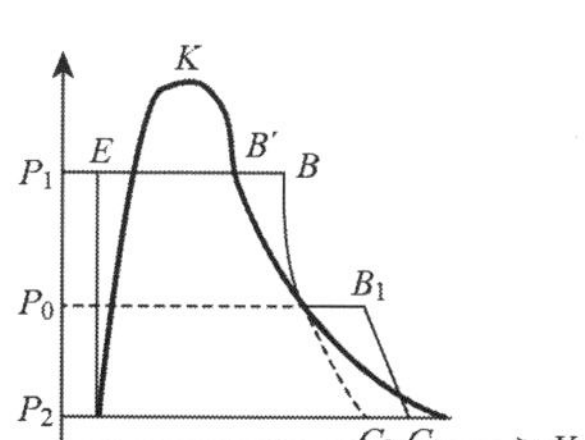

31

다음 그림과 같은 2단 압축기에서 일이 최소가 되는 중간압력은?

㉮ $\sqrt{P_1P_4}$
㉯ $(P_1P_4)^2$
㉰ P_1P_2
㉱ $\sqrt{P_1P_2}$

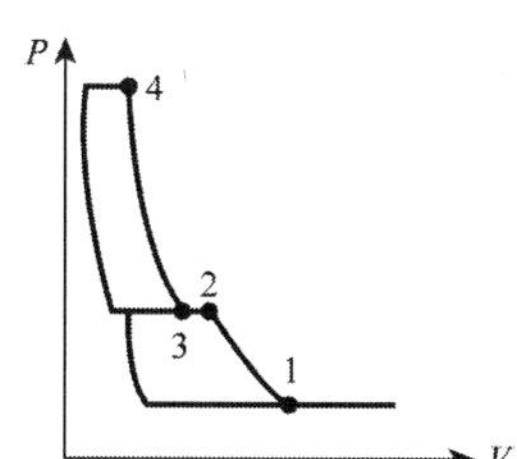

해설 및 정답

28

$Q_2 = 334 \times 2,000[\text{kJ}]$

$W = 50 \times 3,600[\text{kJ}]$

$\therefore \varepsilon_R = \dfrac{Q_2}{W} = 3.711$

답 ㉱

29

$\varepsilon_r = \dfrac{Q_2}{W}$ 에서

$W = \dfrac{Q_2}{\varepsilon_1} = \dfrac{10 \times 3.86}{4.8} = 8[\text{kW}]$

답 ㉮

30

답 ㉰

31

$P_i = \sqrt{P_1P_4} = (P_1P_4)^{\frac{1}{2}}$

답 ㉮

32

과열과 과냉이 없는 증기압축 냉동 사이클에서 응축온도가 일정할 때 증발온도가 높을수록 성능계수는?

㉮ 증가한다.
㉯ 감소한다.
㉰ 증가할 수도 있고 감소할 수도 있다.
㉱ 증발온도는 성능계수와 관계없다.

33

이상적 냉동 사이클에서 응축기 온도가 40[℃], 증발기 온도가 −10[℃]이면 성능계수는 얼마인가?

㉮ 5.26　　㉯ 4.26
㉰ 2.65　　㉱ 6.26

34

증기압축 냉동 사이클을 구성하고 있는 다음의 기기들 중에서 냉매의 엔탈피가 일정값을 유지하는 것은?

㉮ 압축기　　㉯ 응축기
㉰ 증발기　　㉱ 팽창밸브

35

냉동용량이 10냉동톤인 어느 냉동기의 성능계수가 4.8이라면 냉동기를 작동하는데 필요한 동력은 약 몇 [kW]인가?

㉮ 8[kW]　　㉯ 6[kW]
㉰ 5[kW]　　㉱ 4[kW]

36

압력 P_1 및 P_2 사이($P_1 > P_2$)에서 작용하는 이상공기 냉동기의 성능계수는 얼마인가? (단, $P_2/P_1 = 0.5$, $K = 1.4$이다.)

㉮ 1.22　　㉯ 3.22
㉰ 4.57　　㉱ 5.57

해설 및 정답

32

$\varepsilon_R = \dfrac{T_2}{T_1 - T_2} = \dfrac{1}{\dfrac{T_1}{T_2} - 1}$ 에서

T_2가 크면 성능계수가 증가한다.

 ㉮

33

$\varepsilon_R = \dfrac{T_2}{T_1 - T_2} = \dfrac{-10+273}{40-(-10)} = \dfrac{263}{50} = 5.26$

 ㉮

34

① 압축기 : 단열
② 응축기 : 등압
③ 증발기 : 등압
④ 팽창밸브 : 교축

 ㉱

35

$\varepsilon_R = \dfrac{Q_2}{W}$ 에서

$\therefore\ W = \dfrac{Q_2}{\varepsilon_R} = \dfrac{10 \times 3.86}{4.8} = 8.04[\mathrm{kW}]$

답 ㉮

36

$\varepsilon_R = \dfrac{T_2}{T_1 - T_2} = \dfrac{1}{\dfrac{T_1}{T_2} - 1} = \dfrac{1}{2^{\frac{0.4}{1.4}} - 1} = 4.5659$

여기서 $\dfrac{T_1}{T_2} = \left(\dfrac{P_1}{P_2}\right)^{\frac{k-1}{k}}$

 ㉰

해설 및 정답 ㉮㉯㉰㉱

37

암모니아를 냉매로 하는 냉동기에서 응축기의 온도 30[℃], 증발기의 온도 −30[℃]일 때 성능계수를 구하면? (단, 암모니아 $P-h$ 선도에서 $h_1=391.9$[kJ/kg], $h_2=474.4$[kJ/kg], $h_3=136.1$[kJ/kg]이다.)

㉮ 1.5

㉯ 3.1

㉰ 5.2

㉱ 7.9

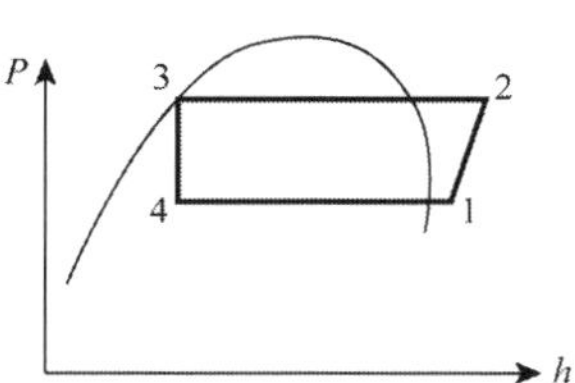

37

$$\varepsilon_R=\frac{h_1-h_4}{h_2-h_1}=\frac{391.9-136.1}{474.4-391.9}=3.1$$

(여기서, $h_3=h_4$)

 ㉯

38

다음 사항 중 틀린 것은?

㉮ 냉동 사이클의 경우 저온 열원으로부터 흡수한 열량이 클수록 경제성이 높다고 할 수 있다.

㉯ 1냉동톤은 0[℃]의 물 1톤을 1시간에 0[℃]의 얼음으로 만드는데 냉동능력을 말한다.

㉰ 냉매에 관한 증기선도는 압력-엔탈피 선도를 이용하면 편리하다.

㉱ 냉동 사이클은 등엔탈피 과정을 포함한다.

38

1[RT] : 1[ton]을 0[℃] 물에서 0[℃] 얼음으로 24[hr] 동안 얼리는 냉동능력

 ㉯

39

다음 그림은 임의의 냉동 사이클이다. Q_1은 냉매가 고열원으로 방출하는 열량, Q_2는 냉매가 흡수하는 열량이라 할 때 성능계수는? (단, W : 공급에너지)

㉮ $\varepsilon_R=\dfrac{Q_1-Q_2}{Q_1}$

㉯ $\varepsilon_R=\dfrac{W}{Q_2}$

㉰ $\varepsilon_R=Q_2W$

㉱ $\varepsilon_R=\dfrac{Q_2}{Q_1-Q_2}$

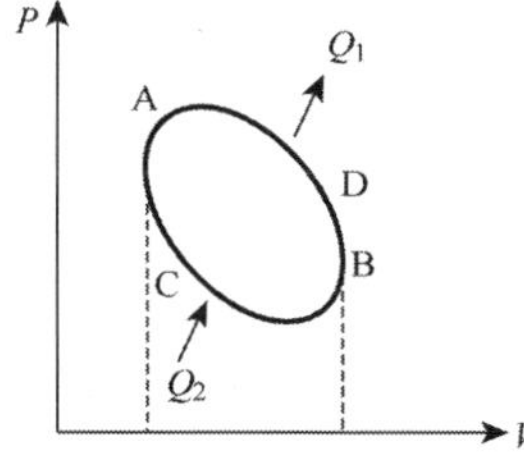

39

$$\varepsilon_k=\frac{Q_2}{Q_1-Q_2}$$

 ㉱

40

10냉동톤의 능력을 갖는 역 카르노 냉동기의 방열온도가 25[℃], 흡열기의 온도가 −20[℃]이다. 이 냉동기를 운전하기 위하여 필요한 이론 마력은 몇 [kW]인가?

㉮ 6.86[kW]　　㉯ 11.25[kW]
㉰ 13.25[kW]　　㉱ 14.6[kW]

41

단위시간당 60,000[kJ]을 흡수하는 냉동기의 용량은 몇 냉동톤인가?

㉮ 13.33　　㉯ 17.07
㉰ 4.317　　㉱ 18.07

42

다음 그림과 같은 습압축 냉동 사이클에서 성능계수를 표시하는 식은 어느 것인가? (단, h : 엔탈피, T : 절대온도, s : 엔트로피)

㉮ $\dfrac{h_4 - h_1}{h_2 - h_3}$

㉯ $\dfrac{h_2 - h_1}{h_3 - h_2}$

㉰ $\dfrac{h_2 - h_1}{h_1 - h_4}$

㉱ $\dfrac{h_1 - h_4}{h_2 - h_1}$

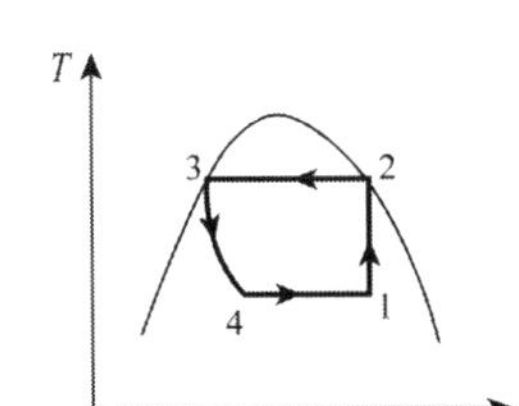

43

가역 냉동기의 능력이 100[RT]이고 −5[℃]와 +15[℃] 사이에서 작동하고 있다. 이 냉동기가 10[℃]의 물로부터 얼음을 24시간 만들어 내고 있을 때 성능계수는 얼마인가?

㉮ 11.30　　㉯ 12.30
㉰ 13.40　　㉱ 14.40

해설 및 정답

40

$$\varepsilon_R = \frac{T_2}{T_1 - T_2} = \frac{273-20}{25-(-20)} = 5.622 = \frac{q_2}{W}$$

$$\therefore\ W = \frac{q_2}{\varepsilon_R} = \frac{3.86 \times 10}{5.622} = 6.86[\text{kW}]$$

답 ㉮

41

$1[\text{RT}] = 3.86[\text{kW}]$이므로

$60,000[\text{kJ/h}] = 16.6[\text{kW}]$

$$\therefore\ \frac{16.6}{3.86}[\text{RT}] = 4.317[\text{RT}]$$

답 ㉰

42

$$\varepsilon_R = \frac{Q_2}{W} = \frac{h_1 - h_4}{h_2 - h_1}$$

답 ㉱

43

$$\varepsilon_R = \frac{T_2}{T_1 - T_2} = \frac{-5+273}{15-(-5)} = \frac{268}{20} = 13.4$$

답 ㉰

44

이상냉동(理想冷凍) 사이클에서 응축기 온도가 35[℃], 증발기 온도가 −5[℃]이면 동작계수는 얼마인가?

㉮ 7.0　　㉯ 6.7

㉰ 0.92　　㉱ 0.84

45

어떤 냉장고에서 80[kg/hr]의 Freon-12가 17[kcal/kg]의 엔탈피로 증발기에 들어가 36[kcal/kg]이 되어 나온다면 이 냉장고의 용량은 얼마인가?

㉮ 1,220[kcal/hr]　　㉯ 1,800[kcal/BTU]

㉯ 0.458[냉동톤]　　㉱ 0.62[냉동톤]

해설 및 정답 ㉮㉯㉰㉱

44

$$\varepsilon_R = \frac{T_2}{T_1 - T_2} = \frac{268}{40} = 6.7$$

 ㉯

45

냉장고 용량

$$M(h_1 - h_2) = 80 \times (36 - 17) = 1,520[\text{kcal/h}]$$

$$\frac{1,520}{3,320} = 0.4578[\text{R.T}]$$

 ㉰

제10장. 열·유체 흐름

10-1 흐름에 대한 기초사항

1) **정상류**

시간의 변화에 따라 흐름의 특성이 일정한 흐름을 말한다.

$$\frac{\delta V}{\delta t}=0$$

2) **균속도(등류)**

위치의 변화에 따라 흐름의 특성이 일정한 흐름을 말한다.

$$\frac{\delta V}{\delta S}=0 \ : \ V=f(s,t)$$

$$\therefore a=\frac{dV}{dt}=\frac{\partial V}{\partial S}\times\frac{dS}{dt}+\frac{\partial V}{\partial t}=V\times\frac{\partial V}{\partial S}+\frac{\partial V}{\partial t}$$

3) **노즐**(nozzle)

노즐은 운동에너지를 상승시키므로 유속증가를 목적으로 두고 있다(엔탈피 감소, 압력 감소).

4) **디퓨저**(diffuser)

기능면으로는 노즐과 반대로 유속을 감소시켜 유체의 정압을 증가시키는 장치이다.

5) **오리피스**(orifice)

유로 단면을 갑자기 축소시켜 압력차를 측정하고 관내의 유량을 측정하는데 사용한다.

10-2 정상유동 방정식

1) **연속방정식**

질량보존의 법칙을 유체유동에 적용한 식으로 단위시간당 유압질량과 유출질량은 같다.

$$\dot{M} = \rho A V = C = \frac{AV}{v} = C$$

V : 속도
A : 단면적
v : 비체적

2) 열역학 제1법칙

정상류 유동시

$$\dot{Q} = \dot{W}_T + \frac{\dot{M}}{2}(V_2^2 - V_1^2) + \dot{M}g(Z_2 - Z_1) + \dot{M}(h_2 - h_1)$$

10-3 노즐 속에서 단열유동

가정 : 수평노즐($Z_1 = Z_2$)

$$Q_2 = 0,\ W_T = 0,\ V_1 = 0(\text{입구속도 무시})$$
$$H_1 = H_2 + \frac{M}{2}V_2^2$$

에서 비엔탈식으로 나타내면

$$h_1 - h_2 = \frac{V_2^2}{2}$$

의 식이 얻어진다.

1) **출구속도**

① SI 단위로 볼 때

$$V_2 = \sqrt{2(h_1 - h_2)} = \sqrt{2C_p(T_1 - T_2)} = \sqrt{\frac{2kP_1V_1}{(k-1)}\left(1 - \frac{T_2}{T_1}\right)}$$

$$= \sqrt{\frac{2kP_1V_1}{k-1}\left[1 - \left(\frac{P_2}{P_1}\right)^{\frac{k-1}{k}}\right]}$$

(단, h [J/kg·N·m/kg])

② 중량단위로 볼 때

$$V_2 = \sqrt{2 \times 427(h_1 - h_2)} = 91.48\sqrt{h_1 - h_2}$$

(단, h [kcal/kg])

2) **질량유량**

$$\dot{M} = \rho AV = \frac{A_1V_1}{v_1} = \frac{A_2V_2}{v_2} = C \cdots\cdots ①$$

$$V_2 = \sqrt{2(h_1 - h_2)} \cdots\cdots ②$$

②식을 ①식에 대입하면

$$\dot{M} = \frac{A_2}{v_2} \cdot V_2 = \frac{A_2}{v_2}\sqrt{2(h_1 - h_2)}$$

$$= A_2\sqrt{\frac{1}{v_2^2} \times 2C_p(T_1 - T_2)}$$

$$= A_2\sqrt{\frac{2kRT_1}{k-1} \times \frac{1}{v_2^2}\left(1 - \frac{T_2}{T_1}\right)}$$

$$= A_2 \cdot \sqrt{\frac{2kP_1v_1}{k-1} \cdot \frac{v_1}{v_1 \cdot v_2^2}\left[1 - \left(\frac{v_1}{v_2}\right)^{k-1}\right]}$$

$$= A_2 \cdot \sqrt{\frac{2k}{k-1} \cdot \frac{P_1}{v_1}\left[\left(\frac{v_1}{v_2}\right)^2 - \left(\frac{v_1}{v_2}\right)^{k+1}\right]}$$

$$= A_2 \cdot \sqrt{\frac{2k}{k-1} \cdot \frac{P_1}{v_1}\left[\left(\frac{P_2}{P_1}\right)^{\frac{2}{k}} - \left(\frac{P_2}{P_1}\right)^{\frac{k+1}{k}}\right]}$$

3) **임계압력**

질량유량이 최대가 되는 노즐목에서의 압력을 임계압력이라 한다. 초압과 노즐목에서의 압력관계를 알기 위해 윗 식을 미분하여 0으로 놓으면 다음의 식이 얻어진다.

$$\frac{d\dot{M}}{dP_2}=0\left[\left(\frac{P_2}{P_1}\right)^{\frac{2}{k}}-\left(\frac{P_2}{P_1}\right)^{\frac{k+1}{k}}\right]=0$$

$$\frac{2}{k}\left(\frac{P_2}{P_1}\right)^{\frac{2-k}{k}}=\frac{k+1}{k}\left(\frac{P_2}{P_1}\right)^{\frac{1}{k}}$$

$$\frac{2}{k+1}=\left(\frac{P_2}{P_1}\right)^{\frac{1}{k}-\frac{2-k}{k}}=\left(\frac{P_2}{P_1}\right)^{\frac{k-1}{k}}$$

$$\therefore\ \frac{P_c}{P_1}=\left(\frac{2}{k+1}\right)^{\frac{k}{k-1}}$$

① **임계압력** : $P_c=P_1\cdot\left(\frac{2}{k+1}\right)^{\frac{k}{k-1}}$

② **임계밀도** : $\rho_c=\rho_1\left(\frac{2}{k+1}\right)^{\frac{k}{k-1}}$

③ **임계온도** : $T_c=T_1\frac{2}{k+1}$

즉, $\frac{T_c}{T_1}=\left(\frac{V_1}{V_c}\right)^{k-1}=\left(\frac{P_c}{P_1}\right)^{\frac{k-1}{k}}=\frac{2}{k+1}$가 된다.

4) **임계속도**

$$V_c=\sqrt{2kP_1\frac{V_1}{k-1}\left(1-\frac{T_c}{T_1}\right)}=\sqrt{\frac{2kP_1V_1}{k-1}\left(1-\frac{2}{k+1}\right)}$$

$$=\sqrt{\frac{2kP_1V_1}{k-1}\left(\frac{k+1-2}{k+1}\right)}=\sqrt{\frac{2}{k+1}kP_1V_1}$$

$$=\sqrt{\frac{T_c}{T_1}k\cdot RT_1}=\sqrt{kRT_c}\propto T^{\frac{1}{2}}$$

5) **최대 질량유량**

$$\dot{M}_{max}=\frac{A_2V_c}{v_c}=A_2\sqrt{\frac{kRT_c}{v_c^2}}=A_2\sqrt{\frac{kP_cV_c}{v_c^2}}=A_2\sqrt{k\frac{P_c}{v_c}}\ [\text{kg/s}]$$

10-4 가역과 비가역

$h_1 - h_2$: 가역과정시 단열 열낙차

$h_1 - h_2{}'$: 비가역 과정에서 실제 열낙차라 하면

이론 출구속도 : $V_2 = \sqrt{2(h_1 - h_2)}$

실제 출구속도 : $V_2{}' = \sqrt{2(h_1 - h_2{}')}$

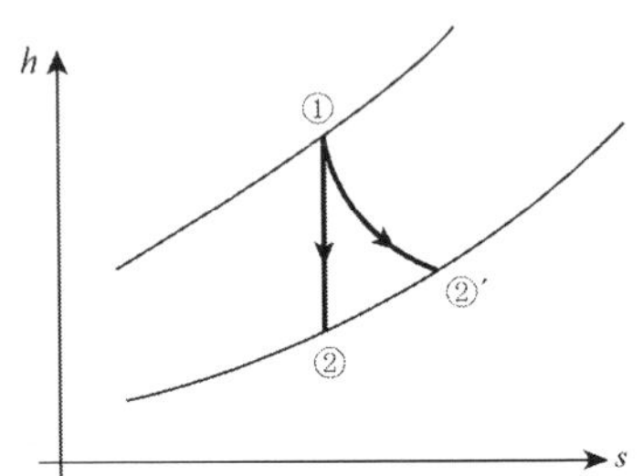

속도계수를 C_v라 하면 실제속도 $V_2{}' = C_v \cdot V_2$에서

$\sqrt{2(h_1 - h_2{}')} = C_v \sqrt{2(h_1 - h_2)}$

즉, 실제 단열 열낙차는 다음과 같다.

$h_1 - h_2{}' = C_v^2(h_1 - h_2) \qquad \therefore\ \Delta h' = C_v^2 \Delta h$

10-5 단면 축소·확대 노즐

연속방정식 : $\dfrac{d\rho}{\rho} + \dfrac{dA}{A} + \dfrac{dV}{V} = 0$ ······ ①

오일러의 운동에너지 : $\dfrac{dP}{\rho} + VdV = 0$ ······ ②

Mach 수 : $M_a = \dfrac{V}{C}$ ······ ③

음속 : $C = \sqrt{dP/d\rho}$ ······ ④

①, ②, ③, ④식을 연립하여 풀면 다음과 같다.

$\dfrac{dA}{dV} = \dfrac{A}{V}(M_a^2 - 1)$

위 식에 상관하여 노즐은 운동에너지 상승 목적으로 다음과 같이 해석할 수 있다.

1) **단면확대 노즐**

dA가 증가하므로 $M_a > 1$: 즉, 초음속 가능

2) **단면축소 노즐**

dA가 감소하므로 $M_a < 1$: 즉, 아음속 가능

3) **노즐목**

$dA = 0$에 근접하므로 $M_a = 1$: 즉, 음속을 넘을 수 없다(음속 또는 아음속이 된다).

제10장 적중 예상문제

01

노즐을 사용하는 주목적은 어느 것인가?

㉮ 단면적 변화를 이용하여 운동에너지를 증가시키기 위한 목적이다.
㉯ 단면적 변화를 이용하여 엔탈피를 증가시키기 위한 목적이다.
㉰ 단면적 변화를 이용하여 압력을 증가시키기 위한 목적이다.
㉱ 단면적 변화를 이용하여 위치에너지를 증가시키기 위한 목적이다.

02

디퓨저의 사용목적 중 옳은 것은?

㉮ 유속을 감소시키므로 정압을 상승하는 목적을 두고 있다.
㉯ 유속을 증가시켜 정압을 상승하는 목적을 두고 있다.
㉰ 주로 터빈에서 사용된다.
㉱ 유속을 감소시켜 압력을 강하시키는 역할을 한다.

03

다음 중 무차원수가 아닌 것은?

㉮ 비중　　㉯ 웨버수
㉰ 레이놀드수　　㉱ 단열 열낙차

04

노즐에서 가역 단열팽창했을 때보다 비가역 단열팽창했을 때 출구속도는 어떻게 되는가?

㉮ 느리다.　　㉯ 빠르다.
㉰ 일정하다.　　㉱ 느려지다 빨라진다.

해설 및 정답 ㉮㉯㉰㉱

01

답 ㉮

02

디퓨저는 노즐기능과 반대로 유속을 감소시키므로 압력이나 엔탈피를 상승시키는 압축기에 주로 사용된다.

답 ㉮

03

답 ㉱

04

답 ㉮

해설 및 정답 ㉮㉯㉰㉱

05

축소확대 노즐에서 임계압력을 정의한 것 중 옳은 것은?

㉮ 유량이 최대가 되는 노즐출구에서의 압력
㉯ 유량이 최대가 되는 노즐목에서의 압력
㉰ 유량이 최소가 되는 노즐출구에서의 압력
㉱ 유량이 최소가 되는 노즐목에서의 압력

05 답 ㉯

06

노즐의 사용목적 중 축소관에서 마하수는 어떻게 되는가?

㉮ $Ma < 1$　　㉯ $Ma = 1$
㉰ $Ma > 1$　　㉱ 모른다.

06 답 ㉮

07

노즐의 사용목적 중 확대관에서 마하수는 어떻게 되는가?

㉮ $Ma < 1$　　㉯ $Ma = 1$
㉰ $Ma > 1$　　㉱ 모른다.

07 답 ㉰

08

노즐목에서의 마하수는 어떻게 되는가?

㉮ $Ma < 1$　　㉯ $Ma = 1$
㉰ $Ma > 1$　　㉱ 모른다.

08 답 ㉯

09

축소확대 노즐목에서의 유동속도는?

㉮ 항상 음속이다.
㉯ 음속보다 크다.
㉰ 음속 또는 아음속이다.
㉱ 음속보다 클 수도 작을 수도 있다.

09 답 ㉰

해설 및 정답 

10

축소확대 노즐에서 초음속 구간에서 단면적이 넓어지면 어떻게 되는가?

㉮ 압력 증가 ㉯ 엔탈피 증가
㉰ 유속 증가 ㉱ 유속 감소

10

$\frac{dA}{dV} = \frac{A}{V}(M_a^2 - 1)$에서
확대부 : $dA \oplus$
초음속 : $M_a > 1$이므로 dV는 $\oplus$이다.
∴ 유속 증가로 압력과 엔탈피 감소가 된다.

답 ㉰

11

노즐의 단면적이 A이고 유속은 V이며 비체적이 v일 때 질량유량을 나타내는 식 중 옳은 것은?

㉮ $\frac{A \cdot V}{v}$ ㉯ $A \cdot V \cdot v$
㉰ $\frac{A}{V \cdot v}$ ㉱ $\frac{V \cdot v}{A}$

11

비체적은 밀도의 역수이므로
$\dot{M} = \rho A V = \frac{AV}{v}$가 된다.

답 ㉮

12

엔탈피 h의 단위가 [J/kg]이다. 입구속도를 무시할 때 출구속도 식으로 옳은 것은?

㉮ $\sqrt{2g(h_1 - h_2)}$ ㉯ $\sqrt{\frac{2g}{A}(h_1 - h_2)}$
㉰ $\sqrt{2(h_1 - h_2)}$ ㉱ $\sqrt{2gA(h_1 - h_2)}$

12

답 ㉰

13

비엔탈피 h의 단위가 [kJ/kg]이다. 입구속도를 무시할 때 출구속도를 구한 것 중 옳은 것은? (단, $h_1 = 1600$[kJ/kg], $h_2 = 1200$[kJ/kg]이다.)

㉮ 782[m/s] ㉯ 894.4[m/s]
㉰ 182[cm/s] ㉱ 894.4[cm/s]

13

$$v_2 = \sqrt{2(h_1 - h_2) \times 10^3} = \sqrt{2(1,600 - 1,200) \times 10^3} = 894.427[m/s]$$

답 ㉯

14

입구압력이 P_1이고 출구압력이 P_2일 때 임계압력 P_c를 구하는 식 중 옳은 것은?

㉮ $P_c = P_1\left(\frac{2}{k+1}\right)^{\frac{k}{k-1}}$ ㉯ $P_c = P_2\left(\frac{2}{k+1}\right)^{\frac{k}{k-1}}$
㉰ $P_c = P_1\left(\frac{2}{k+1}\right)^{\frac{k-1}{k}}$ ㉱ $P_c = P_2\left(\frac{2}{k+1}\right)^{\frac{k-1}{k}}$

14

임계온도와 임계압력의 관계

$$\frac{T_c}{T_1} = \left(\frac{v_1}{v_c}\right)^{k-1} = \left(\frac{P_c}{P_1}\right)^{\frac{k-1}{k}} = \frac{2}{k+1}$$

답 ㉮

15

임계압력 P_c[N/m²], 비체적 V_c[m³/kg], 비열비 k라 할 때 임계속도 V_c의 식으로 옳은 것은?

㉮ $V_c = \sqrt{k\dfrac{P_c}{v_c}}$ ㉯ $V_c = \sqrt{gk\dfrac{P_c}{v_c}}$

㉰ $V_c = \sqrt{kg \cdot R \cdot T_c}$ ㉱ $V_c = \sqrt{k \cdot P_c \cdot v_c}$

16

임계상태의 비체적 압력온도가 V_c[m³/kg], P_c[Pa], T_c[°K]로 주어질 때 유량의 최대값은?

㉮ $A_2\sqrt{k\dfrac{P_c}{V_c}}$ ㉯ $A_2\sqrt{gk\dfrac{P_c}{V_c}}$

㉰ $A_2\sqrt{kRT_c}$ ㉱ $A_2\sqrt{kP_cV_c}$

17

공기 속을 비행하는 속도가 340[m/s]일 때 15[℃]에서 마하수를 구한 값 중 옳은 것은?

㉮ $Ma = 1$ ㉯ $Ma > 1$

㉰ $Ma = 2$ ㉱ $Ma = 2.7$

18

대기온도가 30[℃]일 때 노즐출구에서의 음속을 구한 값 중 적당한 것은? (단, 기체상수 R=287[Nm/kg·K]이다.)

㉮ 273[m/s] ㉯ 348.4[m/s]

㉰ 27.3[cm/s] ㉱ 348.4[cm/s]

19

속도계수가 0.9일 때 노즐속의 이론적인 단열 열낙차가 2,700[J/kg]일 때 실제 열낙차는 몇 [kJ/kg]인가?

㉮ 1.786 ㉯ 2.187

㉰ 2.467 ㉱ 2.7

해설 및 정답

15

$$V_c = \sqrt{2\frac{kRT_1}{k-1}\left(1-\frac{T_c}{T_1}\right)}$$
$$= \sqrt{\frac{2kRT_1}{k-1}\left(\frac{k+1}{k+1}-\frac{2}{k+1}\right)}$$
$$= \sqrt{kRT_c} = \sqrt{kP_cv_c}$$

답 ㉱

16

$$\dot{M}_{\max} = \frac{A_2V_2}{v_c} = A_2\sqrt{\frac{kP_cv_c}{v_c^2}}$$
$$= A_2\sqrt{k\cdot\frac{P_c}{v_c}}$$

답 ㉮

17

실제속도 : $V = 340$[m/s],

음속 : $C = \sqrt{kRT} = \sqrt{1.4\times287\times288}$
$= 340$[m/s]

$\therefore Ma = \dfrac{V}{C} = 1$

답 ㉮

18

$V_2 = \sqrt{kRT} = \sqrt{1.4\times287\times303}$
$= 348.4$[m/s]

답 ㉯

19

실제속도

$V' = C_v \times$ 이론속도 V,

$V' = \sqrt{2\Delta h'}$

$V = \sqrt{2\Delta h}$

$V' = C_pV$에서 $\sqrt{2\Delta h'} = C_v\sqrt{2\Delta h}$

$\Delta h' = C_v^2\Delta h = 0.9^2\times2,700 = 2,187$[J/kg]
$= 2.187$[kJ/kg]

답 ㉯

해설 및 정답

20

압력 2[MPa], 온도 500[℃]의 과열증기를 노즐 속에 0.2[MPa]로 분출하고 있다. 입구 엔탈피 $h_1 = 3100$[kJ/kg]이고 출구 엔탈피 $h_2 = 2700$[kJ/kg]이라 할 때 임계압력을 구한 값은? (단, 비열 k =1.33이다.)

㉮ 0.7[MPa] ㉯ 1.08[MPa]
㉰ 1.6[MPa] ㉱ 1.92[MPa]

20
임계압력

$$P_c = P_1\left(\frac{2}{k+1}\right)^{\frac{k}{k-1}} = 2\times\left(\frac{2}{2.33}\right)^{\frac{1.33}{0.33}} = 1.08[\text{MPa}]$$

답 ㉯

21

압력이 784[kPa], 온도가 600[℃]인 공기가 노즐(nozzle)에서 등엔트로피적으로 팽창하여 압력이 98[kPa], 온도가 150[℃]로 되었다면 출구에서의 마하수는? (단, 기체상수 $R = 287$[N·m/kgK])

㉮ 2.15 ㉯ 2.21
㉰ 3.23 ㉱ 2.54

21

$$V_2 = \sqrt{\frac{2kRT_1}{k-1}\left(1-\left(\frac{P}{P_1}\right)^{\frac{k-1}{k}}\right)} = 886.4$$

$Ma = \frac{V}{C}$에서

$C = \sqrt{kRT_2} = 412.26$

$\therefore\ Ma = \frac{V}{C} = 2.15$

답 ㉮

22

압력 12[kPa]인 건포화 증기가 노즐로부터 3[kPa]로 분출될 때 k=1.135일 경우 임계압력 P_c는 몇 [kPa]인가?

㉮ 3.87 ㉯ 4.87
㉰ 5.78 ㉱ 6.93

22

$\frac{P_c}{P_1} = \left(\frac{2}{k+1}\right)^{\frac{k}{k+1}}$에서

$$P_c = 12\times\left(\frac{2}{2.135}\right)^{\frac{1.135}{0.135}} = 6.93[\text{kPa}]$$

답 ㉱

23

아음속으로부터 초음속으로 속도를 변화시킬 수 있는 노즐은?

㉮ 축소 노즐 ㉯ 축소·확대 노즐
㉰ 확대 노즐 ㉱ 일정 단면적 노즐

23
아음속 : 축소 노즐
초음속 : 확대 노즐

답 ㉯

24

축소확대 노즐 내를 포화증기가 가역단열 과정으로 흐른다. 유동 중의 엔탈피 감소가 544.0[kJ/kg]이고 입구에서의 속도는 무시할 정도로 적다면 출구에서의 분출속도는 얼마인가?

㉮ 약 1,025[m/s] ㉯ 약 1,043[m/s]
㉰ 약 1,063[m/s] ㉱ 약 1,082[m/s]

24

$$V_2 = \sqrt{2\Delta h\times 1{,}000} = \sqrt{2\times 544\times 1{,}000} = 1{,}043.2[\text{m/s}]$$

답 ㉯

25

노즐로 유체가 25[m/s]의 속도로 들어가서 400[m/s]의 속도로 분출된다. 열손실이 없다고 할 때 엔탈피 변화는 몇 [kJ/kg]으로 되는가?

㉮ 79.69 감소 ㉯ 159.38 감소
㉰ 79.69 증가 ㉱ 159.38 증가

26

노즐에서 건포화 증기가 압력 300[kPa]에서 10[kPa]까지 팽창할 때 출구에서 임계압력은 몇 [kPa]인가? (단, k=1.135이다.)

㉮ 173 ㉯ 273 ㉰ 373 ㉱ 473

27

터빈(turbine)에 증기가 100[m/sec]의 속도로 분출된다. 이 때 증기 1[kg]에 대한 속도 에너지에 의한 손실은 얼마인가?

㉮ 1[kJ] ㉯ 3[kJ] ㉰ 5[kJ] ㉱ 7[kJ]

28

임계온도가 0[℃]에서 760[mmHg]인 때의 공기의 임계속도는 약 몇 [m/s]인가?

㉮ 323 ㉯ 331 ㉰ 314 ㉱ 347

29

노즐의 최소 단면적을 A, 임계압력을 P_c, 비체적을 V_c, 비열비를 k라 할 때 최대유량 G_c를 구하는 식은?

㉮ $G_c = A\sqrt{\frac{k}{2}\frac{P_c}{V_c}}$ ㉯ $G_c = A\sqrt{k\frac{P_c}{V_c}}$
㉰ $G_c = A\sqrt{\frac{k}{k-1}\frac{P_c}{V_c}}$ ㉱ $G_c = A\sqrt{2k\frac{P_c}{V_c}}$

30

392[kPa], 500[℃]의 공기를 노즐에서 팽창시킬 때 임계압력은?

㉮ 207.1[kPa] ㉯ 250[kPa]
㉰ 271.4[kPa] ㉱ 314.2[kPa]

해설 및 정답

25

$$\Delta h = \frac{V_1^2 - V_2^2}{2} = \frac{25^2 - 400^2}{2\times 10^3} = -79.687\,[\text{kJ/kg}]$$

답 ㉮

26

$$\frac{P_c}{P_1} = \left(\frac{2}{k+1}\right)^{\frac{k}{k-1}}$$

$$\therefore\ P_c = 300\left(\frac{2}{1.135+1}\right)^{\frac{1.135}{1.135-1}} = 173$$

답 ㉮

27

손실 $Q_f = \frac{1}{2}MV^2 = \frac{1}{2}\times 1\times 100^2 = 5000\,[\text{J}] = 5\,[\text{kJ}]$

답 ㉰

28

$$C = \sqrt{k\cdot R\cdot T} = \sqrt{1.4\times 287\times 273} = 331\,[\text{m/s}]$$

답 ㉯

29

$$G_c = A\cdot V_c = A\times\sqrt{\frac{kP_c}{V_c}}$$

답 ㉯

30

$$\frac{T_c}{T_1} = \left(\frac{P_c}{P_1}\right)^{\frac{k-1}{k}} = \frac{2}{k+1}$$

$$P_c = 392\times\left(\frac{2}{2.4}\right)^{\frac{1.4}{0.4}} = 207.1\,[\text{kPa}]$$

답 ㉮

해설 및 정답

31

증기노즐 유동에서 압력 2.45[MPa], 비체적이 0.0826[m^3/kg]인 건포화 증기의 임계속도는 몇 [m/sec]인가? (단, k=1.135이다.)

㉮ 325　　㉯ 464

㉰ 582　　㉱ 624

31

$$V_c = \sqrt{kRT_c} = \sqrt{kP_cV_c} = \sqrt{kR\frac{T_c}{T_1}\times T_1}$$
$$= \sqrt{k\frac{2}{k+1}\cdot P_1V_1}$$
$$= \sqrt{1.135\times\frac{2}{2.135}\times 2.45\times 10^6\times 0.0826}$$
$$= 464\,[\text{m/sec}]$$

32

1.176[MPa], 300[℃]의 과열증기(V=0.2813[m^3/kg$_f$]) 18,000[kg/h]를 속도 30[m/s]로 보내면 관의 지름은?

㉮ 18.64[cm]　　㉯ 24.43[cm]

㉰ 20.63[cm]　　㉱ 21.52[cm]

32

$\dot{M} = \rho A V = \frac{AV}{v} = \frac{\pi d^2}{4}\cdot\frac{V}{v}$ 에서

$\dot{M} = 18{,}000\,[\text{kg/h}] = \frac{18{,}000}{3{,}600}\,[\text{kg/s}] = 5\,[\text{kg/s}]$

$d = \sqrt{\frac{4\cdot v\cdot M}{\pi V}} = 0.2443\,[\text{m}] = 24.43\,[\text{cm}]$

33

노즐에서 증기가 압력 30[bar]에서 1[bar]까지 팽창할 때 임계압력은 몇 [bar]인가? (단, k=1.135이다.)

㉮ 17.3　　㉯ 27.3

㉰ 37.3　　㉱ 0.05

33

$$\frac{T_c}{T_1} = \left(\frac{v_1}{v_c}\right)^{k-1} = \left(\frac{P_c}{P_1}\right)^{\frac{k-1}{k}} = \frac{2}{k+1}$$
$$\therefore\ P_c = P_1\left(\frac{2}{k+1}\right)^{\frac{k}{k-1}}$$
$$= 30\times\left(\frac{2}{2.135}\right)^{\frac{1.135}{0.135}} = 17.3\,[\text{bar}]$$

답 ㉮

34

축소확대 노즐 속을 포화증기가 가역단열 과정으로 흐르는 동안 엔탈피의 감소가 418.6[kJ/kg]이다. 입구에서의 속도를 무시한다면 출구에서의 속도는 얼마인가?

㉮ 874.6[m/sec]　　㉯ 915[m/sec]

㉰ 964.5[m/sec]　　㉱ 994.7[m/sec]

34

$$V_2 = \sqrt{2\Delta h}$$
$$= \sqrt{2\times 418.6\times 10^3} = 914.98\,[\text{m/s}]$$
$$= 915\,[\text{m/s}]$$

답 ㉯

35

1.568[MPa]의 건포화증기에 대한 임계속도는?
(단, k=1.135, v=0.1263[m^3/kg$_f$]이다.)

㉮ 476.47[m/s]　　㉯ 454.49[m/s]

㉰ 458.87[m/s]　　㉱ 475.78[m/s]

35

$$V_c = \sqrt{kRT_c} = \sqrt{\frac{kRT_c}{T_1}\times T_1} = \sqrt{kRT_1\frac{T_c}{T_1}}$$
$$= \sqrt{kRT_1\frac{2}{k+1}} = \sqrt{kP_1V_1\frac{2}{k+1}}$$
$$V_c = \sqrt{1.135\times 1.568\times 10^6\times 0.1263\times\frac{2}{1.135+1}}$$
$$= 458.87\,[\text{m/sec}]$$

여기서, $RT_1 = PV_1$, $T_c/T_1 = \frac{2}{k+1}$

제11장. 연 소

연소란 물질이 산화작용을 일으킬 때 열과 빛을 발생하는 현상을 말하며, 이때의 열을 이용할 수 있는 물질을 연료라 한다.

11-1 연소의 기본식

완전 연소란 연료 중에 C, H, S와 같이 가연성분이 산소와 화학반응을 일으킬 때 가연성분이 완전히 연소되는 것을 발한다.

1) **탄소**(C)

불완전 연소 : $C + \frac{1}{2}O_2 \rightarrow CO + 61115.6$[kJ/kmol]

완전 연소 : $C + O_2 \rightarrow CO_2 + 406879.2$[kJ/kmol]

반응물 분자량 : $12 + 32 \rightarrow 44 + 406879.2$[kJ/kmol]

탄소 1[kg]당 : $1 + \frac{32}{12} \rightarrow \frac{44}{12} + 3390616$[kJ/kmol]

[중량단위]

$$C + O_2 \rightarrow CO_2 + 97{,}200\text{[kcal/kmol]}$$

$$12 + 32 \quad 44 + 97{,}200\text{[kcal/kmol]}$$

$$1 + \frac{32}{12} \rightarrow \frac{44}{12} + \frac{97{,}200}{12}\text{[kcal/kmol]}$$

$$1 + 2.67 \rightarrow 3.67 + 8{,}100\text{[kcal/kmol]}$$

2) **일산화탄소**(CO)

$$CO + \frac{1}{2}O_2 \rightarrow CO_2 + 284{,}648\text{[kJ/kmol]}$$

분자량 : $28 + 16 \rightarrow 44 + 284{,}648$[kJ/mol]

3) **수소**(H_2)

$$H_2 + \frac{1}{2}O_2 = H_2O + 286{,}113[\text{kJ/kmol}] \text{ (액체 형성)}$$

$$= H_2O + 241{,}113[\text{kJ/kmol}] \text{ (기체 형성)}$$

참고

⌘ 발열반응에서 온도가 상승하면 정반응속도가 증가한다. 평형상수란 정반응속도에 대한 역반응속도의 비를 평형상수라 하는데 발열반응시 온도가 상승하면 평형상수는 감소한다.

11-2 연료의 발열량

1) **고발열량**(H_h)

연소가스 중 액체가 형성되어 증발잠열을 방출할 때의 열량이다.

2) **저발열량**(H_l)

연료 중의 수분이 연소가스 중 수증기의 상태로 되는 열량이다.

$$H_h = 33{,}906 \cdot C + 142{,}324\left(h - \frac{0}{8}\right) + 10{,}465 \cdot S\ [\text{kJ/kg}]$$

w : 수분량
h : 수소량

11-3 이론 공기량 및 산소량

연료가 연소되려면 산소없이 불가능하다. 이 산소는 공기 중에 질소와 같이 함유되어 있는데 공기 중의 산소량은 중량비로 약 23.1[%], 체적비로 약 21[%]가 된다.

1) **중량비로 계산한 이론 공기량**

L_0를 이론 공기량이라 할 때 산소량 $O_2 = 0.23 \times L_0$가 된다.

$$O_2 = 0.23L_0 = \left(\frac{32}{12} + 8H + S - O\right)$$

즉, 공기량 : $L_0 = \frac{1}{0.23}\left(\frac{32}{12} + 8H + S - O\right)$

2) **체적비로 공기량 산출**

$CH_4 + 2O_2 \rightarrow 2H_2O + CO_2$

메탄 CH_4 1[kg]을 연소시 이론 공기량은 다음과 같다.

산소 2[kmol]=2×22.4[m³]

즉, 공기량 $L_o = \dfrac{2 \times 22.4}{0.21 \times 16} = 13.34[m^3/kg]$

[이론 공기량식]

$$L_0 = \frac{\left(탄소수 + \dfrac{수소수}{4}\right)}{0.21 \times 분자량} \times 22.4[m^3/kg]$$

11-4 열전달

전열(열전달)이란 물체 사이의 온도차에 의하여 열이 이동하는 현상을 말하며 전도, 대류, 복사로 분류된다.

1) **전 도**

열이 물체 내부를 전달하는 현상으로 열의 전달률은 전열면적과 온도구배에 비례하며, 부호는 고온에서 저온으로 흐르므로 음(−)의 기호를 붙인다.

$$Q = -Ak\frac{dt}{dx}$$

Q : 열전달률
A : 면적[m²]
$\dfrac{dt}{dx}$: 온도구배
k : 열전도계수(열전도율)[kJ/h·m·℃]

2) **대 류**

고체벽과 유체가 접촉되어 있을 때 유체의 유동에 의하여 열이 이동하는 현상으로 자연대류와 강제대류가 있다.

$$Q = \alpha \cdot A(t_w - t_a)$$

α : 열전달계수(열전달률)[kJ/m²·h·℃]
A : 면적[m²]
t_w : 고체 표면온도
t_a : 유체온도

3) **복 사**

물체 사이가 매개체가 아닌 진공인 경우에는 빛과 같이 전자파의 형태로 복사되어 흡수될 때 이 흡수열이 열로 바뀌는 현상을 복사라 한다.

11-5 압축계수 및 팽창계수

1) **압축계수** : K

일정온도하에서 압력변화에 대한 체적 변형률로 정의한다.

$$K=\left(\frac{\varepsilon_v}{\Delta P}\right)_t=\frac{-\dfrac{\Delta V}{V}}{\Delta P}=-\left(\frac{dV}{VdP}\right)_T=\frac{1}{P}$$

(단, $PV=C$: $Pdv+vdP=0$: $P=-\dfrac{VdP}{dV}$)

2) **팽창계수** : β

등압하에서 온도변화에 대한 체적 변형률로 정의한다.

$$\beta=\left(\frac{\varepsilon_v}{\Delta T}\right)_P=\frac{\dfrac{\Delta V}{V}}{\Delta T}=\left(\frac{dV}{VdT}\right)_P=\frac{1}{V}\times\frac{R}{P}=\frac{1}{T}$$

(단, $PV=RT$에서 $PdV=RdT$, $\dfrac{dV}{dT}=\dfrac{R}{P}$)

3) Joule-Thomson **효과**

교축과정에서 압력강하에 대한 온도강하의 비 $\left(\dfrac{\Delta T}{\Delta P}\right)_h$를 말한다.

11-6 압축계수에 의한 절대일

압축계수 $K=-\dfrac{dV}{VdP}$에서 $dV=-KVdP$이다. 그러므로 절대일은

$$ {}_1W_2=\int PdV=\int_{P_1}^{P_2}P[-KVdP]$$

$$=-KV\left[\frac{P_2}{2}\right]_{P_1}^{P_2}=-\frac{KV}{2}(P_2^2-P_1^2)$$

의 값이 얻어진다.

제11장 적중 예상문제

해설 및 정답

01

탄소(C) 2[kmol]을 완전 연소시키는데 필요한 산소량은 얼마인가?

㉮ 0.5[kmol]　㉯ 1[kmol]
㉰ 1.5[kmol]　㉱ 2[kmol]

01

$C+O_2 \rightarrow CO_2$에서 C : O_2 = 1 : 1이다.

답 ㉱

02

탄소(C) 1[kg]이 완전 연소될 때 생성되는 이산화탄소의 양은 몇 [kg]인가?

㉮ 1.67[kg]　㉯ 2.67[kg]
㉰ 3.67[kg]　㉱ 4.67[kg]

02

$C+O_2 \rightarrow CO_2$에서 12 : 32 → 44

$\therefore 1 : \frac{32}{12} \rightarrow \frac{44}{12}$

그러므로 CO_2의 양은 $\frac{44}{12} = 3.67$[kg]이다.

답 ㉰

03

탄소가 불완전 연소되어 일산화탄소 1[kmol]이 발생되었다. 이때 일산화탄소를 완전 연소시키는데 필요한 산소량은 몇 [kg]인가?

㉮ 32　㉯ 28
㉰ 16　㉱ 10

03

$CO + \frac{1}{2}O_2 = CO_2$

28 : 16 = 44

∴ 산소는 0.5[kmol], 16[kg]이 요구된다.

답 ㉰

04

메탄(CH_4) 1[kg]을 연소시킬 때 필요로 하는 이론 공기량은 몇 [m^3/kg]인가?

㉮ 16.2　㉯ 13.3
㉰ 26.6　㉱ 18.3

04

$CH_4 + 2 \cdot O_2 \rightarrow CO_2 + 2H_2O$에서
CH_4(16)을 연소시킬 때 산소량은
2[kmol]=2×22.4[m^3]가 필요하므로

이론 공기량 $L_0 = \frac{2 \times 22.4[m^3]}{0.21}$이다.

메탄 1[kg]을 연소시킬 때

이론 공기량 : $L_0 = \frac{2 \times 22.4}{0.21 \times 16} = 13.3[m^3/kg]$

답 ㉯

해설 및 정답 ㉮㉯㉰㉱

05

정반응 및 역반응에서 평형상수는 온도변화에 따라 어떻게 변하는가?

㉮ 발열반응에서 온도상승하면 평형상수는 감소한다.
㉯ 발열반응에서 온도상승하면 평형상수는 증가한다.
㉰ 흡열반응에서 온도상승하면 평형상수는 감소한다.
㉱ 평형상수는 온도와 무관하다.

05

답 ㉮

06

연료가 연소될 때 고발열량이란 어느 경우에 해당되는가?

㉮ 생성물 중 H_2가 액상일 때이다.
㉯ 생성물 중 H_2가 증기상태일 때이다.
㉰ 생성물 H_2O가 액상일 때이다.
㉱ 생성물 H_2O가 증기상태일 때이다.

06

연소생성물 중에 물이 형성되면 고발열량이고 증발되면 저발열량이 된다.

답 ㉰

07

석탄을 연소시킬 때 휘발분 분석은 어느 과정에서 시험되는가?

㉮ 자분탐상 검사
㉯ 발열량 검사
㉰ 원소분해 분석
㉱ 공업 분석

07

증발되는 물이나 증기 수분검사는 공업 분석 과정에서 조사한다.

답 ㉱

08

$C + O_2 \rightarrow CO_2$에서 반응물은 무엇인가?

㉮ C나 O_2를 말한다.
㉯ C를 말한다.
㉰ O_2를 말한다.
㉱ CO_2를 말한다.

08

반응물은 C와 O_2이고 생성물은 CO_2를 말한다.

답 ㉮

09

연소시 요구되는 산소는 공기 중에서 공급된다. 여기서 과잉공기(excess air)란 무엇을 의미하는가?

㉮ 연료가 전부 연소될 때 요구되는 공기량
㉯ 연료의 반이 연소될 때 요구되는 공기량
㉰ 연료 1[kg]이 완전 연소시 요구되는 공기량
㉱ 연료가 완전 연소되고도 산소가 남을 수 있도록 공급되는 공기량

09

답 ㉱

해설 및 정답

10

일산화탄소(CO)를 공기 중에서 완전 연소시킬 때 산소를 계속 공급할 경우 옳은 것은?

㉮ CO가 증가한다. ㉯ CO가 감소한다.
㉰ CO와 CO_2가 증가한다. ㉱ CO와 CO_2가 감소한다.

10

답 ㉮

11

부탄(C_4H_{10}) 가스 1[kmol]을 완전 연소시킬 때 필요로 하는 이론 공기량은 몇 [m^3]인가?

㉮ 123.21[m^3] ㉯ 5.52[m^3]
㉰ 6,376.43[m^3] ㉱ 693.33[m^3]

11

$C_4H_{10}+6.5O_2 \rightarrow 2CO_2+5H_2O$에서
C_4H_{10}을 연소시킬 때 산소량은
6.5[kmol]=6.5×22.4[m^3]이 요구되므로
이론 공기량 $L_0=\dfrac{6.5\times22.4}{0.21}[m^3]$
$=693.33[m^3]$

답 ㉱

12

다음 중 체적 팽창계수가 뜻하는 것은?

㉮ T ㉯ P
㉰ $\dfrac{1}{T}$ ㉱ $\dfrac{1}{P}$

12

체적 팽창계수 $\beta=\left(\dfrac{\varepsilon}{\Delta T}\right)_p=\left(\dfrac{dv}{VdT}\right)_p$ 이고
$PV=RT$에서 $Pdv=RdT$
$\dfrac{dV}{dP}=\dfrac{R}{P}$를 대입하면
$\beta=\left(\dfrac{R}{VP}\right)=\dfrac{R}{RT}=\dfrac{1}{T}$

답 ㉰

13

다음 중 압축계수가 의미하는 것은?

㉮ T ㉯ P
㉰ $\dfrac{1}{T}$ ㉱ $\dfrac{1}{P}$

13

압축계수 $K=\left(\dfrac{\varepsilon_v}{\Delta P}\right)_T=-\left(\dfrac{\Delta V}{V\cdot\Delta P}\right)_T$ 이고
$PV=C$에서 $Pdv=-vdP$
$\dfrac{dV}{dP}=-\dfrac{V}{P}$를 대입하면
$K=-\left(\dfrac{-V}{PV}\right)=\dfrac{1}{P}$

답 ㉱

14

밀폐된 용기 속에 압축계수가 K_T이고 압력이 P_1에서 P_2까지 등온압축할 때 등온압축일은 얼마인가?

㉮ $K_TV(P_2-P_1)$ ㉯ $K_T\dfrac{V^2}{2}(P_2-P_1)$
㉰ $-\dfrac{K_T V}{2}(P_2^2-P_1^2)$ ㉱ $K_TV(P_2^2-P_1^2)$

14

압축계수 $K_T=-\dfrac{dv}{vdp}$에서
$dv=-K_TV\cdot dp$
$\therefore\ {}_1w_2=\int pdv$
$=\int_{P_1}^{P_2}-K_TP\cdot vdp-K_T\cdot V\left[\dfrac{P_2}{2}\right]_{P_1}^{P_2}$
$=-\dfrac{K_T\cdot V}{2}(P_2^2-P_1^2)$

답 ㉰

해설 및 정답 ㉮㉯㉰㉱

15

10[mol]의 탄소(C)를 완전 연소시키는데 필요한 최소 산소량은 몇 [mol]인가?

㉮ 5　　㉯ 15
㉰ 10　　㉱ 20

15

탄소(완전 연소) :

$C + O_2 = CO_2 + 9,720$[kcal/kmol]

12[kg]　32[kg]　44[kg]

1[kmol]　1[kmol]　1[kmol]

∴ C가 10[mol]이면 O_2는 10[mol]

16

황 32[kg]이 완전 연소하는데 필요한 최소 산소량은 몇 [kg]인가?

㉮ 32　　㉯ 28
㉰ 10　　㉱ 20

16

$S + O_2 = SO_2$

32 + 32 = 64[kg]

∴ 산소량 : 32[kg]

17

10[mol]의 탄소(C)를 완전 연소시키는 데 필요한 최소 산소량은 몇 [mol]인가?

㉮ 30　　㉯ 15
㉰ 10　　㉱ 20

17

$C + O_2 = CO_2$

$10C + 10O_2 = 10CO_2$

18

연료 속에 들어있는 성분을 표시한 것 중 연소에서 발열성에 속하는 것은 어느 것인가?

㉮ 산소　　㉯ 질소
㉰ 회분　　㉱ 수소

18

발열성 성분 : 수소(H), 황(S), 탄소(C)

19

탄소 2[kg]이 완전 연소할 때 생성되는 가스의 양은 몇 [kg]이 되겠는가?

㉮ 2.75　　㉯ 3.667
㉰ 5.334　　㉱ 7.333

19

$C + O_2 = CO_2$

12 + 32 = 44

$\therefore CO_2 = \frac{44 \times 2}{12} = 7.33$

해설 및 정답

20

$CO+\frac{1}{2}O_2 \rightleftarrows CO_2$의 화학반응이 평형상태를 이루었다. 혼합물의 온도를 일정하게 유지하면서 압력을 증가시키면?

㉮ 반응이 우측으로 더 진행된다.
㉯ 반응이 좌측으로 더 진행된다.
㉰ 반응이 일어나지 않는다.
㉱ 온도에 따라 다르다.

20
압력이 증가하면 반응속도(연소속도)가 증가한다.
∴ 정반응이므로 우측으로 진행한다.

 ㉮

21

어떤 액체 1[mol]을 P_1[atm]으로부터 P_2[atm]으로 등온가역 압축한다. 이 범위에서 등온압축률(isothermal compressibility) K와 비체적(specific volume) v가 일정하다고 할 때 이 액체상의 한 일 W를 구하는 식은?

㉮ $W=VK(P_2-P_1)$
㉯ $W=-TK^2(P_2^2-P_1^2)$
㉰ $W=\frac{VK}{T}(P_2-P_1)$
㉱ $W=\frac{VK}{2}(P_2^2-P_1^2)$

21
$${}_1W_2=\int pdv=-\int_{P_1}^{P_2}k\cdot vpdp$$
$$=-\frac{VK}{2}(P_2^2-P_1^2)$$
여기서, $k=\frac{1}{v}\left(\frac{dv}{dp}\right)dv=kvdp$

답 ㉱

22

중유(重油)를 보일러에서 연소시키고 연도(煙道)가스를 건(乾)가스로 하여 분석하였다. 아래와 같은 성분이 있었는데 이 중에서 건가스에 대한 체적비율이 가장 많은 것은?

㉮ CO_2
㉯ CO
㉰ O_2
㉱ N_2

22
체적비율$=\frac{성분}{G_d}\times 100[\%]$
여기서 G_d : 건연소가스로 수증기 포함하지 않은 가스
질소(N_2)는 분해되지 않고 생성되므로 70~80[%] 정도로 체적비율이 가장 많다.

 ㉱

23

1[kg]의 수소(H_2)가 완전 연소할 때 9[kg]의 H_2O가 생성된다면 필요한 최소 산소량은 몇 [kg]인가?

㉮ 26
㉯ 8
㉰ 16
㉱ 32

23
$H_2+\frac{1}{2}O_2=H_2O$
2[kg]+16[kg] =18[kg] → 1[kg]+8[kg]=9[kg]
∴ 산소량은 8[kg]이다.

 ㉯

부 록

[포화증기표 – 온도 기준]

온도 [°C]	포화압력 [MPa]	비 체 적 [m^3/kg]		비엔탈피 [kJ/kg]			비엔트로피 [kJ/(kg·K)]	
t	P	v'	v''	h'	h''	r	s'	s''
*0	0.0006108	0.00100022	206.305	−0.042	2501.6	2501.6	−0.00015	9.15773
0.01	0.0006112	0.00100022	206.163	0.001	2501.6	2501.6	0.00000	9.15746
2	0.0007055	0.00100009	179.923	8.387	2502.2	2496.8	0.03059	9.10467
4	0.0008129	0.00100003	157.272	16.803	2508.9	2492.1	0.06106	9.05258
6	0.0009345	0.00100004	137.779	25.208	2512.6	2487.4	0.09128	9.00145
8	0.0010720	0.00100012	120.966	33.605	2516.2	2482.6	0.12126	8.95125
10	0.0012270	0.00100025	106.430	41.994	2519.9	2477.9	0.15099	8.90196
12	0.0014014	0.00100044	93.8354	50.377	2523.6	2473.2	0.18049	8.85355
14	0.0015973	0.00100069	82.8997	58.754	2527.2	2468.5	0.20976	8.80602
16	0.0018168	0.00100099	73.3842	67.127	2530.9	2463.8	0.23882	8.75933
18	0.0020624	0.00100133	65.0873	75.496	2534.5	2459.0	0.26766	8.71346
20	0.0023366	0.00100172	57.8383	83.862	2538.2	2454.3	0.29630	8.66840
22	0.0026422	0.00100216	51.4923	92.225	2541.8	2449.6	0.32473	8.62413
24	0.0029821	0.00100264	45.9260	100.587	2524.5	2444.9	0.35296	8.58062
26	0.0033597	0.00100316	41.0343	108.947	2549.1	2440.2	0.38100	8.53787
28	0.0037782	0.00100371	36.7276	117.305	2552.7	2435.4	0.40885	8.49586
30	0.0042415	0.00100431	32.9289	125.664	2556.4	2430.7	0.43651	8.45456
32	0.0047534	0.00100494	29.5724	134.021	2560.0	2425.9	0.46399	8.41396
34	0.0053180	0.00100561	26.6013	142.379	2563.6	2421.2	0.49128	8.37405
36	0.0059400	0.00100631	23.9671	150.736	2567.2	2416.4	0.51840	8.33480
38	0.0066240	0.00100704	21.6275	159.094	2570.8	2411.7	0.54535	8.29621
40	0.0073750	0.00100781	19.5461	167.452	2574.4	2406.9	0.57212	8.25826
42	0.0081985	0.00100861	17.6915	175.811	2577.9	2402.1	0.59873	8.22093
44	0.0091001	0.00100944	16.0365	184.171	2581.5	2397.3	0.62517	8.18421
46	0.010086	0.00101030	14.5572	192.531	2585.1	2392.5	0.65144	8.14809
48	0.011162	0.00101119	13.2329	200.893	2588.6	2387.7	0.67756	8.11255
50	0.012335	0.00101211	12.0457	209.256	2592.2	2382.9	0.70351	8.07757
52	0.013613	0.00101306	10.9798	217.620	2595.7	2378.1	0.72931	8.04316
54	0.015002	0.00101404	10.0215	225.985	2599.2	2373.2	0.75496	8.00929
56	0.016511	0.00101505	9.15871	234.352	2602.7	2368.4	0.78045	7.97595
58	0.018147	0.00101608	8.38082	242.721	2606.2	2363.5	0.80579	7.94312
60	0.019920	0.00101714	7.67853	251.091	2609.7	2358.6	0.83099	7.91081
62	0.021838	0.00101823	7.04368	259.463	2613.2	2353.7	0.85604	7.87899
64	0.023912	0.00101935	6.46904	267.837	2616.6	2348.8	0.88094	7.84766
66	0.026150	0.00102049	5.94824	276.213	2620.1	2343.9	0.90571	7.81680
68	0.028563	0.00102166	5.47564	284.592	2623.5	2338.9	0.93033	7.78641
70	0.031162	0.00102285	5.04627	292.972	2626.9	2334.0	0.95482	7.75647
72	0.033958	0.00102407	4.65568	301.356	2630.3	2329.0	0.97917	7.72697
74	0.036964	0.00102531	4.29998	309.741	2633.7	2324.0	1.00338	7.69791
76	0.040191	0.00102658	3.97566	318.130	2637.1	2318.9	1.02747	7.66926
78	0.043652	0.00102787	3.67962	326.521	2640.4	2313.9	1.05142	7.64104
80	0.047360	0.00102919	3.40909	334.916	2643.8	2308.8	1.07525	7.61322
82	0.051329	0.00103053	3.16160	343.314	2647.1	2303.8	1.09895	7.58579
84	0.055573	0.00103190	2.93495	351.751	2650.4	2298.6	1.12253	7.55875
86	0.060108	0.00103329	2.72716	360.119	2653.6	2293.5	1.14598	7.53209
88	0.064948	0.00103471	2.53647	368.527	2656.9	2288.4	1.16932	7.50580
90	0.070109	0.00103615	2.36130	376.939	2660.1	2283.2	1.19253	7.47987
92	0.075607	0.00103761	2.20021	385.356	2663.4	2278.0	1.21562	7.45430
94	0.081461	0.00103910	2.05192	393.776	2666.5	2272.8	1.23861	7.42907
96	0.087686	0.00104061	1.91530	402.201	2669.7	2267.5	1.26147	7.40418
98	0.094301	0.00104215	1.78931	410.630	2672.9	2262.2	1.28423	7.37962

[포화증기표 – 온도 기준]

온도 [°C]	포화압력 [MPa]	비 체 적 [m³/kg]		비엔탈피 [kJ/kg]			비엔트로피 [kJ/(kg·K)]	
t	P	v'	v''	h'	h''	r	s'	s''
100	0.101325	0.00104371	1.67300	419.064	2676.0	2256.9	1.30687	7.35538
102	0.10878	0.00104529	1.56553	427.504	2679.1	2251.6	1.32940	7.33146
104	0.11668	0.00104690	1.46615	435.948	2682.2	2246.3	1.35183	7.30785
106	0.12504	0.00104853	1.37417	444.398	2685.3	2240.9	1.37416	7.28454
108	0.13390	0.00105019	1.28895	452.854	2688.3	2235.4	1.39637	7.26152
110	0.14327	0.00105187	1.20994	461.315	2691.3	2230.0	1.41849	7.23880
112	0.15316	0.00105357	1.13661	469.783	2694.3	2224.5	1.44051	7.21636
114	0.16362	0.00105530	1.06852	478.257	2697.2	2219.0	1.46242	7.19419
116	0.17465	0.00105705	1.00522	486.738	2700.2	2213.4	1.48424	7.17229
118	0.18628	0.00105883	0.946340	495.225	2703.1	2207.9	1.50596	7.15066
120	0.19854	0.00106063	0.891524	503.719	2706.0	2202.2	1.52759	7.12928
122	0.21145	0.00106246	0.840452	512.221	2708.8	2196.6	1.54913	7.10816
124	0.22504	0.00106431	0.792833	520.730	2711.6	2190.9	1.57057	7.08728
126	0.23933	0.00106619	0.748399	529.247	2714.4	2185.2	1.59192	7.06664
128	0.25435	0.00106809	0.706908	537.772	2717.2	2179.4	1.61319	7.04624
130	0.27013	0.00107002	0.668136	546.305	2719.9	2173.6	1.63436	7.02606
140	0.36138	0.00108006	0.508493	589.104	2733.1	2144.0	1.73899	6.92844
150	0.47600	0.00109078	0.392447	632.149	2745.4	2113.2	1.84164	6.83578
160	0.61806	0.00110223	0.306756	675.474	2756.7	2081.3	1.94247	6.74749
170	0.79202	0.00111446	0.242553	719.116	2767.1	2047.9	2.04164	6.66303
180	1.0027	0.00112752	0.193800	763.116	2776.3	2013.1	2.13929	6.58189
190	1.2551	0.00114151	0.156316	807.517	2784.3	1976.7	2.23558	6.50361
200	1.5549	0.00115650	0.127160	852.371	2790.9	1938.6	2.33066	6.42776
210	1.9077	0.00117260	0.104239	897.734	2796.2	1898.5	2.42467	6.35393
220	2.3198	0.00118996	0.0860378	943.673	2799.9	1856.2	2.51779	6.28172
230	2.7976	0.00120872	0.0714498	990.265	2802.0	1811.7	2.61017	6.21074
240	3.3478	0.00122908	0.0596544	1037.60	2802.2	1764.6	2.70200	6.14059
250	3.9776	0.00125129	0.0500374	1085.78	2800.4	1714.7	2.79348	6.07083
260	4.6943	0.00127563	0.0421338	1134.94	2796.4	1661.5	2.88485	6.00097
270	5.5058	0.00130250	0.0355880	1185.23	2789.9	1604.6	2.97635	5.93045
280	6.4202	0.00133239	0.0301260	1236.84	2780.4	1543.6	3.06830	5.85863
290	7.4461	0.00136595	0.0255351	1290.01	2767.6	1477.6	3.16108	5.78478
300	8.5927	0.00140406	0.0216487	1345.05	2751.0	1406.0	3.25517	5.70812
310	9.8700	0.00144797	0.0183339	1402.39	2730.0	1327.6	3.35119	5.62776
320	11.289	0.00149950	0.0154798	1462.60	2703.7	1241.1	3.45000	5.54233
330	12.863	0.00156147	0.0129894	1526.52	2670.2	1143.6	3.55283	5.44901
340	14.605	0.00163872	0.0107804	1595.47	2626.2	1030.7	3.66162	5.34274
350	16.535	0.00174112	0.0087991	1671.94	2567.7	895.7	3.78004	5.21766
352	16.945	0.0017661	0.0084205	1689.3	2553.5	864.2	3.80707	5.18929
354	17.364	0.0017937	0.0080453	1707.5	2538.4	830.9	3.83487	5.15959
356	17.792	0.0018241	0.0076741	1725.9	2522.1	796.2	3.86295	5.12835
358	18.229	0.0018580	0.0073061	1744.7	2504.6	759.9	3.89155	5.09529
360	18.675	0.0018959	0.0069398	1764.2	2485.4	721.3	3.92102	5.06003
362	19.131	0.0019388	0.0065727	1784.6	2464.4	679.8	3.95182	5.02202
364	19.596	0.0019882	0.0062010	1806.4	2440.9	634.6	3.98462	4.98042
366	20.072	0.0020464	0.0058186	1830.2	2414.1	583.9	4.02048	4.93389
368	20.557	0.0021181	0.0054157	1857.3	2382.4	525.1	4.06127	4.88012
370	21.054	0.0022136	0.0049728	1890.2	2342.8	452.6	4.11080	4.81439
372	21.562	0.0023636	0.0044389	1935.6	2287.0	351.4	4.17942	4.72403
374	22.081	0.0028427	0.0034659	2046.7	2156.2	109.5	4.34934	4.51853
374.15	22.120	0.0031700	0.0031700	2107.4	2107.4	0.0	4.44286	4.44286

[포화증기표 – 압력 기준]

압력 [MPa]	온도 [°C]	비 체 적 [m^3/kg]		비엔탈피 [kJ/kg]			비엔트로피 [kJ/(kg·K)]	
P	t	v'	v''	h'	h''	r	s'	s''
0.001	6.983	0.00100007	129.209	29.335	2514.4	2485.0	0.10604	8.97667
0.002	17.513	0.00100124	67.0061	73.457	2533.6	2460.2	0.26065	8.72456
0.003	24.100	0.00100226	45.6673	101.003	2545.6	2444.6	0.35436	8.57848
0.004	28.983	0.00100400	34.8022	121.412	2554.5	2433.1	0.42246	8.47548
0.005	32.90	0.00100523	28.1944	137.772	2561.6	2423.8	0.47626	8.39596
0.006	36.18	0.00100637	23.7410	151.502	2567.5	2416.0	0.52088	8.33124
0.007	39.02	0.00100743	20.5310	163.376	2572.6	2409.2	0.55909	8.27669
0.008	41.53	0.00100842	18.1046	173.865	2577.1	2403.2	0.59255	8.22956
0.009	43.79	0.00100935	16.2043	183.279	2581.1	2397.9	0.62235	8.18810
0.010	45.83	0.00101023	14.6746	191.832	2584.8	2392.9	0.64925	8.15108
0.012	49.45	0.00101186	12.3619	206.938	2591.2	2384.3	0.69634	8.08721
0.014	52.57	0.00101334	10.6942	220.022	2596.7	2376.7	0.73669	8.03338
0.016	55.34	0.00101471	9.43314	231.595	2601.6	2370.0	0.77027	7.98687
0.018	57.83	0.00101599	8.44521	241.994	2605.9	2363.9	0.80360	7.94595
0.020	60.09	0.00101719	7.64977	251.453	2609.9	2358.4	0.83207	7.90943
0.022	62.16	0.00101832	6.99514	260.139	2613.5	2353.3	0.85805	7.87645
0.024	64.08	0.00101939	6.44669	268.180	2616.8	2348.6	0.88196	7.84639
0.026	65.87	0.00102041	5.98034	275.673	2619.9	2344.2	0.90411	7.81878
0.028	67.55	0.00102139	5.57879	282.693	2622.7	2340.0	0.92476	7.79326
0.030	69.12	0.00102232	5.22930	289.302	2625.4	2336.1	0.94411	7.76953
0.032	70.61	0.00102322	4.92227	295.549	2628.0	2332.4	0.96232	7.74736
0.034	72.03	0.00102408	4.65036	301.476	2630.4	2328.9	0.97952	7.72655
0.036	73.37	0.00102492	4.40779	307.116	2632.6	2325.5	0.99582	7.70696
0.038	74.66	0.00102573	4.19003	312.500	2634.8	2322.3	1.01132	7.68844
0.040	75.89	0.00102651	3.99342	317.650	2636.9	2319.2	1.02610	7.67089
0.042	77.06	0.00102726	3.81500	322.589	2638.9	2316.3	1.04022	7.65421
0.044	78.19	0.00102800	3.65232	327.335	2640.7	2313.4	1.05374	7.63832
0.046	79.28	0.00102872	3.50338	331.904	2642.6	2310.7	1.06672	7.62315
0.048	80.33	0.00102941	3.36649	336.309	2644.3	2308.0	1.07919	7.60864
0.050	81.35	0.00103009	3.24022	340.564	2646.0	2305.4	1.09121	7.59472
0.054	83.27	0.00103140	3.01494	348.665	2649.2	2300.5	1.11399	7.56852
0.058	85.09	0.00103266	2.81984	356.280	2652.1	2295.9	1.13529	7.54422
0.060	85.95	0.00103326	2.73175	359.925	2653.6	2293.6	1.14544	7.53270
0.064	87.62	0.00103444	2.57162	366.923	2656.3	2289.4	1.16487	7.51079
0.068	89.20	0.00103557	2.42976	373.566	2658.8	2285.3	1.18324	7.49022
0.070	89.96	0.00103612	2.36473	376.768	2660.1	2283.3	1.19205	7.48040
0.074	91.43	0.00103719	2.24490	382.949	2662.4	2279.5	1.20903	7.46157
0.078	92.83	0.00103823	2.13699	388.860	2664.7	2275.8	1.22520	7.44375
0.080	93.51	0.00103874	2.08696	391.722	2665.8	2274.0	1.23301	7.43159
0.084	94.83	0.00103973	1.99383	397.274	2667.9	2270.6	1.24812	7.41869
0.088	96.10	0.00104069	1.90891	402.613	2669.9	2267.3	1.26259	7.40297
0.090	96.71	0.00104116	1.86919	405.207	2670.9	2265.6	1.26960	7.39538
0.094	97.91	0.00104208	1.79467	410.257	2672.7	2262.5	1.28322	7.38070
0.098	99.07	0.00104298	1.72605	415.133	2674.6	2259.4	1.29633	7.36663
0.100	99.63	0.00104342	1.69373	417.510	2675.4	2257.9	1.30271	7.35982
0.101325	100.00	0.00104371	1.67300	419.064	2676.0	2256.9	1.30687	7.35538
0.110	102.32	0.00104554	1.54924	428.843	2679.6	2250.8	1.33297	7.32769
0.120	104.81	0.00104755	1.42813	439.362	2683.4	2244.1	1.36087	7.29839
0.130	107.13	0.00104947	1.32509	449.188	2687.0	2237.8	1.38676	7.27146
0.140	109.32	0.00105129	1.23633	458.417	2690.3	2231.9	1.41093	7.24655

[포화증기표 - 압력 기준]

압력 [MPa]	온도 [°C]	비 체 적 [m^3/kg]		비엔탈피 [kJ/kg]			비엔트로피 [kJ/(kg·K)]	
P	t	v'	v''	h'	h''	r	s'	s''
0.150	111.37	0.00105303	1.15904	467.125	2693.4	2226.2	1.43361	7.22337
0.160	113.32	0.00105471	1.09111	467.375	2696.2	2220.9	1.45498	7.20169
0.170	115.17	0.00105632	1.03093	483.271	2699.0	2215.7	1.47520	7.18134
0.180	116.93	0.00105788	0.977227	490.696	2701.5	2210.8	1.49439	7.16217
0.190	118.62	0.00105938	0.928999	497.846	2704.0	2206.1	1.51265	7.14403
0.200	120.23	0.00106084	0.885441	504.700	2706.3	2201.6	1.53008	7.12683
0.210	121.78	0.00106226	0.845900	511.284	2708.5	2197.2	1.54676	7.11047
0.220	123.27	0.00106363	0.809839	517.622	2710.6	2193.0	1.56275	7.09487
0.230	124.71	0.00106497	0.776813	523.732	2712.6	2188.9	1.57811	7.07997
0.240	126.09	0.00106628	0.746451	529.634	2714.5	2184.9	1.59289	7.06571
0.250	127.43	0.00106755	0.718439	535.343	2716.4	2181.0	1.60714	7.05202
0.300	133.54	0.00107350	0.605562	561.429	2724.7	2163.2	1.67164	6.99090
0.400	143.62	0.00108387	0.462224	604.670	2737.6	2133.0	1.77640	6.89433
0.500	151.84	0.00109284	0.374676	640.115	2747.5	2107.4	1.86036	6.81919
0.600	158.84	0.00110086	0.315474	670.422	2755.5	2085.0	1.93083	6.75754
0.700	164.96	0.00110819	0.272681	697.061	2762.0	2064.9	1.99181	6.70518
0.800	170.41	0.00111498	0.240257	720.935	2767.5	2046.5	2.04572	6.65960
1.000	179.88	0.00112737	0.194293	762.605	2776.2	2013.6	2.13817	6.58281
1.200	187.96	0.00113858	0.163200	798.430	2782.7	1984.3	2.21606	6.51936
1.400	195.04	0.00114893	0.140721	830.073	2787.8	1957.7	2.28366	6.46509
1.600	201.37	0.00115864	0.123686	858.561	2791.7	1933.2	2.34361	6.41753
1.800	207.11	0.00116783	0.110317	884.573	2794.8	1910.3	2.39762	6.37507
2.00	212.37	0.00117661	0.0995361	908.588	2797.2	1888.6	2.44686	6.33665
2.20	217.24	0.00118504	0.0906516	930.953	2799.1	1868.1	2.49221	6.30148
2.40	221.78	0.00119320	0.0831994	951.929	2800.4	1848.5	2.53430	6.26899
2.60	226.04	0.00120111	0.0768560	971.719	2801.4	1829.6	2.57364	6.23874
2.80	230.05	0.00120881	0.0713887	990.484	2802.0	1811.5	2.61060	6.21041
3.00	233.84	0.00121634	0.0666261	1008.35	2802.3	1793.9	2.64550	6.18372
3.50	242.54	0.00123454	0.0570255	1049.76	2802.0	1752.2	2.72520	6.12285
4.00	250.33	0.00125206	0.0497493	1087.40	2800.3	1712.9	2.79652	6.06851
4.50	257.41	0.00126911	0.0440371	1122.11	2797.7	1675.6	2.86119	6.01909
5.0	263.91	0.00128582	0.0394285	1154.47	2794.2	1639.7	2.92060	5.97349
6.0	275.55	0.00131868	0.0324378	1213.69	2785.0	1571.3	3.02730	5.89079
7.0	285.79	0.00135132	0.0273733	1267.41	2773.5	1506.0	3.12189	5.81616
8.0	294.97	0.00138424	0.0235253	1317.10	2759.9	1442.8	3.20762	5.74710
9.0	303.31	0.00141786	0.0204953	1363.73	2744.6	1380.9	3.28666	5.68201
10.0	310.96	0.00145256	0.0180413	1408.04	2727.7	1319.7	3.36055	5.61980
12.0	324.65	0.00152676	0.0142830	1491.77	2689.2	197.4	3.49718	5.50022
14.0	336.64	0.00161063	0.0114950	1571.64	2642.4	1070.7	3.62424	5.38026
16.0	347.33	0.00171031	0.0093075	1650.54	2584.9	934.3	3.74710	5.25314
18.0	356.96	0.0018399	0.0074977	1734.8	2513.9	779.1	3.87654	5.11277
20.0	365.70	0.0020370	0.0058765	1826.5	2418.3	591.9	4.01487	4.94120
21.0	369.78	0.0022015	0.0050234	1886.2	2347.6	461.3	4.10483	4.82230
22.0	373.69	0.0026709	0.0037265	2011.0	2195.4	184.4	4.29451	4.57957
22.12	374.15	0.0031700	0.0031700	2107.4	2107.4	0.0	4.44286	4.44286

[과열증기표(1)]

t[°C]	0.001[MPa](0.01[bar]) t_s=6.983[°C]			0.05[MPa](0.05[bar]) t_s=32.90[°C]			0.01[MPa](0.10[bar]) t_s=45.83[°C]		
	v	h	s	v	h	s	v	h	s
*0	0.0010002	−0.0	−0.0002	0.0010002	−0.0	−0.0002	0.0010002	−0.0	−0.0002
10	130.604	2520.0	8.9966	0.0010003	42.0	0.1510	0.0010002	42.0	0.1510
20	135.228	2538.6	9.0611	0.0010017	83.9	0.2963	0.0010017	83.9	0.2963
40	144.472	2575.9	9.1842	28.854	2574.9	8.4390	0.0010078	167.5	0.5721
60	153.713	2613.3	9.3001	30.711	2612.6	8.5555	15.336	2611.6	8.2334
80	162.951	2650.9	9.4096	32.565	2650.3	8.6655	16.266	2649.5	8.3439
100	172.187	2688.6	9.5136	34.417	2688.1	8.7698	17.195	2687.5	8.4486
120	181.421	2726.5	9.6125	36.267	2726.1	8.8690	18.123	2725.6	8.5481
140	190.655	2764.6	9.7070	38.117	2764.3	8.9636	19.050	2763.9	8.6430
160	199.888	2802.9	9.7975	39.966	2802.6	9.0542	19.975	2802.3	8.7337
180	209.120	2841.4	9.8843	41.814	2841.2	9.1412	20.900	2840.9	8.8208
200	218.352	2880.1	9.9679	46.661	2879.9	9.2248	21.825	2879.6	8.9045
220	227.584	2919.0	10.0484	45.509	2918.8	9.3054	22.750	2918.6	8.9852
240	236.815	2958.1	10.1262	47.356	2957.9	9.3832	23.674	2975.8	9.0630
260	246.046	2997.4	10.2014	49.203	2997.3	9.4584	24.598	2997.2	9.1383
280	255.277	3037.0	10.2743	51.050	3036.9	9.5313	25.521	3036.8	9.2113
300	264.508	3076.8	10.3450	52.896	3076.7	9.6021	26.445	3076.6	9.2820
320	273.739	3116.9	10.4137	54.743	3116.8	9.6708	27.369	3116.7	9.3508
340	282.969	3157.2	10.4805	56.590	3157.1	9.7377	28.292	3157.0	9.4177
360	292.200	3197.8	10.5457	58.436	3197.7	9.8028	29.216	3197.6	9.4828
380	301.431	3238.6	10.6091	60.283	3238.6	9.8663	30.139	3238.5	9.5463
400	310.661	3279.7	10.6711	62.129	3279.7	9.9283	31.062	3279.6	9.6083
420	319.892	3321.1	10.7317	63.975	3321.0	9.9888	31.986	3321.0	9.6689
440	329.122	3362.7	10.7909	65.822	3362.7	10.0480	32.909	3362.6	9.7281
460	338.353	3404.6	10.8488	67.668	3404.6	10.1060	33.832	3404.5	9.7860
480	347.583	3446.8	10.9056	69.514	3446.7	10.1627	34.756	3446.7	9.8428
500	356.813	3489.2	10.9612	71.630	3489.2	10.2184	35.679	3489.1	9.8984
520	366.044	3531.9	11.0157	73.207	3531.9	10.2729	36.602	3531.9	9.9530
540	375.274	3574.9	11.0693	75.053	3574.9	10.3265	37.525	3574.9	10.0065
560	384.505	3618.2	11.1218	76.899	3618.2	10.3790	38.448	3618.1	10.0591
580	393.735	3661.8	11.1735	78.745	3661.7	10.4307	39.372	3661.7	10.1108
600	402.965	3705.6	11.2243	80.591	3705.6	10.4815	40.295	3705.5	10.1616
650	426.041	3816.4	11.3476	85.207	3816.3	10.6048	42.603	3816.3	10.2849
700	449.117	3928.9	11.4663	89.822	3928.8	10.7235	44.910	3928.8	10.4036
750	472.193	4043.0	11.5807	94.438	4043.0	10.8379	47.218	4042.9	10.5180
800	495.269	4158.7	11.6911	99.053	4158.7	10.9483	49.526	4158.7	10.6284

[과열증기표(2)]

t[°C]	0.05[MPa](0.50[bar]) t_s=81.35[°C]			0.10[MPa](1.00[bar]) t_s=99.63[°C]			0.20[MPa](2.0[bar]) t_s=120.23[°C]		
	v	h	s	v	h	s	v	h	s
0	0.0010002	0.0	−0.0002	0.0010002	0.1	−0.0001	0.0010001	0.2	−0.0001
10	0.0010002	42.0	0.1510	0.0010002	42.1	0.1510	0.0010002	42.2	0.1510
20	0.0010017	83.9	0.2963	0.0010017	84.0	0.2963	0.0010016	84.0	0.2963
40	0.0010078	167.5	0.5721	0.0010078	167.5	0.5721	0.0010077	167.6	0.5720
60	0.0010171	251.1	0.8310	0.0010171	251.2	0.8309	0.0010171	251.2	0.8309
80	0.0010292	334.9	1.0753	0.0010292	335.0	1.0752	0.0010291	335.0	1.0752
100	3.418	2682.6	7.6953	1.696	2676.2	7.3618	0.0010437	419.1	1.3068
120	3.607	2721.6	7.7972	1.793	2716.5	7.4670	0.0010606	503.7	1.5276
140	3.796	2760.6	7.8940	1.889	2756.4	7.5662	0.9349	2747.8	7.2298
160	3.983	2799.6	7.9861	1.984	2796.2	7.6601	0.9840	2789.1	7.3275
180	4.170	2838.6	8.0742	2.078	2853.8	7.7495	1.032	2830.0	7.4196
200	4.356	2877.7	8.1587	2.172	2875.4	7.8349	1.080	2870.5	7.5072
220	4.542	2917.0	8.2399	2.266	2915.0	7.9169	1.128	2910.8	7.5907
240	4.728	2956.4	8.3182	2.359	2954.6	7.9958	1.175	2951.1	7.6707
260	4.913	2995.9	8.3939	2.453	2994.4	8.0719	1.222	2991.4	7.7477
280	5.099	3035.7	8.4671	2.546	3034.4	8.1454	1.269	3031.7	7.8219
300	5.284	3075.7	8.5380	2.639	3074.5	8.2166	1.316	3072.1	7.8937
320	5.469	3115.9	8.6070	2.732	3114.8	8.2857	1.363	3112.6	7.9632
340	5.654	3156.3	8.6740	2.824	3155.3	8.3529	1.410	3153.3	8.0307
360	5.839	3196.9	8.7392	2.917	3196.0	8.4183	1.456	3194.2	8.0964
380	6.024	3237.8	8.8028	3.010	3237.0	8.4820	1.503	3235.4	8.1603
400	6.209	3279.0	8.8649	3.102	3278.2	8.5442	1.549	3276.7	8.2226
420	6.394	3320.4	8.9255	3.195	3319.7	8.6049	1.596	3318.3	8.2835
440	6.579	3362.1	8.9848	3.288	3361.4	8.6642	1.642	3360.1	8.3429
460	6.764	3404.0	9.0428	3.380	3403.4	8.7223	1.688	3402.1	8.4011
480	6.949	3446.2	9.0996	3.473	3445.6	8.7991	1.735	3444.5	8.4581
500	7.133	3488.7	9.1552	3.565	3488.1	8.8348	1.781	3487.0	8.5139
520	7.138	3531.4	9.2098	3.658	3530.9	8.8894	1.828	3529.9	8.5686
540	7.503	3574.5	9.2634	3.750	3574.0	8.9431	1.874	3573.0	8.6223
560	7.688	3617.8	9.3160	3.843	3617.3	8.9957	1.920	3616.4	8.6750
580	7.873	3661.3	9.3677	3.935	3660.9	9.0474	1.967	3660.0	8.7268
600	8.057	3705.2	9.4185	4.028	3704.8	9.0982	2.013	3704.0	8.7776
650	8.519	3816.0	9.5419	4.259	3815.7	9.2217	2.129	3815.0	8.9012
700	8.981	3928.5	9.6606	4.490	3928.2	9.3405	2.244	3927.6	9.0201
750	9.443	4042.7	9.7750	4.721	4042.5	9.4549	2.360	4041.9	9.1346
800	9.904	4158.5	9.8855	4.952	4158.3	9.5654	2.475	4157.8	9.2452

[과열증기표(3)]

t[°C]	0.50[MPa] (5.0[bar]) t_s=151.84[°C]			0.60[MPa] (6.0[bar]) t_s=158.84[°C]			0.80[MPa] (8.0[bar]) t_s=170.41[°C]		
	v	h	s	v	h	s	v	h	s
0	0.0010000	0.5	−0.0001	0.0009999	0.6	−0.0001	0.0009998	0.8	−0.0001
10	0.0010000	42.5	0.1509	0.0010000	42.6	0.1509	0.0009999	42.8	0.1509
20	0.0010015	84.3	0.2962	0.0010015	84.4	0.2962	0.0010014	84.6	0.2961
40	0.0010076	167.9	0.5719	0.0010075	168.0	0.5719	0.0010075	168.2	0.5718
60	0.0010169	251.5	0.8307	0.0010169	251.6	0.8307	0.0010168	251.7	0.8306
80	0.0010290	335.3	1.0750	0.0010289	335.4	1.0749	0.0010288	335.3	1.0748
100	0.0010435	419.4	1.3066	0.0010434	419.4	1.3065	0.0010433	419.6	1.3063
120	0.0010605	503.9	1.5273	0.0010604	504.0	1.5272	0.0010603	504.1	1.5270
140	0.0010800	589.2	1.7388	0.0010799	589.3	1.7387	0.0010798	589.4	1.7385
160	0.3835	2766.4	6.8631	0.3165	2758.2	6.7640	0.0011021	675.6	1.9423
180	0.4045	2811.4	6.9647	0.3346	2804.8	6.8691	0.2471	2791.1	6.7122
200	0.4250	2855.1	7.0592	0.3520	2849.7	6.9662	0.2608	2838.6	6.8148
220	0.4450	2898.0	7.1478	0.3690	2893.5	7.0567	0.2740	2884.2	6.9094
240	0.4647	2940.1	7.2317	0.3857	2936.4	7.1419	0.2869	2928.6	6.9976
260	0.4841	2981.9	7.3115	0.4021	2978.7	7.2228	0.2995	2972.0	7.0806
280	0.5034	3023.4	7.3879	0.4183	3020.6	7.3000	0.3119	3014.9	7.1595
300	0.5226	3064.8	7.4614	0.4344	3062.3	7.3740	0.3241	3057.3	7.2348
320	0.5416	3106.1	7.5322	0.4504	3103.9	7.4454	0.3363	3099.4	7.3070
340	0.5606	3147.4	7.6008	0.4663	3145.5	7.5143	0.3483	3141.4	7.3767
360	0.5795	3188.8	7.6673	0.4821	3187.0	7.5810	0.3603	3183.4	7.4441
380	0.5984	3230.4	7.7319	0.4979	3228.7	7.6459	0.3723	3225.4	7.5094
400	0.6172	3272.1	7.7948	0.5136	3270.6	7.7090	0.3842	3267.5	7.5729
420	0.6359	3314.0	7.8561	0.5293	3312.6	7.7705	0.3960	3309.5	7.6347
440	0.6547	3356.1	7.9160	0.5450	3354.8	7.8305	0.4078	3352.1	7.6950
460	0.6734	3398.4	7.9745	0.5606	3397.2	7.8891	0.4196	3394.7	7.7539
480	0.6921	3441.0	8.0318	0.5762	3439.8	7.9465	0.4314	3437.5	7.8115
500	0.7108	3483.8	8.8079	0.5918	3482.7	8.0027	0.4432	3480.5	7.8678
520	0.7294	3526.8	8.1428	0.6074	3525.8	8.0577	0.4549	3523.7	7.9230
540	0.7481	3570.1	8.1967	0.6230	3569.1	8.1117	0.4666	3567.2	7.9771
560	0.7667	3613.6	8.2496	0.6386	3612.7	8.1647	0.4783	3610.9	8.0302
580	0.7853	3657.4	8.3016	0.6541	3656.6	8.2167	0.4900	3654.8	8.8024
600	0.8039	3701.5	8.3526	0.6696	3700.7	8.2678	0.5017	3699.1	8.1336
650	0.8504	3812.8	8.4766	0.7084	3812.1	8.3919	0.5309	3810.7	8.2579
700	0.8968	3925.8	8.5957	0.7471	3925.1	8.5111	0.5600	3923.9	8.3773
750	0.9432	4040.3	8.7105	0.7858	4039.8	8.6259	0.5891	4038.7	8.4923
800	0.9896	4156.4	8.2313	0.8245	4155.9	8.7368	0.6181	4155.0	8.6033

[과열증기표(4)]

t[°C]	1.00[MPa](10.0[bar]) t_s=179.88[°C]			1.20[MPa](12.0[bar]) t_s=187.96[°C]			2.00[MPa](20.0[bar]) t_s=212.37[°C]		
	v	h	s	v	h	s	v	h	s
0	0.0009997	1.0	−0.0001	0.0009996	1.2	−0.0001	0.0009992	2.0	0.0000
10	0.0009998	43.0	0.1509	0.0009997	43.2	0.1509	0.0009993	43.9	0.1508
20	0.0010013	84.8	0.2961	0.0010012	85.0	0.2960	0.0010008	85.7	0.2959
40	0.0010074	168.3	0.5717	0.0010073	168.5	0.5717	0.0010069	169.2	0.5713
60	0.0010167	251.9	0.8305	0.0010166	252.1	0.8304	0.0010162	252.7	0.8299
80	0.0010287	335.7	1.0746	0.0010286	335.8	1.0745	0.0010282	336.5	1.0740
100	0.0010432	419.7	1.3062	0.0010431	419.9	1.3060	0.0010427	420.5	1.3054
120	0.0010602	504.3	1.5269	0.0010601	504.4	1.5267	0.0010596	505.5	1.5260
140	0.0010796	589.5	1.7383	0.0010795	589.6	1.7381	0.0010790	590.2	1.7373
160	0.0011019	675.7	1.9420	0.0011018	675.8	1.9418	0.0011012	676.3	1.9408
180	0.1944	2776.5	6.5835	0.0011273	763.2	2.1390	0.0011267	763.6	2.1379
200	0.2059	2826.8	6.6922	0.1692	2814.4	6.5872	0.0011560	852.6	2.3300
220	0.2169	2874.6	6.7911	0.1788	2864.5	6.6909	0.1021	2819.9	6.3829
240	0.2276	2920.6	6.8825	0.1879	2912.2	6.7858	0.1084	2875.9	6.4943
260	0.2379	2965.2	6.9680	0.1968	2958.2	6.8738	0.1144	2928.1	6.5941
280	0.2480	3009.0	7.0485	0.2054	3003.0	6.9562	0.1200	2977.5	6.6852
300	0.2580	3052.1	7.1251	0.2139	3046.9	7.0342	0.1255	3025.0	6.7696
320	0.2678	3094.9	7.1984	0.2222	3090.3	7.1085	0.1308	3071.2	6.8487
340	0.2776	3137.3	7.2689	0.2304	3133.2	7.1798	0.1360	3116.3	6.9235
360	0.2873	3179.7	7.3368	0.2386	3176.0	7.2484	0.1411	3160.3	6.9950
380	0.2969	3222.0	7.4027	0.2467	3218.7	7.3147	0.1461	3204.9	7.0635
400	0.3065	3264.4	7.4665	0.2547	3261.3	7.3790	0.1511	3248.7	7.1295
420	0.3160	3306.9	7.5287	0.2627	3304.0	7.4415	0.1561	3292.4	7.1935
440	0.3256	3349.5	7.5893	0.2707	3346.8	7.5024	0.1610	3336.0	7.2555
460	0.3350	3392.2	7.6484	0.2787	3389.7	7.5618	0.1659	3379.7	7.3159
480	0.3445	3435.1	7.7062	0.2866	3432.8	7.6198	0.1707	3423.4	7.3748
500	0.3540	3478.3	7.7627	0.2945	3476.1	7.6765	0.1756	3467.3	7.4323
520	0.3634	3521.6	7.8181	0.3024	3519.6	7.7320	0.1804	3511.3	7.4885
540	0.3728	3565.2	7.8724	0.3103	3563.3	7.7864	0.1852	3555.5	7.5435
560	0.3822	3609.0	7.9256	0.3181	3607.2	7.8398	0.1900	3599.8	7.5974
580	0.3916	3653.1	7.9779	0.3260	3651.4	7.8922	0.1947	3644.4	7.6503
600	0.4010	3697.4	8.0292	0.3338	3695.8	7.9436	0.1995	3689.2	7.7022
650	0.4244	3809.3	8.1537	0.3534	3807.8	8.0684	0.2114	3802.1	7.8279
700	0.4477	3922.7	8.2734	0.3729	3921.4	8.1882	0.2232	3916.5	7.9485
750	0.4710	4037.6	8.3885	0.3923	4036.5	8.3036	0.2349	4032.2	8.0645
800	0.4943	4154.1	8.4497	0.4118	4153.1	8.4148	0.2467	4149.4	8.1763

[과열증기표(5)]

t[°C]	3.0[MPa](30[bar]) t_s=233.84[°C]			5.0[MPa](50[bar]) t_s=263.91[°C]			10[MPa](100[bar]) t_s=310.96[°C]		
	v	h	s	v	h	s	v	h	s
0	0.0009987	3.0	0.0001	0.0009977	5.1	0.0002	0.0009953	10.1	0.0005
10	0.0009988	44.9	0.1507	0.0009979	46.9	0.1505	0.0009956	51.7	0.1501
20	0.0010004	86.7	0.2957	0.0009995	88.6	0.2952	0.0009972	93.2	0.2942
40	0.0010065	170.1	0.5709	0.0010056	171.9	0.5702	0.0010034	176.3	0.5682
60	0.0010158	253.6	0.8294	0.0010149	255.3	0.8283	0.0010127	259.4	0.8257
80	0.0010278	337.3	1.0733	0.0010268	338.8	1.0720	0.0010245	342.8	1.0687
100	0.0010422	421.2	1.3046	0.0010412	422.7	1.3030	0.001386	426.5	1.2992
120	0.0010590	505.7	1.5251	0.0010579	507.1	1.5233	0.0010551	510.6	1.5188
140	0.0010783	590.8	1.7362	0.0010771	592.1	1.7342	0.0010739	595.4	1.7291
160	0.0011005	676.9	1.9396	0.0010990	678.1	1.9373	0.0010954	681.0	1.9315
180	0.0011258	764.1	2.1366	0.0011241	765.2	2.1339	0.0011199	767.8	2.1272
200	0.0011550	853.0	2.3284	0.0011530	853.8	2.3253	0.0011480	855.9	2.3176
220	0.0011891	943.9	2.5165	0.0011866	944.4	2.5129	0.0011805	945.9	2.5039
240	0.06816	2822.9	6.2241	0.0012264	1037.8	2.6984	0.0012188	1038.4	2.6877
260	0.07283	2885.1	6.3432	0.0012750	1134.9	2.8840	0.0012648	1134.2	2.8709
280	0.07712	2942.0	6.4479	0.04222	2856.9	6.0886	0.0013221	1235.0	3.0563
300	0.08116	2995.1	6.5422	0.04530	2925.5	6.2105	0.0013979	1343.4	3.2488
320	0.08500	3045.4	6.6285	0.04810	2987.2	6.3163	0.01926	2783.5	5.7145
340	0.08871	3093.9	6.7088	0.05070	3044.1	6.4106	0.02147	2883.4	5.8803
360	0.09232	3140.9	6.7844	0.05316	3097.6	6.4966	0.02331	2964.8	6.0110
380	0.09584	3187.0	6.8561	0.05551	3148.8	6.5762	0.02493	3035.7	6.1213
400	0.09931	3232.5	6.9246	0.05779	3198.3	6.6508	0.02641	3099.9	6.2182
420	0.1027	3277.5	6.9906	0.06001	3246.5	6.7215	0.02779	3159.7	6.3056
440	0.1061	3322.3	7.0543	0.06218	3294.0	6.7890	0.02911	3216.2	6.3861
460	0.1095	3367.0	7.1160	0.06431	3340.9	6.8538	0.03036	3270.5	6.4612
480	0.1128	3411.6	7.1760	0.06642	3387.4	6.9164	0.03158	3323.2	6.5321
500	0.1161	3456.2	7.2345	0.06849	3433.7	6.9770	0.03276	3374.6	6.5994
520	0.1194	3500.9	7.2916	0.07055	3479.8	7.0360	0.03391	3425.1	6.6640
540	0.1226	3545.7	7.3474	0.07259	3525.9	7.0934	0.03504	3475.1	6.7261
560	0.1259	3590.6	7.4020	0.07461	3572.0	7.1494	0.03615	3524.5	6.7863
580	0.1291	3635.7	7.4554	0.07662	3618.2	7.2042	0.03724	3573.7	6.8446
600	0.1323	3681.0	7.5079	0.07862	3664.5	7.2578	0.03832	3622.7	6.9013
650	0.1404	3795.0	7.6349	0.08356	3780.7	7.3872	0.04096	3744.7	7.0373
700	0.1483	3910.3	7.7564	0.08845	3897.9	7.5108	0.04355	3866.8	7.1660
750	0.1562	4026.8	7.8732	0.09329	4016.1	7.6292	0.04608	3989.1	7.2886
800	0.1641	4144.7	7.9857	0.09809	4135.3	7.7431	0.04858	4112.0	7.4058

[과열증기표(6)]

t[°C]	15[MPa](150[bar]) t_s=342.13[°C]			16[MPa](160[bar]) t_s=347.33[°C]			18[MPa](180[bar]) t_s=356.96[°C]		
	v	h	s	v	h	s	v	h	s
0	0.0009928	15.1	0.0007	0.0009923	16.1	0.0008	0.0009914	18.1	0.0008
10	0.0009933	56.5	0.1495	0.0009928	57.5	0.1494	0.0009919	59.4	0.1491
20	0.0009950	97.9	0.2931	0.0009946	98.8	0.2928	0.0009937	100.7	0.2924
40	0.0010013	180.7	0.5663	0.0010009	181.6	0.5659	0.0010000	183.8	0.5651
60	0.0010105	263.6	0.8230	0.0010100	264.5	0.8225	0.0010092	266.1	0.8215
80	0.0010221	346.8	1.0655	0.0012017	347.6	1.0648	0.0010208	349.2	1.0636
100	0.0010361	430.3	1.2954	0.0010356	431.0	1.2946	0.0010346	432.5	1.2931
120	0.0010523	514.2	1.5144	0.0010518	514.9	1.5136	0.0010507	516.3	1.5118
140	0.0010709	598.7	1.7241	0.0010703	599.4	1.7231	0.0010691	600.7	1.7212
160	0.0010919	684.0	1.9258	0.0010913	684.6	1.9247	0.0010899	685.9	1.9225
180	0.0011159	770.4	2.1208	0.0011151	771.0	2.1195	0.0011136	772.0	2.1170
200	0.0011433	858.1	2.3102	0.0011423	858.6	2.3087	0.0011405	859.5	2.3058
220	0.0011748	947.6	2.4953	0.0011736	947.9	2.4936	0.0011714	948.6	2.4903
240	0.0012115	1039.2	2.6775	0.0012102	1039.4	2.6755	0.0012074	1039.8	2.6716
260	0.0012553	1134.0	2.8585	0.0012535	1133.9	2.8561	0.0012500	1133.9	2.8514
280	0.0013090	1232.9	3.0407	0.0013065	1232.6	3.0377	0.0013018	1231.9	3.0319
300	0.0013779	1388.3	3.2278	0.0013743	1337.4	3.2238	0.0013673	1335.7	3.2162
320	0.0014736	1454.3	3.4267	0.0014674	1452.4	3.4210	0.0014558	1448.8	3.4101
340	0.0016324	1593.3	3.6571	0.0016176	1588.3	3.6462	0.0015920	1579.7	3.6269
360	0.01256	2770.8	5.5677	0.01104	2716.5	5.4634	0.008104	2569.1	5.2002
380	0.01428	2887.7	5.7497	0.01287	2851.1	5.6729	0.01040	2766.6	5.5079
400	0.01566	2979.1	5.8876	0.01427	2951.3	5.8240	0.01191	2890.3	5.6947
420	0.01686	3057.0	6.0016	0.01546	3034.2	5.9455	0.01311	2985.8	5.8345
440	0.01794	3126.9	6.1010	0.01653	3107.5	6.0479	0.01416	3066.8	5.9498
460	0.01895	3191.5	6.1904	0.01751	3174.5	6.1425	0.01510	3139.4	6.0502
480	0.01989	3252.4	6.2724	0.01842	3237.4	6.2270	0.01597	3206.5	6.1405
500	0.02080	3310.6	6.3487	0.01929	3297.1	6.3054	0.01678	3269.6	6.2232
520	0.02166	3366.8	6.4204	0.02013	3354.6	6.3787	0.01756	3329.8	6.3000
540	0.02250	3421.4	6.4885	0.02093	3410.3	6.4481	0.01831	3387.8	3.3722
560	0.02331	3475.0	6.5535	0.02171	3464.8	6.5143	0.01903	3444.1	6.4407
580	0.02114	3527.7	6.6160	0.02246	3518.3	6.5777	0.01972	3499.2	6.5061
600	0.02488	3579.8	6.6764	0.02320	3571.0	6.6389	0.02040	3553.4	6.5688
650	0.02677	3780.3	6.8195	0.02499	3700.9	6.7835	0.02204	3686.1	6.7166
700	0.02859	3853.4	6.9536	0.02672	3829.1	6.9188	0.02360	3816.5	6.8542
750	0.03036	3962.1	7.0806	0.02839	3956.7	7.0466	0.02512	3945.8	6.9838
800	0.03209	4088.6	7.2013	0.03002	4084.0	7.1681	0.02659	4074.6	7.1067

[과열증기표(7)]

t[°C]	20[MPa](2000[bar]) t_s=365.70[°C]			22[MPa](220[bar]) t_s=373.69[°C]			22.5[MPa](225[bar])		
	v	h	s	v	h	s	v	h	s
0	0.0009904	20.1	0.0008	0.0009895	22.1	0.0009	0.0009892	22.6	0.0009
10	0.0009910	61.3	0.1489	0.0009901	63.2	0.1486	0.0009899	63.7	0.1486
20	0.0009929	102.5	0.2919	0.0009920	104.4	0.2914	0.0009918	104.8	0.2913
40	0.0009992	185.1	0.5643	0.0009983	186.8	0.5635	0.0009981	187.3	0.5633
60	0.0010083	267.8	0.8204	0.0010075	269.5	0.8194	0.0010073	269.9	0.8191
80	0.0010199	350.8	1.0623	0.0010190	352.4	1.0610	0.0010188	352.8	1.0607
100	0.0010337	434.0	1.2916	0.0010327	435.6	1.2902	0.0010325	435.9	1.2898
120	0.0010497	517.7	1.5101	0.0010486	519.2	1.5084	0.0010483	519.5	1.5080
140	0.0010679	602.0	1.7192	0.0010667	603.4	1.7173	0.0010664	603.7	1.7168
160	0.0010886	687.1	1.9203	0.0010872	688.3	1.9181	0.0010869	688.6	1.9175
180	0.0011120	773.1	2.1145	0.0011105	774.2	2.1120	0.0011101	774.5	2.1114
200	0.0011387	860.4	2.3030	0.0011369	861.4	2.3001	0.0011365	861.6	2.2994
220	0.0011693	949.3	2.4869	0.0011671	950.0	2.4837	0.0011666	950.2	2.4829
240	0.0012047	1040.3	2.6677	0.0012021	1040.7	2.6639	0.0012015	1040.8	2.6630
260	0.0012466	1134.0	2.8468	0.0012432	1134.0	2.8423	0.0012424	1134.1	2.8412
280	0.0012971	1231.4	3.0262	0.0012927	1230.9	3.0207	0.0012916	1230.8	3.0193
300	0.0013606	1334.3	3.2089	0.0013543	1332.9	3.2018	0.0013527	1332.6	3.2000
320	0.0014451	1445.6	3.3998	0.0014351	1442.8	3.3901	0.0014328	1442.1	3.3877
340	0.0015704	1572.4	3.6100	0.0015516	1566.2	3.5947	0.0015473	1564.8	3.5911
360	0.001827	1742.9	3.8835	0.001762	1722.0	3.8449	0.001749	1717.9	3.8370
380	0.008246	2660.2	5.3165	0.006111	2504.4	5.0559	0.005492	2445.1	4.9606
400	0.009947	2820.5	5.5585	0.008251	2738.8	5.4102	0.007858	2716.0	5.3704
420	0.01120	2932.9	5.7232	0.009588	2874.6	5.6091	0.009244	2859.0	5.5799
440	0.01224	3023.7	5.8523	0.01064	2977.5	5.7556	0.01029	2965.4	5.7314
460	0.01315	3102.6	5.9616	0.01155	3064.0	5.8753	0.01119	3054.1	5.8539
480	0.01399	3174.4	6.0581	0.01237	3141.0	5.9789	0.01201	3132.5	5.9595
500	0.01477	3241.1	6.1456	0.01312	3211.7	6.0716	0.01275	3204.2	6.0535
520	0.01551	3304.2	6.2262	0.01382	3278.0	6.1563	0.01345	3271.4	6.1393
540	0.01621	3364.7	3.3015	0.01449	3341.0	6.2347	0.01411	3335.1	6.2186
560	0.01688	3423.0	6.3724	0.01512	3401.6	6.3083	0.01473	3396.2	6.2928
580	0.01753	3479.9	6.4389	0.01574	3460.2	6.3779	0.01534	3455.3	6.3630
600	0.01816	3535.5	6.5043	0.01633	3517.4	6.4441	0.01592	3512.9	6.4297
650	0.01967	3671.1	6.6554	0.01774	3656.1	6.5986	0.01731	3652.3	6.5850
700	0.02111	3803.8	6.7953	0.01907	3791.1	6.7410	0.01862	3787.9	6.7281
750	0.02550	3935.0	6.9267	0.02036	3924.1	6.8743	0.01988	3921.3	6.8618
800	0.02385	4065.3	7.0511	0.02160	4055.9	7.001	0.02110	4053.6	6.9880

[과열증기표(8)]

t[°C]	25[MPa](250[bar])			50[MPa](500[bar])			100[MPa](100[bar])		
	v	h	s	v	h	s	v	h	s
0	0.0009881	25.1	0.0009	0.0009767	49.3	−0.0002	0.0009565	95.9	−0.0067
10	0.0009888	66.1	0.1482	0.0009781	89.5	0.1441	0.0009586	134.5	0.1323
20	0.0009907	107.1	0.2907	0.0009804	129.9	0.2843	0.0009616	174.0	0.2692
40	0.0009971	189.4	0.5623	0.0009872	211.2	0.5525	0.0009690	253.8	0.5325
60	0.0010062	272.0	0.8178	0.0009961	292.8	0.8052	0.0009779	334.0	0.7808
80	0.0010177	354.8	1.0591	0.0010071	374.7	1.0438	0.0009882	414.4	1.0152
100	0.0010313	437.8	1.2879	0.0010200	456.8	1.2701	0.0009999	495.1	1.2373
120	0.0010470	521.3	1.5059	0.0010347	539.4	1.4856	0.0010132	576.0	1.4486
140	0.0010650	605.4	1.7144	0.0010514	622.4	1.6915	0.0010279	657.2	1.6502
160	0.0010853	690.2	1.9148	0.0010701	705.9	1.8890	0.0010443	738.9	1.8431
180	0.0011083	775.9	2.1083	0.0010910	790.2	2.0793	0.0010623	820.9	2.0283
200	0.0011343	862.8	2.2959	0.0011144	875.4	2.2632	0.0010821	903.5	2.2067
220	0.0011640	951.2	2.4789	0.0011407	961.6	2.4417	0.0011039	986.7	2.3789
240	0.0011983	1041.4	2.6583	0.0011703	1049.2	2.6158	0.0011279	1070.7	2.5458
260	0.0012384	1134.2	2.8357	0.0012040	1138.5	2.7864	0.0011543	1155.6	2.7081
280	0.0012863	1230.3	3.0126	0.0012426	1229.8	2.9545	0.0011833	1241.5	2.8663
300	0.0013453	1331.1	3.1916	0.0012874	1323.7	3.1213	0.0012155	1328.6	3.0210
320	0.0014214	1438.9	3.3764	0.0013406	1421.0	3.2882	0.0012514	1416.9	3.1723
340	0.0015273	1558.3	3.5743	0.0014055	1523.0	3.4572	0.0012921	1505.9	3.3200
360	0.001698	1701.1	3.8036	0.001486	1633.9	3.6355	0.001339	1603.4	3.4767
380	0.002240	1941.0	4.1757	0.001589	1746.8	3.8110	0.001390	1696.3	3.6211
400	0.006014	2582.0	5.1455	0.001729	1877.7	4.0083	0.001446	1797.6	3.7738
420	0.007580	2774.1	5.4271	0.001938	2026.6	4.2262	0.001511	1899.0	3.9223
440	0.008696	2901.7	5.6087	0.002269	2199.7	4.4723	0.001587	2000.3	4.0664
460	0.009609	3002.3	5.7479	0.002747	2387.2	4.7316	0.001675	2102.7	4.2079
480	0.01041	3088.5	5.8640	0.003308	2564.9	4.9709	0.001777	2207.7	4.3492
500	0.01113	3165.9	5.9655	0.003882	2723.0	5.1782	0.001893	2316.1	4.4913
520	0.01180	3237.4	6.0568	0.004408	2854.9	5.3446	0.002024	2427.2	4.6331
540	0.01242	3304.7	6.1405	0.004888	2968.9	5.4886	0.002168	2538.6	4.7719
560	0.01301	3368.7	6.2183	0.005328	3070.7	5.6124	0.002326	2648.2	4.9050
580	0.01358	3430.2	6.2913	0.005734	3163.2	5.7221	0.002493	2754.5	5.0311
600	0.01413	3489.9	6.3604	0.006111	3248.3	5.8207	0.002668	2857.5	5.1505
650	0.01542	3633.4	6.5203	0.006960	3438.9	6.0330	0.003106	3105.3	5.4267
700	0.01663	3771.9	6.6664	0.007720	3610.2	6.2138	0.003536	3324.4	5.6579
750	0.01779	3907.7	6.8025	0.008420	3770.9	6.3749	0.003952	3526.0	5.8600
800	0.01891	4041.9	6.9306	0.009076	3925.3	6.5222	0.004341	3714.3	6.0397

[증기의 $h-s$ 선도]

Mollier Chart For Steam JSME 1980 SI

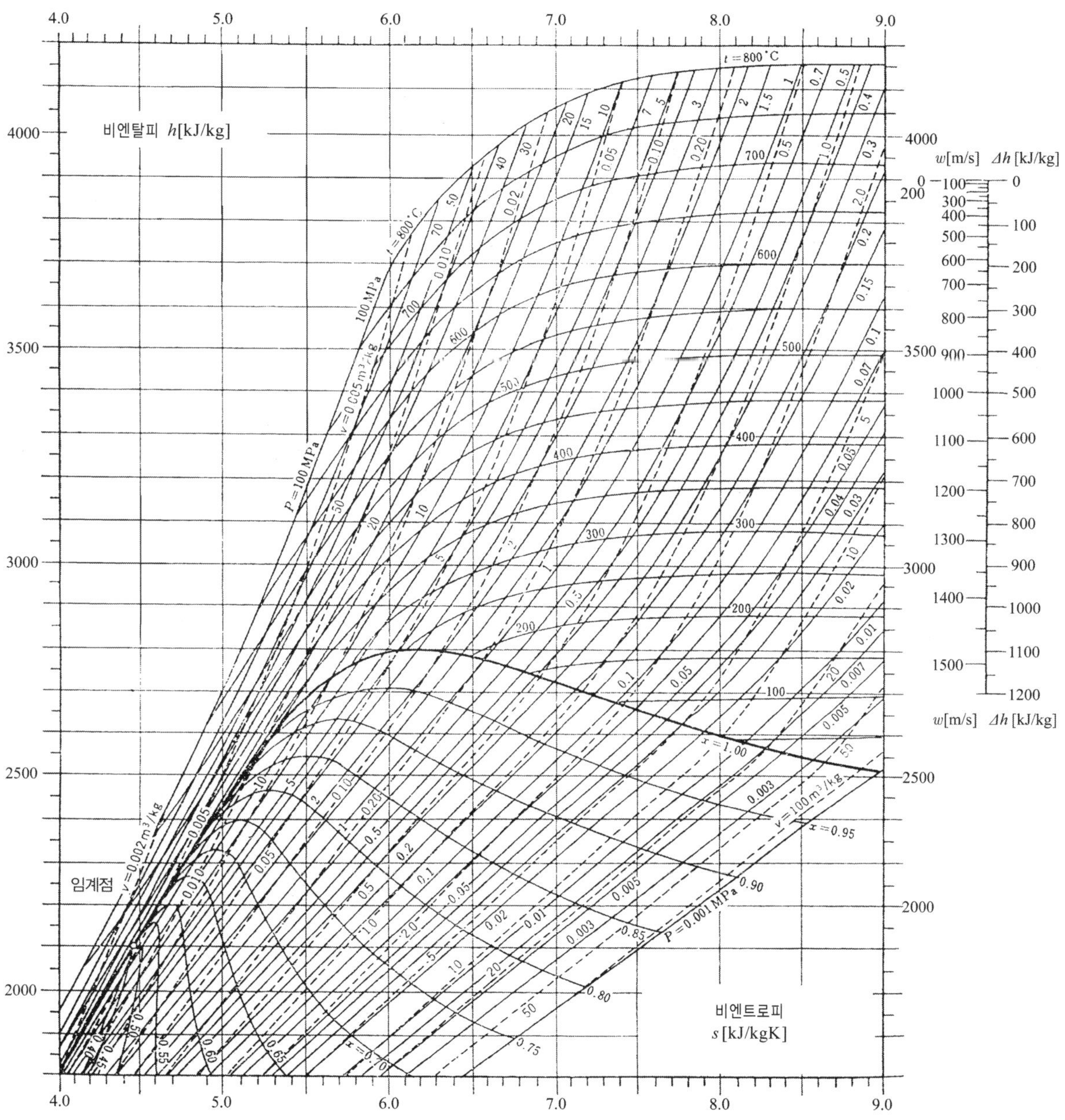

과년도 출제문제

기계열역학 제1회 기출문제

기계열역학

01

기체가 0.3MPa로 일정한 압력 하에 $8m^3$에서 $4m^3$까지 마찰 없이 압축되면서 동시에 500kJ의 열을 외부에 방출하였다면, 내부에너지(kJ)의 변화는 얼마나 되겠는가?

㉮ 약 700 ㉯ 약 1700
㉰ 약 1200 ㉱ 약 1300

02

어떤 가스의 비내부에너지 u(kJ/kg), 온도 t(℃), 압력 P(kPa), 비체적 $v(m^3/kg)$ 사이에는 다음의 관계식이 성립한다.

$$u = 0.28t + 532$$
$$Pv = 0.560(t + 380)$$

이 가스의 정압비열은 얼마 정도이겠는가?

㉮ 0.84kJ/kg℃ ㉯ 0.68kJ/kg℃
㉰ 0.50kJ/kg℃ ㉱ 0.28kJ/kg℃

03

잘 단열된 노즐에서 공기가 0.45MPa에서 0.15MPa로 팽창한다. 노즐 입구에서 공기의 속도는 50m/s, 온도는 150℃이며 출구에서의 온도는 45℃이다. 출구에서의 공기 속도는? (단, 공기의 정압비열과 정적비열은 1.0035kJ/kg·k, 0.7165kJ/kg·k이다.)

㉮ 약 350m/s ㉯ 약 363m/s
㉰ 약 445m/s ㉱ 약 462m/s

해설 및 정답

01

$Q = \Delta U + W$
$-500 = \Delta U + P(V_2 - V_1)$
$\quad = \Delta U + 0.3 \times 10^3 (4 - 8)$
$\Delta U = 700\,kJ$

 ㉮

02

엔탈피 $h = u + pv$
$C_p = C_v + R$
$h = u + pv = (0.28t + 532) + 0.56(t + 380)$
$dh = c_p dt = (0.8 + 0.56)dt$
$\therefore\ c_p = 0.84$

 ㉮

03

에너지보존법칙에서
$h_1 + \frac{v_1^2}{2} = h_2 + \frac{v_2^2}{2}$
$v_2 = \sqrt{50^2 + 2 \times 1003.5 \times (150 - 45)}$
$\quad = 462\,m/s$

 ㉱

04

다음 사항은 기계열역학에서 일과 열(熱)에 대한 설명이다. 이 중 틀린 것은?

㉮ 일과 열은 전달되는 에너지이지 열학적 상태량은 아니다.
㉯ 일의 단위는 J(joule)이다.
㉰ 일(work)의 크기는 힘과 그 힘이 작용하여 이동한 거리를 곱한 것이다.
㉱ 일과 열은 점함수이다.

05

10kg의 증기가 온도 50℃, 압력 38kPa, 체적 7.5m^{3}일 때 총 내부에너지는 6700kJ이다. 이와 같은 상태의 증기가 가지고 있는 엔탈피(enthalpy)는 몇 kJ인가?

㉮ 1606　　㉯ 1794
㉰ 2305　　㉱ 6985

06

227℃의 증기가 500kJ/kg의 열을 받으면서 가역등온 팽창한다. 이 때 증기의 엔트로피 변화는 약 얼마인가?

㉮ 1.0kJ/kg·K　　㉯ 1.5kJ/kg·K
㉰ 2.5kJ/kg·K　　㉱ 2.8kJ/kg·K

07

가역단열펌프에 100kPa, 50℃의 물이 2kg/s로 들어가면 4MPa로 압축된다. 이 펌프의 소요 동력은? (단, 50℃에서 포화액체(saturated liquid)의 비체적은 0.001m^3/kg이다.)

㉮ 3.9kW　　㉯ 4.0kW
㉰ 7.8kW　　㉱ 8.0kW

해설 및 정답

04

일과 열은 과정에 의존하므로 경로 함수이다.

 ㉱

05

엔탈피

$H = U + PV = 6700 + 38 \times 7.5 = 6985\,\text{kJ}$

 ㉱

06

$T = C$

$\Delta S = \dfrac{Q}{T} = \dfrac{500}{227 + 273} = 1\,\text{kJ/kgK}$

 ㉮

07

단위 kg당 펌프일

$W_p = v(p_1 - p_2) = 0.001(4000 - 100)$

$= 3.9\,\text{kJ/kg}$

$\therefore$ 2kg/s의 펌프일은 $W_P = 2 \times 3.9 = 7.8\,\text{kW}$

 ㉰

해설 및 정답 ㉮㉯㉰㉱

08

증기터빈 발전소에서 터빈 입출구의 엔탈피 차이는 130kJ/kg이고, 터빈에서의 열손실은 10kJ/kg이었다. 이 터빈에서 얻을 수 있는 최대 일은 얼마인가?

㉮ 10kJ/kg ㉯ 120kJ/kg
㉰ 130kJ/kg ㉱ 140kJ/kg

08

 ㉯

09

어떤 냉장고의 소비전력이 200W이다. 이 냉장고가 부엌으로 배출하는 열이 500W라면, 이 때 냉장고의 성능계수는 얼마인가?

㉮ 1 ㉯ 2
㉰ 0.5 ㉱ 1.5

09

$W = 200\,\mathrm{J/s}$
$Q_1 = 500\,\mathrm{J/s}$
$Q_2 = 300\,\mathrm{J/s}$
$\therefore \ \epsilon_R = \dfrac{Q_2}{W} = \dfrac{300}{200} = 1.5$

 ㉱

10

시스템의 온도가 가열과정에서 10℃에서 30℃로 상승하였다. 이 과정에서 절대온도는 얼마나 상승하였는가?

㉮ 11K ㉯ 20K
㉰ 293K ㉱ 303K

10

온도차는 같다.

답 ㉯

11

열펌프의 성능계수를 높이는 방법이 아닌 것은?

㉮ 응축 온도를 낮춘다. ㉯ 증발 온도를 낮춘다.
㉰ 손실 일을 줄인다. ㉱ 생성엔트로피를 줄인다.

11

히터의 성능계수

$\epsilon_h = \dfrac{T_1}{T_1 - T_2} = \dfrac{1}{1 - \dfrac{T_2}{T_1}}$ 을 크게 하려면

T_1이 크던지 T_2가 적으면 된다.
즉 응축 온도가 크던지 증발온도가 적으면 된다.

 ㉯

12

매시간 20kg의 연료를 소비하는 100PS인 가솔린 기관의 열효율은 약 얼마인가? (단, 1PS=750W이고, 가솔린의 저위발열량은 43470kJ/kg 이다.)

㉮ 18% ㉯ 22% ㉰ 31% ㉱ 43%

12

$$\eta = \frac{\text{출력}}{\text{발열량} \times \text{연료소비율}} = \frac{3600 \times 100 \times 0.75}{43470 \times 20} = 0.31$$

 ㉰

해설 및 정답 ㉮㉯㉰㉱

13

공기 10kg이 압력 200kPa, 체적 5m³인 상태에서 압력 400kPa, 온도 300℃인 상태로 변했다면 체적의 변화는? (단, 공기의 기체상수 $R=0.287$kJ/kg·K이다.)

㉮ 약 $+0.6\text{m}^3$　　㉯ 약 $+0.9\text{m}^3$
㉰ 약 -0.6m^3　　㉱ 약 -0.9m^3

13

$V_2=\dfrac{MRT_2}{P_2}=\dfrac{10\times0.287\times573}{400}=4.111$

$\triangle V=V_2-V_1=40111-5=-0.89$

$=-0.9\text{m}^3$

답 ㉱

14

이상기체의 가역단열 변화에서는 압력 P, 체적 V, 절대온도 T 사이에 어떤 관계가 성립하는가?(단, 비열비 $k=Cp/Cv$이다.)

㉮ PV=일정　　㉯ PV^{k-1}=일정
㉰ PT^k=일정　　㉱ TV^{k-1}=일정

14

단열과정 표기

$pv^k=c$, 또는 $TV^{k-1}=c$

답 ㉱

15

증기동력 사이클에 대한 다음의 언급 중 옳은 것은?

㉮ 이상적인 보일러에서는 등온 가열 과정이 진행된다.
㉯ 재열 사이클은 주로 사이클 효율을 낮추기 위해 적용한다.
㉰ 터빈의 토출 압력을 낮추면 사이클 효율도 낮아진다.
㉱ 최고 압력을 높이면 사이클 효율이 높아진다.

15

랭킨 싸이클 효율 증대 방법

초압 크게, 배압 낮게

답 ㉱

16

압력 5kPa, 체적이 0.3m³인 기체가 일정한 압력 하에서 압축되어 0.2m³로 되었을 때 이 기체가 한 일은?(단, +는 외부로 기체가 일을 한 경우이고, −는 기체가 외부로부터 일을 받은 경우)

㉮ 500J　　㉯ −500J　　㉰ 1000J　　㉱ −1000J

16

답 ㉯

17

이상기체 1kg이 가역등온 과정에 따라 $P_1=2$kPa, $V_1=0.1\text{m}^3$로부터 $V_2=0.3\text{m}^3$로 변화했을 때 기체가 한 일은 몇 주울(J)인가?

㉮ 9540　　㉯ 2200　　㉰ 954　　㉱ 220

17

등온일 때

$W=PV\ln\dfrac{V_2}{V_1}=2\times10^3\times0.1\ln\dfrac{0.3}{0.1}=220\text{ J}$

답 ㉱

해설 및 정답 ㉮㉯㉰㉱

18

다음 그림은 오토사이클의 $P-V$선도이다. 그림에서 3-4가 나타내는 과정은?

㉮ 단열 압축과정
㉯ 단열 팽창과정
㉰ 정적 가열과정
㉱ 정적 방열과정

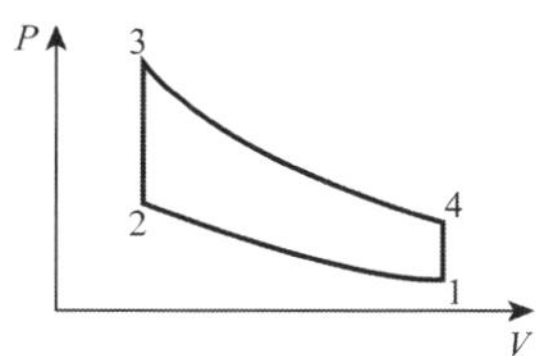

18

답 ㉯

19

공기표준 Carnot 열기관 사이클에서 최저 온도는 280K이고, 열효율은 60%이다. 압축전 압력과 열을 방출한 후 압력은 100kPa이다. 열을 공급하기 전의 온도와 압력은?(단, 공기의 비열비는 1.4이다.)

㉮ 700K, 2470kPa
㉯ 700K, 2200kPa
㉰ 600K, 2470kPa
㉱ 600K, 2200kPa

19

브레이턴 싸이클에서

$\eta = 1 - \dfrac{T_1}{T_2} = 1 - \dfrac{280}{T_2} = 0.6$

$T_2 = 700\,\text{K}$

$\dfrac{T_2}{T_1} = \left(\dfrac{P_2}{P_1}\right)^{\frac{k-1}{k}}$

$\therefore P_2 = P_1\left(\dfrac{700}{280}\right)^{\frac{1.4}{0.4}} = 2470\,\text{kPa}$

답 ㉮

20

400K의 물 1.0kg/s와 350K의 물 0.5kg/s가 정상과정으로 혼합되어 나온다. 이 과정 중에 300kJ/s의 열손실이 있다. 출구에서 물의 온도는 약 얼마인가? (단, 물의 비열은 4.18kJ/kg·K이다.)

㉮ 369.2K ㉯ 350.1K
㉰ 335.5K ㉱ 320.3K

20

1kg과 0.5kg을 혼합하면

$m_1c_1(400 - t_m) = m_2c_2(t_m - 350)$

$t_m = 383.33\,\text{K}$

$Q = mc(t_2 - 383.33)$

$-300 = 1.5 \times 4.18(t_2 - 383.33)$

$t_2 = 335.5\,\text{K}$

답 ㉰

기계열역학 **제2회 기출문제**

해설 및 정답

기계열역학

01

4kg의 공기를 온도 15℃에서 일정 체적으로 가열하여 엔트로피가 3.35kJ/K 증가하였다. 가열 후 온도는 어느 것에 가장 가까운가? (단, 공기의 정적 비열은 0.717kJ/kg℃이다.)

㉮ 927K　　㉯ 337K　　㉰ 535K　　㉱ 483K

01

$v = c \qquad \therefore ds = \dfrac{du}{T} = \dfrac{GC_v dt}{T}$

$\Delta S = GC_v \ln \dfrac{T_2}{T_1} = 4 \times 0.717 \ln \dfrac{T_2}{288}$

$T_2 = 927\text{K}$

답 ㉮

02

전류 25A, 전압 13V를 가하여 축전지를 충전하고 있다. 충전하는 동안 축전지로부터 15W의 열손실이 있다. 축전지의 내부에너지는 어떤 비율로 변하는가?

㉮ +310J/s　　㉯ −310J/s　　㉰ +340J/s　　㉱ −340J/s

02

$W = I \cdot V = 25 \times 13 = 325\,J$(받음)

$Q_{12} = \Delta U + W$

$-15 = \Delta U - 325$

$\Delta U = 310\,\text{J}$

답 ㉮

03

어떤 사람이 만든 열기관을 대기압 하에서 물의 빙점과 비등점 사이에서 운전할 때 열효율이 28.6%였다고 한다. 다음에서 옳은 것은?

㉮ 이론적으로 판단할 수 없다.
㉯ 경우에 따라 있을 수 있다.
㉰ 이론적으로 있을 수 있다.
㉱ 이론적으로 있을 수 없다.

03

$\eta = 1 - \dfrac{T_2}{T_1} = 1 - \dfrac{273}{373} = 0.268$

∴ 불성립

답 ㉱

04

1kg의 공기가 압력 $P_1 = 100\text{kPa}$, 온도 $t_1 = 20℃$의 상태로부터 $P_2 = 200\text{kPa}$, 온도 $t_2 = 100℃$의 상태로 변화하였다면 체적은 약 몇 배로 되는가?

㉮ 0.64　　㉯ 1.57　　㉰ 3.64　　㉱ 4.57

04

$\dfrac{V_2}{V_1} = \dfrac{T_2/P_2}{T_1/P_1} = \dfrac{P_1 T_2}{P_2 T_1} = \dfrac{100 \times 373}{200 \times 293} = 0.63$

답 ㉮

해설 및 정답 ㉮㉯㉰㉱

05

기체가 167kJ의 열을 흡수하고 동시에 외부로 20kJ의 일을 했을 때, 내부에너지의 변화는?

㉮ 약 187kJ 증가　㉯ 약 187kJ 감소
㉰ 약 147kJ 증가　㉱ 약 147kJ 감소

05

$Q = \Delta U + W$

$167 = \Delta U + 20$

$\Delta U = 147\,\text{kJ}$ 증가

답 ㉰

06

성능계수가 3.2인 냉동기가 시간당 20MJ의 열을 흡수한다. 이 냉동기를 작동하기 위한 동력은 몇 kW인가?

㉮ 2.25　㉯ 1.74　㉰ 2.85　㉱ 1.45

06

$\epsilon_R = \frac{Q_2}{W}$

$\therefore\ W = \frac{20 \times 10^3}{3.2 \times 3600} = 1.74\,\text{kW}$

답 ㉯

07

이상기체를 단열팽창시키면 온도가 어떻게 되는가?

㉮ 내려간다.
㉯ 올라간다.
㉰ 변화하지 않는다.
㉱ 알 수 없다.

07

답 ㉮

08

가정용 냉장고를 이용하여 겨울에 난방을 할 수 있다고 주장하였다면 이 주장은 이론적으로 열역학 법칙과 어떠한 관계를 갖겠는가?

㉮ 열역학 1법칙에 위배된다.
㉯ 열역학 2법칙에 위배된다.
㉰ 열역학 1, 2법칙에 위배된다.
㉱ 열역학 1, 2법칙에 위배되지 않는다.

08

답 ㉱

09

표준 대기압, 온도 100℃ 하에서 포화액체 물 1kg이 포화증기로 변하는데 열 2255kJ이 필요하였다. 이 증발과정에서 엔트로피(entropy)의 증가량은 얼마인가?

㉮ 18.6kJ/kg·K　㉯ 14.4kJ/kg·K
㉰ 10.2kJ/kg·K　㉱ 6.0kJ/kg·K

09

$\Delta S = \frac{\gamma}{T} = \frac{2255}{373} = 6\,\text{kJ/kgK}$

답 ㉱

10

밀폐시스템에서 초기 상태가 300K, $0.5m^3$인 공기를 등온과정으로 150kPa에서 600kPa까지 천천히 압축하였다. 이 과정에서 공기를 압축하는데 필요한 일은 약 몇 kJ인가?

㉮ 104 ㉯ 208 ㉰ 304 ㉱ 612

11

다음 중 이상적인 오토사이클의 효율을 증가시키는 방안으로 맞는 것은?

㉮ 최고온도 증가, 압축비 증가, 비열비 증가
㉯ 최고온도 증가, 압축비 감소, 비열비 증가
㉰ 최고온도 증가, 압축비 증가, 비열비 감소
㉱ 최고온도 감소, 압축비 증가, 비열비 감소

12

25℃, 0.01MPa 압력의 물 1kg을 5MPa 압력의 보일러로 공급할 때 펌프가 가역단열 과정으로 작용한다면 펌프에 필요한 일의 양에 가장 가까운 값은? (단, 물의 비체적은 $0.001m^3/kg$이다.)

㉮ 2.58kJ ㉯ 4.99kJ ㉰ 20.10kJ ㉱ 40.20kJ

13

출력 10000kW의 터빈 플랜트의 매시 연료소비량이 5000kg/hr이다. 이 플랜트의 열효율은? (단, 연료의 발열량은 33440kJ/kg이다.)

㉮ 25% ㉯ 21.5% ㉰ 10.9% ㉱ 40%

14

초기에 온도 T, 압력 P 상태의 기체의 질량 m이 들어있는 견고한 용기에 같은 기체를 추가로 주입하여 질량 $3m$이 온도 $2T$ 상태로 들어있게 되었다. 최종상태에서 압력은? (단, 기체는 이상기체이다.)

㉮ $6P$ ㉯ $3P$ ㉰ $2P$ ㉱ $3P/2$

해설 및 정답

10

$PV = C$

$$W_{12} = \int V dp = P_1 V_1 l_n \frac{P_2}{P_1} = 150 \times 0.5 l_n \frac{600}{150} = 104\ kJ$$

답 ㉮

11

$$\eta = 1 - \frac{1}{\epsilon^{k-1}}$$

답 ㉮

12

$$W_p = v(P_2 - P_1) = 0.001(5 - 0.01) \times 10^3 = 4.99\ kJ$$

답 ㉯

13

$$\eta = \frac{출력}{입력} = \frac{10000 \times 3600}{33440 \times 5000} = 0.215$$

답 ㉯

14

$$v = \frac{mRT}{P} = \frac{3mR2T}{P_2}$$

$P_2 = 6P$

답 ㉮

해설 및 정답 ㉮㉯㉰㉱

15

다음 정상유동 기기에 대한 설명으로 맞는 것은?

㉮ 압축기의 가역 단열 공기(이상기체)유동에서 압력이 증가하면 온도는 감소한다.
㉯ 일차원 정상유동 노즐 내 작동 유체의 출구 속도는 가역 단열과정이 비가역 과정보다 빠르다.
㉰ 스로틀(throttle)은 유체의 급격한 압력증가를 위한 장치이다.
㉱ 디퓨저(diffuser)는 저속의 유체를 가속시키는 기기로 압축기 내 과정과 반대이다.

15

답 ㉯

16

온도가 127℃, 압력이 0.5MPa, 비체적이 0.4m³/kg인 이상기체가 같은 압력 하에서 비체적이 0.3m³/kg으로 되었다면 온도는 약 몇 ℃인가?

㉮ 16　㉯ 27　㉰ 96　㉱ 300

16

$P = C$

$T_2 = T_1 \frac{V_2}{V_1} = 400 \times \frac{0.3}{0.4} = 300\text{K} = 27℃$

답 ㉯

17

온도 5℃와 35℃ 사이에서 작동되는 냉동기의 최대 성능계수는?

㉮ 10.3　㉯ 5.3　㉰ 7.3　㉱ 9.3

17

$\epsilon = \frac{T_2}{T_1 - T_2} = \frac{278}{35-5} = 9.3$

답 ㉱

18

흡수식 냉동기에서 고온의 열을 필요로 하는 곳은?

㉮ 응축기　㉯ 흡수기　㉰ 재생기　㉱ 증발기

18

답 ㉰

19

다음의 기본 랭킨 사이클의 보일러에서 가하는 열량을 엔탈피의 값으로 표시하였을 때 올바른 것은? (단, h는 엔탈피이다.)

㉮ $h_5 - h_1$
㉯ $h_4 - h_5$
㉰ $h_4 - h_2$
㉱ $h_2 - h_1$

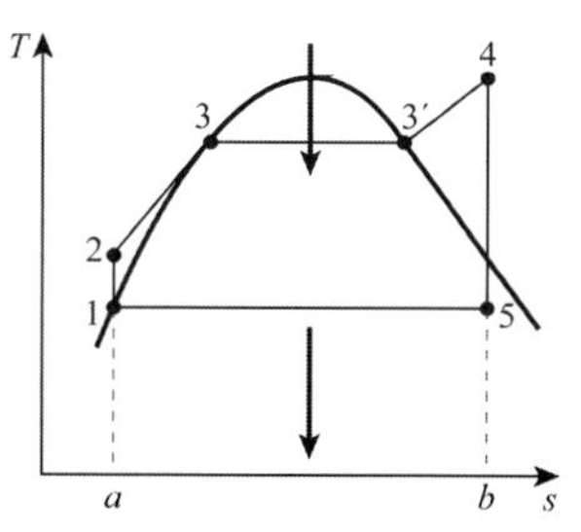

19

보일러 : 2-3 과정
터빈 : 4-5 과정
복수기 : 5-1 과정
펌프 : 1-2 과정

답 ㉰

20

포화상태량 표를 참조하여 온도 −42.5℃, 압력 100kPa 상태의 암모니아 엔탈피를 구하면?

암모니아의 포화상태량 표		
온도(℃)	압력(kPa)	포화액체엔탈피(kJ/kg)
−45	54.5	−21.94
−40	71.7	0
−35	93.2	22.06
−30	119.5	44.26

㉮ −10.97kJ/kg　　㉯ 11.03kJ/kg

㉰ 27.80kJ/kg　　㉱ 33.16kJ/kg

해설 및 정답 ㉮㉯㉰㉱

20

답 ㉮

기계열역학 **제3회 기출문제**

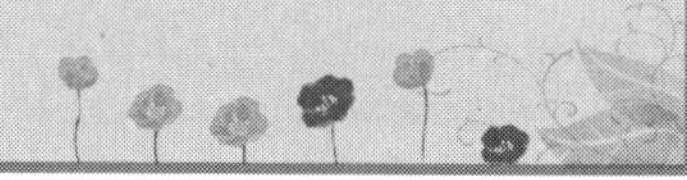

기계열역학

01

터빈의 효율에 대한 정의로 맞는 것은?

① 실제 과정의 일 ÷ 등엔트로피 과정의 일
② 등엔트로피 과정의 일 ÷ 실제 과정의 일
③ 실제 과정의 일 × 등엔트로피 과정의 일
④ (등엔트로피 과정의 일 ÷ 실제 과정의 일)^2

02

흑체의 온도가 20℃에서 80℃로 되었다면 방사하는 복사에너지는 약 몇 배가 되는가?

① 1.2 ② 2.1
③ 4.0 ④ 5.0

03

증기터빈에서 질량유량이 1.5kg/s이고, 열손실율이 8.5kW이다. 터빈으로 출입하는 수증기에 대하여 그림에 표시한 바와 같은 데이터가 주어진다면 터빈의 출력은? (단, 중력가속도 $g = 9.8\text{m/s}^2$이다.)

① 약 273kW
② 약 656kW
③ 약 1357kW
④ 약 2616kW

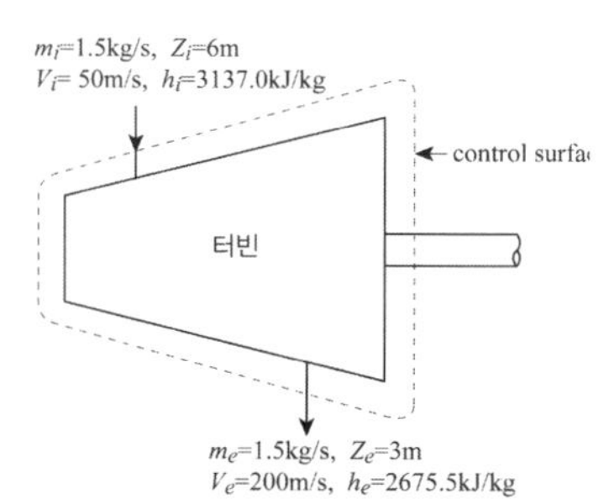

해설 및 정답

01

터빈효율(단면효율)

$$t = \frac{h_2 - h_1'}{h_2 - h_1} = \frac{\text{실제일}}{\text{단열일}}$$

답 ①

02

복사에너지(스테판-볼츠만의 법칙)

$$\alpha\left(\frac{273+80}{273+20}\right)^4 = \left(\frac{353}{293}\right)^4 = 2.1$$

답 ②

03

$$\theta_2 + Mh_1 + \frac{1}{2}MV_1^2 + MgZ_1$$
$$= w_2 + Mh_2 + \frac{1}{2}MV_2^2 = MgZ_2$$
$$w_1 = -8.5 + 15(3137 - 2675.5)$$
$$+ \frac{1}{2}1.5(50^2 - 200^2) \times 10^{-3}$$
$$+ 1.5 \times 9.8 \times (6-3) \times 10^{-3}$$
$$= 656\text{kW}$$

답 ②

04

피스톤-실린더 내에 공기 3kg 이 있다. 공기가 200kPa, 10℃인 상태에서 600kPa이 될 때까지 "$PV^{1.3}$ = 일정"인 과정으로 압축된다. 이 과정에서 공기가 한 일은 약 몇 kJ인가? (단, 공기의 개체상수는 0.287kJ/kg·K이다.)

① −285　② −235
③ 13　④ 125

05

마찰이 없는 피스톤과 실린더로 구성된 밀폐 계에 분자량이 25인 이상기체 2kg이 있다. 기체의 압력이 100kPa로 일정할 때 체적이 $1m^3$에서 $2m^3$로 변화한다면 이 과정 중 열 전달량은? (단, 정압비열은 1.0kJ/kg·K이다.)

① 약 150kJ　② 약 202kJ
③ 약 268kJ　④ 약 300kJ

06

33kW의 동력을 내는 열기관이 1시간 동안 하는 일은 약 얼마인가?

① 83600kJ　② 104500kJ
③ 118800kJ　④ 988780kJ

07

다음 열과 일에 대한 설명 중 맞는 것은?

① 과정에서 열과 일은 모두 경로에 무관하다.
② Watt(W)는 열의 단위이다.
③ 열역학 제1법칙은 열과 일의 방향성을 제시한다.
④ 사이클에서 시스템의 열전달 양은 곧 시스템이 수행한 일과 같다.

해설 및 정답

04

$$w_2 = \frac{1}{1-n}(P_2V_2 - P_1V_1) = \frac{P_1V_1}{1-n}\left(\left(\frac{P_2}{P_1}\right)^{\frac{n-1}{n}} - 1\right) = \frac{3\times0.287\times283}{-0.3}\left[\left(\frac{600}{200}\right)^{\frac{0.3}{1.3}} - 1\right] = -235\text{kJ}$$

답 ②

05

$P = C$

$\delta Q = dH$

$${}_1Q_2 = MC_P(t_2 - t_1) = 2\times1\times(300.69 - 150.3) = 300\text{kJ}$$

답 ④

06

$w_2 = 33\times3600 = 118800\text{kJ}$

답 ③

07

답 ④

08

이상기체가 정압 하에서 엔탈피 증가가 939.4kJ, 내부에너지 증가는 512.4kJ이었으며, 체적은 0.5m^3 증가하였다. 이 기체의 압력은?

① 665kkPa ② 754kPa
③ 854kPa ④ 786kPa

해설 및 정답

08

$\Delta H = \Delta U + P(V_2 - V_1)$

$P = \dfrac{\Delta H - \Delta U}{V_2 - V_1}$

$= \dfrac{939.4 - 512.4}{0.5}$

$= 854\text{kPa}$

 ③

09

질소의 압축성 인자(계수)에 대한 설명으로 맞는 것은?

① 상온 및 상압인 300K, 1기압 상태에서 압축성
② 온도에 관계없이 압력이 0에 가까워지면 압축성인자도 0에 접근한다.
③ 압력이 30MPa 이상인 초고밀도 영역에서 압축성인자는 항상 1보다 작다.
④ 상온 및 상압인 300K, 1기압 상태에서 온도가 증가하면 압축성 인자는 감소한다.

09

압축성 인자(계수) : 주어진 온도와 압력에서 이상기체로부터 벗어난 정도

$\therefore Z = \dfrac{PV}{RT} = \dfrac{V_{actal}}{V_{ideal}}$

$\therefore V_{ideal} = \dfrac{KT}{P}$

이상기체 : $Z = 1$

실제기체 : $Z > 1$

$Z < 1$

 ①

10

임계점 및 삼중점에 대한 설명으로 옳은 것은?

① 헬륨이 상온에서 기체로 존재하는 이유는 임계 온도가 상온보다 훨씬 높기 때문이다.
② 초임계 압력에서는 두 개의 상이 존재한다.
③ 물의 삼중점 온도는 임계 온도보다 높다.
④ 임계점에서는 포화액체와 포화증기의 상태가 동일하다.

10

답 ④

11

이상기체 1kg을 300K, 100kPa에서 500K까지 "PV^n=일정"의 과정($n = 1.2$)을 따라 변화시켰다. 기체의 비열비는 1.3, 기체상수는 0.287kJ/kg·K라고 가정한다면 이 기체의 엔트로피 변화량은 약 몇 kJ/K인가?

① −0.244 ② −0.287
③ −0.344 ④ −0.373

11

$PV^n = C$

$C_n = \dfrac{n-k}{n-1}C$

$= \dfrac{1.2-1.3}{1.2-1} \times \dfrac{0.287}{1.3-1} = -0.4783$

$d_s = \dfrac{\delta\theta}{T} = \dfrac{MC_n dt}{T}$

$\Delta S = 1 \times C_n \ln\dfrac{T_2}{T_1} = -0.4783 \ln\dfrac{500}{300}$

$= 0.2443\text{kJ/K}$

 ①

12

다음 열역학 성질(상태량)에 대한 설명 중 맞는 것은?

① 엔탈피는 점함수이다.
② 엔트로피는 비가역과정에 대해서 경로함수이다.
③ 시스템 내 기체의 열평형은 압력이 시간에 따라 변하지 않을 때를 말한다.
④ 비체적은 종량적 상태량이다.

13

증기압축 냉동사이클에 대한 설명 중 맞는 것은?

① 팽창밸브를 통한 과정은 등엔트로피 과정이다.
② 압축기 단열효율은 100%보다 클 수 있다.
③ 응축온도는 주위 온도보다 낮을 수 있다.
④ 성능계수는 1보다 클 수 있다.

14

한 시간에 3600kg의 석탄을 소비하여 6050kW를 발생하는 증기터빈을 사용하는 화력발전소가 있다면, 이 발전소의 열효율은? (단, 석탄의 발열량은 29900kJ/kg이다.)

① 약 20% ② 약 30%
③ 약 40% ④ 약 50%

15

600kPa, 300K 상태의 아르곤(argon) 기체 1kmol이 엔탈피가 일정한 과정을 거쳐 압력이 원래의 1/3배가 되었다. 일반기체상수 $\overline{R}=$ 8.31451kJ/kmol·K이다. 이 과정 동안 아르곤(이상기체)의 엔트로피 변화량은?

① 0.782kJ/K ② 8.31kJ/K
③ 9.13kJ/K ④ 60.0kJ/K

해설 및 정답

12

성질(상태량) = 점함수

답 ①

13

답 ④

14

$$\eta = \frac{출력}{발열량 \times 연소비율}$$
$$= \frac{6050}{3600 \times \frac{1}{3600} \times 29900}$$
$$= 0.2$$

답 ①

15

$h = c : T = C$ (아르곤 분자량 39.9=40)

$\delta\theta = \delta w = PdV$

$d_s = \frac{pdv}{T} = \frac{MRdV}{}$

$$\triangle s = MR \ln\frac{V_2}{V_1}$$
$$= \frac{40 \times 8.314}{40} \ln 3 = 9.13\text{kJ/K}$$

 ③

16

냉동용량 23kW인 냉동기의 성능계수가 3이다. 이때 필요한 동력은 몇 kW인가?

① 4.4　② 5.7
③ 6.7　④ 7.7

17

상온의 감자를 가열하여 뜨거운 감자로 요리하였다. 감자의 에너지 변동 중 맞는 것은?

① 위치에너지가 증가　② 엔탈피 감소
③ 운동에너지 감소　④ 내부에너지가 증가

18

어떤 냉동기에서 0℃의 물로 0℃의 얼음 2ton을 만드는데 180MJ의 일이 소요된다면 이 냉동기의 성능계수는? (단, 물의 융해열은 334kJ/kg이다.)

① 2.05　② 2.32
③ 2.65　④ 3.71

19

이상적인 랭킨(Rankine)사이클에서 정적단열과정이 진행되는 곳은?

① 보일러　② 펌프
③ 터빈　④ 응축기

20

다음의 설명 중 틀린 것은?

① 엔트로피는 종량적 상태량이다.
② 과정이 비가역으로 되는 요인에는 마찰, 불구속 팽창, 유한 온도차에 의한 열전달 등이 있다.
③ Carnot cycle은 비가역이므로 모든 과정을 역으로 운전 할 수 없다.
④ 시스템의 가역과정은 한번 진행된 과정이 역으로 진행될 수 있으며, 그 때 시스템이나 주위에 아무런 변화를 남기지 않는 과정이다.

해설 및 정답

16

$$\varepsilon_k = \frac{Q_2}{w}$$

$$w = \frac{Q_2}{\varepsilon_k} = \frac{23}{3} = 7.7\,\text{kW}$$

답 ④

17

내부에너지 : 온도만의 함수

답 ④

18

$$\varepsilon_k = \frac{Q_2}{w}$$

$$= \frac{334 \times 2000 \times 10^3}{180 \times 10^6}$$

$$= 3.71$$

답 ④

19

Pump : 단열과 등적
보일러 : 정압
터빈 : 단열
응출기 : 정압

답 ②

20

carnot-cycle : 가역 cycle

답 ③

기계열역학 제4회 기출문제

기계열역학

01

두께 10mm, 열전도율 15W/m·℃인 금속판의 두 면의 온도가 각각 70℃와 50℃일 때 전열면 $1m^2$당 1분 동안에 전달되는 열량은 몇 kJ인가?

① 1,800　② 14,000
③ 92,000　④ 162,000

01 $Q = K\frac{A\Delta T}{t} = 15 \times \frac{1 \times 70 \times 60}{0.01} = 1,800\,\mathrm{J}$

답 ①

02

냉매 R－134a를 사용하는 증기－압축 냉동사이클에서 냉매의 엔트로피가 감소하는 구간은 어디인가?

① 증발구간　② 압축구간
③ 팽창구간　④ 응축구간

02

답 ④

03

이상기체의 마찰이 없는 정압과정에서 열량 Q는? (단, C_v는 정적비열, C_p는 정압비열, k는 비열비, dT는 임의의 점의 온도변화이다)

① $Q = C_v\,dT$　② $Q = k^2 C_v\,dT$
③ $Q = C_p\,dT$　④ $Q = kC_p\,dT$

03 $P = C$
$\delta Q = dH$

답 ③

04

절대온도 T_1 및 T_2의 두 물체에 있다. T_1에서 T_2로 열량 Q가 이동할 때 이 두 물체가 이루는 계의 엔트로피 변화를 나타내는 식은? (단, $T_1 > T_2$이다)

① $\frac{T_1 - T_2}{Q(T_1 \times T_2)}$　② $\frac{Q(T_1 + T_2)}{T_1 \times T_2}$
③ $\frac{Q(T_1 - T_2)}{T_1 \times T_2}$　④ $\frac{T_1 + T_2}{Q(T_1 \times T_2)}$

04 $\Delta S = \frac{Q}{T_2} - \frac{Q}{T_1} = \frac{(T_1 - T_2)Q}{T_1 T_2}$

답 ③

05

온도가 -23℃의 냉동실로부터 기온이 27℃인 대기 중으로 열을 뽑아내는 가역냉동기가 있다. 이 냉동기의 성능 계수는?

① 3　② 4
③ 5　④ 6

06

공기는 압력이 일정할 때 그 정압비열이 $C_p = 1.0053+0.000079t$ kJ/kg·℃라고 하면 공기 5kg을 0℃에서 100℃까지 일정한 압력하에서 가열하는데 필요한 열량은 약 얼마인가? (단, $t=$℃이다)

① 100.5kJ　② 100.9kJ
③ 502.7kJ　④ 504.6kJ

07

공기 1kg를 1MPa, 250℃의 상태로부터 압력 0.2MPa까지 등온 변화한 경우 외부에 대하여 한 일량은 약 몇 kJ인가? (단, 공기의 기체상수는 0.287kJ/kg·K이다)

① 157　② 242
③ 313　④ 465

08

질량(質量) 50kg인 계(系)의 내부에너지(u)가 100kJ/kg이며, 계의 속도는 100m/s이고, 중력장(重力場)의 기준면으로부터 50m의 위치에 있다고 할 때, 계에 저장된 에너지(E)는?

① 3254.2kJ　② 4827.7kJ
③ 5274.5kJ　④ 6251.4kJ

09

다음 중 열전달률을 증가시키는 방법이 아닌 것은?

① 2중 유리창을 설치한다.
② 엔진실린더의 표면 면적을 증가시킨다.
③ 팬의 풍량을 증가시킨다.
④ 냉각수 펌프의 유량을 증가시킨다.

해설 및 정답

05

$$\epsilon_R = \frac{Q_2}{W} = \frac{T_2}{T_1 - T_2} = \frac{273-23}{27-(-23)} = 5$$

답 ③

06

$p = c$

$\delta Q = dH$

$$Q = \int MC_p dT$$
$$= 5(1.0053\,T)_0^{100} + 5\left(\frac{0.000079\,T^2}{2}\right)_0^{100}$$
$$= 504.6$$

답 ④

07

$T = C(PV = C)$

$$W = \int PdV = \int \frac{C}{V}dV = C\ln\frac{V_2}{V_1}$$
$$= 0.287 \times (250+273)\ln\frac{1}{0.2} = 242\,\text{kJ}$$

답 ②

08

$$\text{에너지} = 50 \times 100 + \frac{1}{2} \times 50 \times 100^2 \times 10^{-3} + 50 \times 9.8 \times 50 \times 10^{-3}$$
$$= 5274.5\text{kJ}$$

답 ③

09

답 ①

10

준평형 과정으로 실린더 안의 공기를 100kPa, 300K 상태에서 400kPa까지 압축하는 과정 동안 압력과 체적의 관계는 "PV^n = 일정(n=1.3)"이며, 공기의 정적비열은 C_v=0.717kJ/kg·K, 기체상수(R)=0.287kJ/kg·K이다. 단위질량당 일과 열의 전달량은?

① 일 = −108.2kJ/kg, 열 = −27.11kJ/kg
② 일 = −108.2kJ/kg, 열 = −189.3kJ/kg
③ 일 = −125.4kJ/kg, 열 = −27.11kJ/kg
④ 일 = −125.4kJ/kg, 열 = −189.3kJ/kg

11

저온실로부터 46.4kW의 열을 흡수할 때 10kW의 동력을 필요로 하는 냉동기가 있다면, 이 냉동기의 성능계수는?

① 4.64 ② 5.65
③ 56.5 ④ 46.4

12

어떤 시스템이 100kJ의 열을 받고, 150kJ의 일을 하였다면 이 시스템의 엔트로피는?

① 증가했다.
② 감소했다.
③ 변하지 않았다.
④ 시스템의 온도에 따라 증가할 수도 있고 감소할 수도 있다.

13

500W의 전열기로 4kg의 물을 20℃에서 90℃까지 가열하는데 몇 분이 소요되는가? (단, 전열기에서 열은 전부 온도 상승에 사용되고 물의 비열은 4180J/kg·K이다)

① 16 ② 27
③ 39 ④ 45

14

밀폐된 실린더 내의 기체를 피스톤으로 압축하는 동안 300kJ의 열이 방출되었다. 압축일의 양이 400kJ이라면 내부에너지 증가는?

① 100kJ ② 300kJ
③ 400kJ ④ 700kJ

해설 및 정답

10

$T_2 = T_1\left(\frac{P_2}{P_1}\right)^{\frac{n-1}{n}} = 300\times 4^{\frac{0.3}{1.3}} = 413.1$

$C_n = \frac{n-k}{n-1}C_v = -\frac{0.1}{0.3}\times 0.717 = -0.239$

$q = C_n(T_2 - T_1) = 0.239(413.1-300)$
$= -27.1\text{KJ/kg}$

답 ①

11

냉동기의 성능계수

$\epsilon_r = \frac{Q_2}{W} = \frac{46.4}{10} = 4.64$

답 ①

12

$Q = \Delta U + W$

$100 = \Delta U + 150$

$\therefore \Delta U = -50$ (내부에너지는 온도의 함수이므로 온도 강하)

$ds = \frac{\delta q}{T}$ 에서 엔트로피 상승

답 ①

13

$Q = MC\Delta T = 4\times 4180\times 70\text{J} = 1170400\text{J}$

$500\text{W} = 500\text{J/s}$

$\therefore 500 : 1 = 1170400 : x$

$x = \frac{1170400}{500\times 60} = 39\text{min}$

답 ③

14

$Q = \Delta U + W$

$-300 = \Delta U - 400$

$\therefore \Delta U = 100\text{kJ}$

답 ①

15

온도 300K, 압력 100kPa 상태의 공기 0.2kg이 완전히 단열된 강체 용기 안에 있다. 패들(paddle)에 의하여 외부에서 공기에 5kJ의 일이 행해진다. 최종 온도는 얼마인가? (단, 공기의 정압비열과 정적비열은 1.0035kJ/kg·K, 0.7165kJ/kg·K이다)

① 약 325K　　② 약 275K
③ 약 335K　　④ 약 265K

16

1kg의 공기를 압력 2MPa, 온도 20℃의 상태로부터 4MPa, 온도 100℃의 상태로 변화하였다면 최종체적은 초기체적의 약 몇 배인가?

① 0.125　　② 0.637
③ 3.86　　④ 5.25

17

카르노 열기관에서 열공급은 다음 중 어느 가역과정에서 이루어지는가?

① 등온팽창　　② 등온압축
③ 단열팽창　　④ 단열압축

18

교축과정(throttling process)에서 처음 상태와 최종 상태의 엔탈피는 어떻게 되는가?

① 처음 상태가 크다.
② 최종 상태가 크다.
③ 같다.
④ 경우에 따라 다르다.

해설 및 정답

15

$\delta Q = dU + \delta W = 0$에서

$W_{12} = -\Delta U = -MC_v(T_2 - T_1)$

$5 = 0.2 \times 0.7165(T_2 - 300)$

$\therefore T_2 = 334.89 \fallingdotseq 335\text{K}$

 ③

16

$v_2 = \dfrac{RT_2}{P_2}$

$v_1 = \dfrac{RT_1}{P_1}$

$\dfrac{v_2}{v_1} = \dfrac{T_2P_1}{T_1P_2} = \dfrac{2 \times 273}{4 \times 313} = 0.637$

답 ②

17

답 ①

18

교축과정

엔탈피 일정, 압력과 온도강하, 엔트로피 증가

 ③

19

그림과 같은 공기표준 브레이튼(Brayton) 사이클에서 작동유체 1kg 당 터빈 일은 얼마인가? (단, $T_1=300$K, $T_2=475.1$K, $T_3=1100$K, $T_4=694.5$K이고, 공기의 정압비열과 정적비열은 각각 1.0035kJ/kg·K, 0.7165kJ/kg·K이다)

① 406.9kJ/kg
② 290.6kJ/kg
③ 627.2kJ/kg
④ 448.3kJ/kg

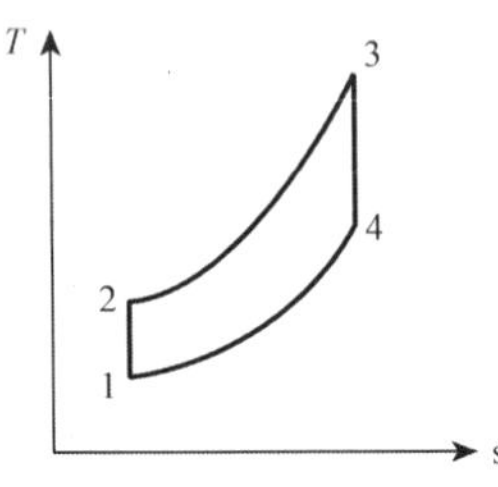

20

서로 같은 단위를 사용할 수 없는 것으로 나타낸 것은?

① 열과 일
② 비내부에너지와 비엔탈피
③ 비엔탈피와 비엔트로피
④ 비열과 비엔트로피

해설 및 정답

19

터빈은 단열과정이므로

$W_t = -\Delta h = C_p(T_3 - T_4)$

$= 1.0035(1100 - 694.5)$

$= 406.9$kJ/kg

 ①

20

비엔탈피(J/kg)

비엔트로피(J/kg·K)

 ③

기계열역학 제5회 기출문제

해설 및 정답

기계열역학

01

열병합발전시스템에 대한 설명으로 옳은 것은?

① 증기 동력 시스템에서 전기와 함께 공정용 또는 난방용 스팀을 생산하는 시스템이다.
② 증기 동력 사이클 상부에 고온에서 작동하는 수은 동력 사이클을 결합한 시스템이다.
③ 가스 터빈에서 방출되는 폐열을 증기 동력 사이클의 열원으로 사용하는 시스템이다.
④ 한 단의 재열사이클과 여러 단의 재생사이클의 복합 시스템이다.

01

열병합 발전소는 전기에너지로 난방용 증기를 생산하는 시스템이다.

답 ①

02

27℃의 물 1kg과 87℃의 물 1kg이 열의 손실 없이 직접 혼합될 때 생기는 엔트로피의 차는 다음 중 어느 것에 가장 가까운가? (단, 물의 비열은 4.18kJ/kg·K로 한다)

① 0.035kJ/K ② 1.36kJ/K ③ 4.22kJ/K ④ 5.02kJ/K

02

얻은 열 : $m_1C_1(t_m-27)=m_2C_2(87-t_m)$

$2t_m=110 \quad \therefore\ t_m=55℃$

$$\Delta s=4.18\ln\frac{273+55}{300}+4.18\ln\frac{273+55}{360}$$
$$=0.035\text{kJ/K}$$

 ①

03

압력이 일정할 때 공기 5kg을 0℃에서 100℃까지 가열하는데 필요한 열량은 약 몇 kJ인가? (단, 공기비열 C_p[kJ/kg℃] = 1.01 + 0.000079t[℃]이다)

① 102 ② 476 ③ 490 ④ 507

03

등압과정이므로

$\delta Q=dH=MC_pdt$

$$Q_{12}=5\times\int_0^{100}(1.01+0.000079t)dt$$
$$=5\times(1.01\times(100-0)+0.000079(100^2-0^2)/2)=507\text{kJ}$$

 ④

04

수은주에 의해 측정된 대기압이 753mmHg일 때 진공도 90%의 절대압력은? (단, 수은의 밀도는 13,600kg/m^3, 중력가속도는 9.8m/s^{2}이다)

① 약 200.08kPa ② 약 190.08kPa
③ 약 100.04kPa ④ 약 10.04kPa

04

절대압 = 대기압 × 0.1

$$=753\times0.1\times\frac{101.3}{760}=10.04\text{kPa}$$

 ④

해설 및 정답 가나다라

05

실린더 내의 유체가 68kJ/kg의 일을 받고 주위에 36kJ/kg의 열을 방출하였다. 내부에너지의 변화는?

① 32kJ/kg 증가 ② 32kJ/kg 감소
③ 104kJ/kg 증가 ④ 104kJ/kg 감소

05

$Q=\Delta U+W$에서
$-36=\Delta U-68$
$\therefore\ \Delta U=32$

답 ①

06

완전히 단열된 실린더 안의 공기가 피스톤을 밀어 외부로 일을 하였다. 이때 일의 양은? (단, 절대량을 기준으로 한다)

① 공기의 내부에너지 차 ② 공기의 엔탈피 차
③ 공기의 엔트로피 차 ④ 단열되었으므로 일의 수행은 없다.

06

내부에너지와 엔탈피는 온도만의 함수이다.

 ①

07

어떤 가솔린기관의 실린더 내경이 6.8cm, 행정이 8cm일 때 평균유효압력 1,200kPa이다. 이 기관의 1행정당 출력[kJ]은?

① 0.04 ② 0.14 ③ 0.35 ④ 0.44

07

$$출력에너지=P_a\times A\times S=1200\times\frac{\pi 0.068^2\times 0.08}{4}=0.35\text{kJ}$$

 ③

08

시간당 380,000kg의 물을 공급하여 수증기를 생산하는 보일러가 있다. 이 보일러에 공급하는 물의 엔탈피는 830kJ/kg이고, 생산되는 수증기의 엔탈피는 3,230kJ/kg이라고 할 때, 발열량이 32,000kJ/kg인 석탄을 시간당 34,000kg씩 보일러에 공급한다면 이 보일러의 효율은 얼마인가?

① 22.6% ② 39.5% ③ 72.3% ④ 83.8%

08

출력$=380000\times(3230-830)$
입력$=32000\times 34000$

$$\therefore\ 효율\ \eta=\frac{출력}{입력}=\frac{380000\times(3230-830)}{32000\times 34000}=0.838$$

 ④

09

200m의 높이로부터 250kg의 물체가 땅으로 떨어질 경우 일을 열량으로 환산하면 약 몇 kJ인가? (단, 중력가속도는 9.8m/s^2이다)

① 79 ② 117
③ 203 ④ 490

09

위치에너지 $mgh=250\times 9.8\times 200=490{,}000\text{J}=490\text{kJ}$

 ④

10

일반적으로 증기압축식 냉동기에서 사용되지 않는 것은?

① 응축기 ② 압축기
③ 터빈 ④ 팽창밸브

10

답 ③

11

경로 함수(path function)인 것은?

① 엔탈피　② 열
③ 압력　④ 엔트로피

12

피스톤이 끼워진 실린더 내에 들어있는 기체가 계로 있다. 이 계에 열이 전달되는 동안 "$PV^{1.3}$=일정"하게 압력과 체적의 관계가 유지될 경우 기체의 최초압력 및 체적이 200kPa 및 0.04m^{3}였다면 체적이 0.1m^{3}로 되었을 때 계가 한 일[kJ]은?

① 약 4.35　② 약 6.41
③ 약 10.56　④ 약 12.37

13

이상적인 냉동사이클을 따르는 증기압축 냉동장치에서 증발기를 지나는 냉매의 물리적 변화로 옳은 것은?

① 압력이 증가한다.　② 엔트로피가 감소한다.
③ 엔탈피가 증가한다.　④ 비체적이 감소한다.

14

10℃에서 160℃까지의 공기의 평균 정적비열은 0.7315kJ/kg℃이다. 이 온도변화에서 공기 1kg의 내부에너지 변화는?

① 107.1kJ　② 109.7kJ
③ 120.6kJ　④ 121.7kJ

15

카르노 열기관의 열효율(η) 식으로 옳은 것은?
(단, 공급열량은 Q_1, 방열량은 Q_2)

① $\eta = 1 - \dfrac{Q_2}{Q_1}$　② $\eta = 1 + \dfrac{Q_2}{Q_1}$
③ $\eta = 1 - \dfrac{Q_1}{Q_2}$　④ $\eta = 1 + \dfrac{Q_1}{Q_2}$

해설 및 정답

11

답 ②

12

폴리트로프 변화

절대일 $W_{12} = \dfrac{1}{1-n}(p_2v_2 - p_1v_1)$

$= \dfrac{RT_1}{1-1.3}\left(\left(\dfrac{v_1}{v_2}\right)^{n-1} - 1\right)$

$= \dfrac{200 \times 0.04}{-0.3}\left(\left(\dfrac{0.04}{0.1}\right)^{0.3} - 1\right)$

$= 6.41$

답 ②

13

답 ③

14

답 ②

15

답 ①

16

아래 보기 중 가장 큰 에너지는?

① 100kW 출력의 엔진이 10시간 동안 한 일
② 발열량 10,000kJ/kg의 연료를 100kg 연소시켜 나오는 열량
③ 대기압 하에서 10℃ 물 $10m^3$를 90℃로 가열하는데 필요한 열량 (물의 비열은 4.2kJ/kg℃이다)
④ 시속 100km로 주행하는 총 질량 2,000kg인 자동차의 운동에너지

17

이상기체의 내부에너지 및 엔탈피는?

① 압력만의 함수이다. ② 체적만의 함수이다.
③ 온도만의 함수이다. ④ 온도 및 압력의 함수이다.

18

액체상태 물 2kg을 30℃에서 80℃로 가열하였다. 이 과정 동안 물의 엔트로피 변화량을 구하면? (단, 액체상태 물의 비열은 4.184kJ/kg·K로 일정하다)

① 0.6391kJ/K ② 1.278kJ/K
③ 4.100kJ/K ④ 8.208kJ/K

19

이상기체의 비열에 대한 설명으로 옳은 것은?

① 정적비열과 정압비열의 절대값의 차이가 엔탈피이다.
② 비열비는 기체의 종류에 관계없이 일정하다.
③ 정압비열은 정적비열보다 크다.
④ 일반적으로 압력은 비열보다 온도의 변화에 민감하다.

20

과열과 과냉이 없는 증기 압축 냉동 사이클에서 응축온도가 일정할 때 증발온도가 높을수록 성능계수는?

① 증가한다.
② 감소한다.
③ 증가할 수도 있고, 감소할 수도 있다.
④ 증발온도는 성능계수와 관계없다.

해설 및 정답

16

① 100kW, 10시간의 일 $= 100 \times 10 \times 60 \times 60 = 3,600MJ$
② $10,000kJ/kg \times 100 = 1,000MJ$
③ $Q_{12} = MC(t_2 - t_1) = 10000 \times 1.2 \div (90-10) = 960MJ$
④ 운동에너지 $= \frac{1}{2}mv^2 = \frac{1}{2} \times 2000 \times 100^2 = 100.000J = 100MJ$

답 ①

17

답 ③

18

엔트로피식

$$ds = \frac{\delta Q}{T} = \frac{MCdt}{T}$$

$$\Delta S = MC\ln\frac{T_2}{T_1} = 2 \times 4.184\ln\frac{360}{303} = 1.287kJ/K$$

답 ②

19

답 ③

20

답 ①

기계열역학 제6회 기출문제

해설 및 정답

기계열역학

01

외부에서 받은 열량이 모두 내부에너지 변화만을 가져오는 완전가스의 상태변화는?

① 정적변화 ② 정압변화
③ 등온변화 ④ 단열변화

01
$\delta q = du + pdv = du$ 가 되려면 $dv = 0$(등적)

 ①

02

질량 4kg의 액체를 15℃에서 100℃까지 가열하기 위해 714kJ의 열을 공급하였다면 액체의 비열은 몇 J/kg·K인가?

① 1100 ② 2100
③ 3100 ④ 4100

02
${}_1Q_2 = MC\Delta t$

$C = \frac{{}_1Q_2}{M\Delta t} = \frac{714000}{4 \times 85} = 2100\,\text{J/kg·K}$

 ②

03

50℃, 25℃, 10℃의 온도인 3가지 종류의 액체 A, B, C가 있다. A와 B를 동일중량으로 혼합하면 40℃로 되고, A와 C를 동일중량으로 혼합하면 30℃로 된다. B와 C를 동일중량으로 혼합할 때는 몇 ℃로 되겠는가?

① 16.0℃ ② 18.4℃ ③ 20.0℃ ④ 22.5℃

03
A와 B를 혼합
$C_1(50-40) = C_2(40-25)$ 에서 $C_1 = 1.5C_2$
A와 C를 혼합
$C_1(50-30) = C_3(30-10)$ 에서 $C_1 = C_3$
$C_3 = 1.5C_2$
B와 C를 혼합하면
$C_2(25-T_m) = C_3(T_m-10) = 1.5C_2(T_m-10)$
$2.5T_m = 40$
$\therefore\ T_m = 16℃$

 ①

04

응축기 온도가 40℃이고, 증발기 온도가 −20℃인 이상 냉동사이클의 성능계수(COP)는?

① 5.22 ② 4.22 ③ 4.02 ④ 3.22

04
냉동기의 성능계수
$\epsilon_r = \frac{T_2}{T_1 - T_2} = \frac{273-20}{40-(-20)} = 4.22$

 ②

05

상태 1에서 경로 A를 따라 상태 2로 변화하고 경로 B를 따라 다시 상태 1로 돌아오는 사이클이 있다. 아래의 사이클에 대한 설명으로 틀린 것은?

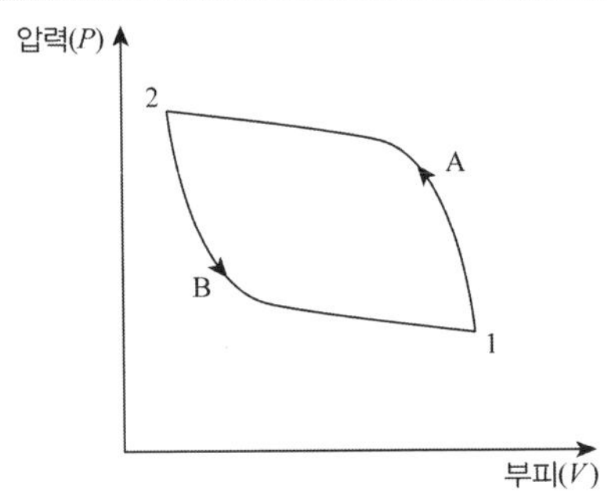

① 사이클 과정 동안 시스템의 내부에너지 변화량은 0이다.
② 사이클 과정 동안 시스템은 외부로부터 순(net) 일을 받았다.
③ 사이클 과정 동안 시스템의 내부에서 외부로 순(net) 열이 전달되었다.
④ 이 그림으로 사이클 과정 동안 총 엔트로피 변화량을 알 수 없다.

06

다음 $P-h$ 선도를 이용한 증기압축 냉동기의 성능계수는 얼마인가?

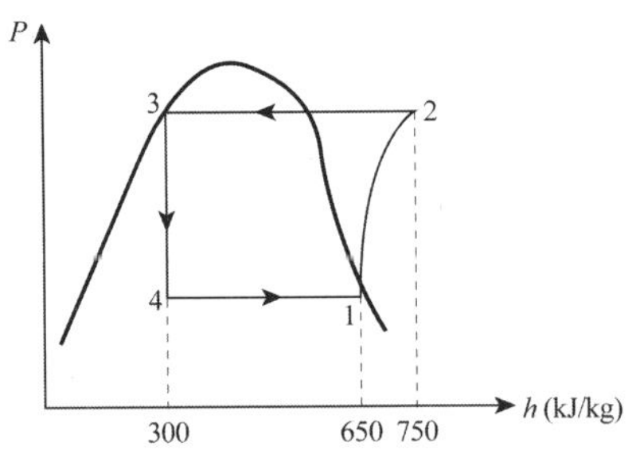

① 3.5　　② 4.5
③ 5.5　　④ 6.5

07

이상기체의 내부에너지는 무엇의 함수인가?

① 온도만의 함수이다.　　② 압력만의 함수이다.
③ 온도와 압력의 함수이다.　　④ 비체적만의 함수이다.

해설 및 정답

05

엔트로피의 총화는 가역일 때 0이고, 비가역일 때는 증가한다.

답 ④

06

냉동기의 성능계수

$$\epsilon_R = \frac{Q_2}{W} = \frac{h_1 - h_4}{h_2 - h_1} = \frac{650-300}{750-650} = 3.5$$

답 ①

07

답 ①

08

한 밀폐계가 190kJ의 열을 받으면서 외부에 20kJ의 일을 한다면 이 계의 내부에너지의 변화는 약 얼마인가?

① 210kJ만큼 증가한다. ② 210kJ만큼 감소한다.
③ 170kJ만큼 증가한다. ④ 170kJ만큼 감소한다.

09

시속 30km로 주행하고 있는 질량 306kg의 자동차가 브레이크를 밟았더니 8.8m에서 정지했다. 베어링 마찰을 무시하고 브레이크에 의해서 제동된 것으로 보았을 때, 브레이크로부터 발생한 열량은 얼마인가? (단, 차륜과 도로면의 마찰계수는 0.4로 한다)

① 약 25.6kJ ② 약 20.6kJ
③ 약 15.6kJ ④ 약 10.6kJ

10

랭킨 사이클을 터빈 입구 상태와 응축기 압력을 그대로 두고 재생 사이클로 바꾸었을 때 랭킨 사이클과 비교한 재생 사이클의 특징에 대한 설명으로 틀린 것은?

① 터빈 일이 크다.
② 사이클 효율이 높다.
③ 응축기의 방열량이 작다.
④ 보일러에서 가해야 할 열량이 작다.

11

밀폐계에서 기체의 압력이 100kPa로 일정하게 유지되면서 체적이 $1m^3$에서 $2m^3$로 증가되었을 때 옳은 설명은?

① 밀폐계의 에너지 변화는 없다.
② 외부로 행한 일은 100kJ이다.
③ 기체가 이상기체라면 온도가 일정하다.
④ 기체가 받은 열은 100kJ이다.

12

비열이 0.475kJ/kg·K인 철 10kg을 20℃에서 80℃로 올리는데 필요한 열량은 몇 kJ인가?

① 222 ② 232
③ 285 ④ 315

해설 및 정답

08

$Q_{12} = \Delta U + W_{12}$
$190 = \Delta U + 20 = 170$

답 ③

09

마찰열 $= \mu WV = 0.4 \times 306 \times g \times 8.8/1000$
$\fallingdotseq 10.6$kJ

답 ④

10

$\eta = \dfrac{W}{Q} = \dfrac{0.5}{1800/3600} = 1$
$= 100\%$ (2법칙에 위배)

답 ①

11

답 ②

12

답 ③

해설 및 정답

13

어느 발명가가 바닷물로부터 매시간 1,800kJ의 열량을 공급받아 0.5kW 출력의 열기관을 만들었다고 주장한다면, 이 사실은 열역학 제 몇 법칙에 위반되겠는가?

① 제0법칙 ② 제1법칙
③ 제2법칙 ④ 제3법칙

13

답 ③

14

과열과 과냉이 없는 증기압축 냉동사이클에서 응축온도가 일정하고 증발온도가 낮을수록 성능계수는 어떻게 되겠는가?

① 증가한다.
② 감소한다.
③ 일정하다.
④ 성능계수와 응축온도는 무관하다.

14

답 ②

15

어떤 유체의 밀도가 741kg/m^{3}이다. 이 유체의 비체적은 약 몇 m^3/kg 인가?

① 0.78×10^{-3} ② 1.35×10^{-3}
③ 2.35×10^{-3} ④ 2.98×10^{-3}

15

답 ②

16

공기 10kg이 정적 과정으로 20℃에서 250℃까지 온도가 변하였다. 이 경우 엔트로피의 변화량은? (단, 공기의 $C_v=0.717$kJ/kg·K이다)

① 약 2.39kJ/K ② 약 3.07kJ/K
③ 약 4.15kJ/K ④ 약 5.81kJ/K

16

$$ds=\frac{dq}{T}=\frac{du}{T}=\frac{mC_v dt}{T}$$

$$\Delta S=10\times0.717\times C_v l_n\frac{523}{293}=4.15$$

답 ③

17

100℃와 50℃ 사이에서 작동되는 가역열기관의 최대 열효율은 약 얼마인가?

① 55.0% ② 16.7%
③ 13.4% ④ 8.3%

17

$$\eta=1-\frac{T_2}{T_1}=1-\frac{323}{373}=0.134$$

답 ③

18

27kPa의 압력차는 수은주로 어느 정도 높이가 되겠는가? (단, 수은의 밀도는 13,590kg/m^{3}이다)

① 약 158mm ② 약 203mm
③ 약 265mm ④ 약 557mm

19

어떤 작동 유체가 550K의 고열원으로부터 20kJ의 열량을 공급받아 250K의 저열원에 14kJ의 열량을 방출할 때 이 사이클은?

① 가역이다. ② 비가역이다.
③ 가역 또는 비가역이다. ④ 가역도 비가역도 아니다.

20

냉동기의 효율은 성능 계수로 나타낸다. 냉동기의 성능 계수에 대한 설명 중 잘못된 것은?

① 성능 계수는 증발기에서 흡수된 열량과 압축기에 공급된 일량의 비로 정의된다.
② 성능 계수는 일반적으로 1보다 작다.
③ 냉동기의 작동 온도에 따라 성능 계수는 변한다.
④ 동일한 작동 온도에서 운전되는 냉동기라도 사용되는 냉매에 따라 성능 계수는 달라질 수 있다.

해설 및 정답

18

$P = \gamma h$

$27 \times 10^3 = 13.590 \times 9800 \times h$

$h = 0.20273 \fallingdotseq 203\text{mm}$

답 ②

19

η_1과 η_2가 다르므로 비가역이다.

답 ②

20

성능 계수는 항상 1보다 크다.

답 ②

기계열역학 제7회 기출문제

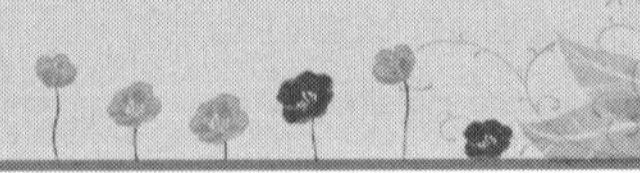

해설 및 정답

기계열역학

01

냉동 효과가 70kW인 카르노 냉동기의 방열기 온도가 20℃, 흡열기 온도가 −10℃이다. 이 냉동기를 운전하는데 필요한 이론 동력(일률)은?

① 약 6.02kW ② 약 6.98kW
③ 약 7.98kW ④ 약 8.99kW

> **01**
> 냉동기의 성능계수
> $\epsilon_R = \dfrac{T_2}{T_1 - T_2} = \dfrac{263}{20-(-10)} = \dfrac{70}{W}$
> $\therefore W = 7.98\text{kW}$
> 답 ③

02

저온 열원의 온도가 T_L, 고온 열원의 온도가 T_H인 두 열원 사이에서 작동하는 이상적인 냉동 사이클의 성능계수를 향상시키는 방법으로 옳은 것은?

① T_L을 올리고 $(T_H - T_L)$을 올린다.
② T_L을 올리고 $(T_H - T_L)$을 줄인다.
③ T_L을 내리고 $(T_H - T_L)$을 올린다.
④ T_L을 내리고 $(T_H - T_L)$을 줄인다.

> **02**
> $\epsilon_R = \dfrac{T_2}{T_1 - T_2}$
> T_2를 크게, $T_1 - T_2$를 작게
> 답 ②

03

대기압 하에서 물의 어는점과 끓는점 사이에서 작동하는 카르노사이클(Carnot cycle) 열기관의 열효율은 약 몇 %인가?

① 2.7 ② 10.5
③ 13.2 ④ 26.8

> **03**
> 비등점 $T_1 = 100°$, 빙점 $T_2 = 0°$
> $\eta = 1 - \dfrac{T_2}{T_1} = 1 - \dfrac{273}{373} = 0.268$
> 답 ④

04

과열기가 있는 랭킨사이클에 이상적인 재열사이클을 적용할 경우에 대한 설명으로 틀린 것은?

① 이상 재열사이클의 열효율이 더 높다.
② 이상 재열사이클의 경우 터빈 출구 건도가 증가한다.
③ 이상 재열사이클의 기기 비용이 더 많이 요구된다.
④ 이상 재열사이클의 경우 터빈 입구 온도를 더 높일 수 있다.

> **04**
> 답 ④

해설 및 정답

05

20℃의 공기(기체상수 $R=0.287\text{kJ/kg}\cdot\text{K}$, 정압비열 $C_p=1.004\text{kJ/kg}\cdot\text{K}$) 3kg이 압력 0.1MPa에서 등압 팽창하여 부피가 두 배로 되었다. 이 과정에서 공급된 열량은 대략 얼마인가?

① 약 252kJ ② 약 883kJ
③ 약 441kJ ④ 약 1765kJ

05

등압 $P_1=P_2$, $\dfrac{V_2}{V_1}=\dfrac{T_2}{T_1}=2$

$\delta Q = dH = GC_p dt$

$\Delta H = 3\times 1.004\times(T_2-T_1)$

$= 3\times 1.004\times T_1\left(\dfrac{T_2}{T_1}-1\right)$

$= 3\times 1.004\times 293(2-1)=883\text{kJ}$

 ②

06

단열된 용기 안에 두 개의 구리 블록이 있다. 블록 A는 10kg, 온도 300K이고, 블록 B는 10kg, 900K이다. 구리의 비열은 0.4kJ/kg·K일 때, 두 블록을 접촉시켜 열교환이 가능하게 하고 장시간 놓아두면 최종 상태에서 두 구리 블록의 온도가 같아졌다. 이 과정 동안 시스템의 엔트로피 증가량(kJ/K)은?

① 1.15 ② 2.04
③ 2.77 ④ 4.82

06

평균온도 $T_m=\dfrac{300+900}{2}=600$

$\Delta S = GC\left(\ln\dfrac{T_m}{T_1}+\ln\dfrac{T_m}{T_2}\right)$

$=10\times 0.4\left(\ln\dfrac{600}{300}+\ln\dfrac{600}{900}\right)=1.15$

답 ①

07

오토사이클에 관한 설명 중 틀린 것은?

① 압축비가 커지면 열효율이 증가한다.
② 열효율이 디젤사이클보다 좋다.
③ 불꽃점화 기관의 이상사이클이다.
④ 열의 공급(연소)이 일정한 체적 하에 일어난다.

압축비가 일정할 때 효율크기순 : 오토, 사바테, 디젤
최고압력이 일정할 때 : 디젤사바테, 오토

 ②

08

어떤 이상기체 1kg이 압력 100kPa, 온도 30℃의 상태에서 체적 0.8m^3을 점유한다면 기체상수는 몇 kJ/kg·K인가?

① 0.251 ② 0.264
③ 0.275 ④ 0.293

08

$R=\dfrac{PV}{T}=\dfrac{100\times 0.8}{303}=0.264$

 ②

09

카르노 사이클에 대한 설명으로 옳은 것은?

① 이상적인 2개의 등온과정과 이상적인 2개의 정압과정으로 이루어진다.
② 이상적인 2개의 정압과정과 이상적인 2개의 단열과정으로 이루어진다.
③ 이상적인 2개의 정압과정과 이상적인 2개의 정적과정으로 이루어진다.
④ 이상적인 2개의 등온과정과 이상적인 2개의 단열과정으로 이루어진다.

10

최고온도 1,300K와 최저온도 300K 사이에서 작동하는 공기표준 Brayton 사이클의 열효율은 약 얼마인가? (단, 압력비는 9, 공기의 비열비는 1.4이다)

① 30%　　② 36%
③ 42%　　④ 47%

11

한 사이클 동안 열역학계로 전달되는 모든 에너지의 합은?

① 0이다.
② 내부에너지 변화량과 같다.
③ 내부에너지 및 일량의 합과 같다.
④ 내부에너지 및 전달열량의 합과 같다.

12

전동기에 브레이크를 설치하여 출력 시험을 하는 경우, 축 출력 10kW의 상태에서 1시간 운전을 하고, 이때 마찰열을 20℃의 주위에 전할 때 주위의 엔트로피는 어느 정도 증가하는가?

① 123kJ/k　　② 133kJ/k
③ 143kJ/k　　④ 153kJ/k

해설 및 정답

09

답 ④

10

브레이턴 싸이클의 효율

$$\eta = 1 - \frac{1}{\gamma^{\frac{k-1}{k}}} = 1 - \frac{1}{9^{\frac{1.1-1}{1.4}}} = 0.47$$

답 ④

11

에너지 총화=0

답 ①

12

$$\Delta S = \frac{Q}{T} = \frac{10 \times 3600}{293} = 123$$

답 ①

13

밀폐계에서 기체의 압력이 500kPa로 일정하게 유지되면서 체적이 $0.2m^3$에서 $0.7m^3$로 팽창하였다. 이 과정 동안에 내부에너지의 증가가 60kJ이라면 계가 한 일은?

① 450kJ ② 350kJ
③ 250kJ ④ 150kJ

14

성능계수(COP)가 0.8인 냉동기로서 7,200kJ/h로 냉동하려면, 이에 필요한 동력은?

① 약 0.9kW ② 약 1.6kW
③ 약 2.0kW ④ 약 2.5kW

15

대기압 하에서 물질의 질량이 같을 때 엔탈피의 변화가 가장 큰 경우는?

① 100℃ 물이 100℃ 수증기로 변화
② 100℃ 공기가 200℃ 공기로 변화
③ 90℃의 물이 91℃ 물로 변화
④ 80℃의 공기가 82℃ 공기로 변화

16

증기압축 냉동기에서 다양한 냉매가 사용된다. 이러한 냉매의 특징에 대한 설명으로 틀린 것은?

① 냉매는 냉동기의 성능에 영향을 미친다.
② 냉매는 무독성, 안정성, 저가격 등의 조건을 갖추어야 한다.
③ 우수한 냉매로 알려져 널리 사용되던 염화불화 탄화수소(CFC) 냉매는 오존층을 파괴한다는 사실이 밝혀진 이후 사용이 제한되고 있다.
④ 현재 CFC 냉매 대신에 R−12(CCl_2F_2)가 냉매로 사용되고 있다.

17

난방용 열펌프가 저온 물체에서 1,500kJ/h의 열을 흡수하여 고온 물체에 2,100kJ/h로 방출한다. 이 열펌프의 성능계수는?

① 2.0 ② 2.5
③ 3.0 ④ 3.5

해설 및 정답

13

$$W = P(V_2 - V_1) = 500(0.7 - 0.2) = 250\,kJ$$

답 ③

14

$$Q_2 = \frac{7200}{3600} = 2kJ/s$$

$$\epsilon_r = \frac{Q_2}{W}$$

$$\therefore W = \frac{2}{0.8} = 2.5$$

답 ④

15

증발열이 액체열보다 큼

답 ①

16

냉매는 프레온을 주로 사용

답 ④

17

히터의 성능계수

$$\epsilon_h = \frac{Q_1}{W} = \frac{2100}{2100-1500} = 3.5$$

답 ④

18

밀폐 시스템의 가역 정압 변화에 관한 다음 사항 중 옳은 것은? (단, U : 내부에너지, Q : 전달열, H : 엔탈피, V : 체적, W : 일이다)

① $dU = dQ$ ② $dH = dQ$
③ $dV = dQ$ ④ $dW = dQ$

19

물질의 양을 1/2로 줄이면 강도성(강성적) 상태량의 값은?

① 1/2로 줄어든다. ② 1/4로 줄어든다.
③ 변화가 없다. ④ 2배로 늘어난다.

20

온도 T_1의 고온열원으로부터 온도 T_2의 저온열원으로 열량 Q가 전달될 때 두 열원의 총 엔트로피 변화량을 옳게 표현한 것은?

① $-\frac{Q}{T_1}+\frac{Q}{T_2}$ ② $\frac{Q}{T_1}-\frac{Q}{T_2}$
③ $\frac{Q(T_1+T_2)}{T_1 \cdot T_2}$ ④ $\frac{T_1-T_2}{Q(T_1 \cdot T_2)}$

해설 및 정답 ㉮㉯㉰㉱

18

답 ②

19

답 ③

20

$\Delta S = \frac{Q}{T_2} - \frac{Q}{T_1}$

답 ①

기계열역학 제8회 기출문제

기계열역학

01

이상기체의 등온과정에 관한 설명 중 옳은 것은?

① 엔트로피 변화가 없다. ② 엔탈피 변화가 없다.
③ 열 이동의 없다. ④ 일이 없다.

02

실린더에 밀폐된 8kg의 공기가 그림과 같이 $P_1=800\text{kPa}$, 체적 $V_1=0.27\text{m}^3$에서 $P_2=350\text{kPa}$, 체적 $V_2=0.80\text{m}^3$으로 직선 변화하였다. 이 과정에서 공기가 한 일은 약 몇 kJ인가?

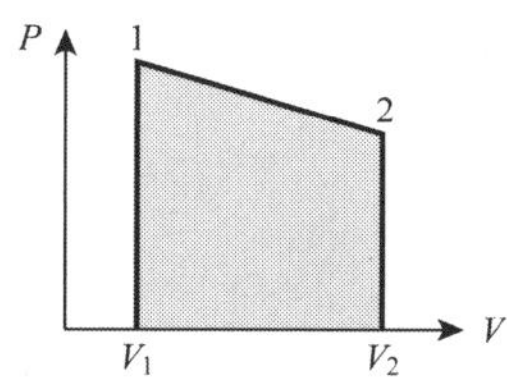

① 254 ② 305 ③ 382 ④ 390

03

용기에 부착된 압력계에 읽힌 계기압력이 150kPa이고 국소대기압이 100kPa일 때 용기 안의 절대 압력은?

① 250kPa ② 202kPa
③ 100kPa ④ 50kPa

해설 및 정답

01

$dh=c_p dt$에서 등온이면 엔탈피 변화없다.

 ②

02

선도 밑면적이 절대일이므로

$W=P_2(V_2-V_1)+(P_1-P_2)(V_2-V_1)/2$
$=350\times0.53+450\times0.53/2$
$=304.8=305\,\text{kJ}$

 ②

03

절대압 = 대기압 + 게이지압 = 150 + 100 = 250

$p_{abs}=p_0+\gamma h$
$=101+9.8\times1.03\times20=303\,\text{kPa}$

 ①

04

해수면 아래 20m에 있는 수중다이버에게 작용하는 절대압력은 약 얼마인가? (단, 대기압은 101kPa이고, 해수의 비중은 1.030이다)

① 101kPa ② 202kPa
③ 303kPa ④ 504kPa

05

상태와 상태량과의 관계에 대한 설명 중 틀린 것은?

① 순수물질 단순 압축성 시스템의 상태는 2개의 독립적 강도성 상태량에 의해 완전하게 결정된다.
② 상변화를 포함하는 물과 수증기의 상태는 압력과 온도에 의해 완전하게 결정된다.
③ 상변화를 포함하는 물과 수증기의 상태는 온도와 비체적에 의해 완전하게 결정된다.
④ 상변화를 포함하는 물과 수증기의 상태는 압력과 비체적에 의해 완전하게 결정된다.

06

압축기 입구 온도가 −10℃, 압축기 출구 온도가 100℃, 팽창기 입구 온도가 5℃, 팽창기 출구온도가 −75℃로 작동되는 공기 냉동기의 성능계수는? (단, 공기의 C_p는 1.0035kJ/kg·℃로서 일정하다.)

① 0.56 ② 2.17 ③ 2.34 ④ 3.17

07

자연계의 비가역 변화와 관련 있는 법칙은?

① 제0법칙 ② 제1법칙
③ 제2법칙 ④ 제3법칙

08

공기 2kg이 300K, 600kPa 상태에서 500K, 400kPa 상태로 가열된다. 이 과정 동안의 엔트로피 변화량은 약 얼마인가? (단, 공기의 정적비열과 정압비열은 각각 0.717kJ/kg·K과 1.004kJ/kg·K로 일정하다.)

① 1.73kJ/K ② 1.83kJ/K
③ 1.02kJ/K ④ 1.26kJ/K

해설 및 정답

04

답 ③

05

답 ②

06

$$\epsilon_R = \frac{Q_2}{Q_1 - Q_2} = \frac{C_P(T_1 - T_4)}{C_P(T_2 - T_3) - C_P(T_1 - T_4)}$$
$$= \frac{-10+75}{100-5-(-10+75)}) = \frac{65}{30} = 2.17$$

답 ②

07

답 ③

08

$$ds = \frac{dh - vdp}{t}$$
$$\Delta s = 2 \times 1.004 \ln\frac{500}{300} - 2 \times 0.287 \ln\frac{400}{600}$$
$$= 1.26\,\mathrm{kJ/K}$$

답 ④

해설 및 정답 

09

기본 Rankine 사이클의 터빈 출구 엔탈피 $h_{tc}=1200$kJ/kg, 응축기 방열량 $q_L=1000$kJ/kg, 펌프 출구 엔탈피 $h_{pe}=210$kJ/kg, 보일러 가열량 $q_H=1210$kJ/kg이다. 이 사이클의 출력일은?

① 210kJ/kg ② 220kJ/kg ③ 230kJ/kg ④ 420kJ/kg

10

오토사이클(Otto cycle)의 압축비 $\epsilon=8$이라고 하면 이론 열효율은 약 몇 %인가? (단, $k=1.4$이다)

① 36.8% ② 46.7% ③ 56.5% ④ 66.6%

11

역 카르노사이클로 작동하는 증기압축 냉동 사이클에서 고열원의 절대온도를 T_H, 저열원의 절대온도를 T_L이라 할 때, $\frac{T_H}{T_L}=1.6$이다. 이 냉동사이클이 저열원으로부터 2.0kW의 열을 흡수한다면 소요 동력은?

① 0.7kW ② 1.2kW ③ 2.3kW ④ 3.9kW

12

펌프를 사용하여 150kPa, 26℃의 물을 가역 단열과정으로 650kPa로 올리려고 한다. 26℃의 포화액의 비체적이 0.001m³/kg이면 펌프일은?

① 0.4kJ/kg ② 0.5kJ/kg ③ 0.6kJ/kg ④ 0.7kJ/kg

13

출력이 50kW인 동력 기관이 한 시간에 13kg의 연료를 소모한다. 연료의 발열량이 45,000kJ/kg이라면, 이 기관의 열효율은 약 얼마인가?

① 25% ② 28% ③ 31% ④ 36%

14

배기체적이 1200cc, 간극체적이 200cc의 가솔린 기관의 압축비는 얼마인가?

① 5 ② 6 ③ 7 ④ 8

09

$W_{net}=q_1-q_2=1210-1000=210$

답 ①

10

오토사이클 효율

$\eta_0=1-\frac{1}{\epsilon^{k-1}}=1-\frac{1}{8^{0.4}}=0.565$

답 ③

11

$\epsilon_R=\frac{T_L}{T_H-T_L}=\frac{1}{T_H/T_L-1}=1/0.6$

$=\frac{Q_2}{W}=\frac{2}{W}$

$W=2\times0.6=1.2\text{kW}$

답 ②

12

펌프일

$W_p=\int vdp=v(P_2-P_1)$

$=0.001(650-150)=0.5\text{kJ/kg}$

답 ②

13

$\eta=\frac{50\times3600}{13\times45000}=0.307=30.1\%$

답 ③

14

압축비 $=\frac{\text{총체적}}{\text{간극체적}}=\frac{1200+200}{200}=7$

답 ③

15

분자량이 30인 C_2H_6(에탄)의 기체상수는 몇 kJ/kg·K인가?

① 0.277 ② 2.013 ③ 19.33 ④ 265.43

16

절대온도가 0에 접근할수록 순수 물질의 엔트로피는 0에 접근한다는 절대 엔트로피값의 기준을 규정한 법칙은?

① 열역학 제0법칙이다. ② 열역학 제1법칙이다.
③ 열역학 제2법칙이다. ④ 열역학 제3법칙이다.

17

어떤 냉장고에서 엔탈피 17kJ/kg의 냉매가 질량 유량 80kg/hr로 증발기에 들어가 엔탈피 36kJ/kg가 되어 나온다. 이 냉장고의 냉동능력은?

① 1,220kJ/hr ② 1,800kJ/hr ③ 1,520kJ/hr ④ 2,000kJ/hr

18

대기압 하에서 물을 20℃에서 90℃로 가열하는 동안의 엔트로피 변화량은 약 얼마인가? (단, 물의 비열은 4.184kJ/kg·K로 일정하다.)

① 0.8kJ/kg·K ② 0.9kJ/kg·K ③ 1.0kJ/kg·K ④ 1.2kJ/kg·K

19

클라우지우스(Clausius) 부등식을 표현한 것으로 옳은 것은? (단, T는 절대온도, Q는 열량을 표시한다.)

① $\oint \frac{\delta Q}{T} \geq 0$ ② $\oint \frac{\delta Q}{T} \leq 0$
③ $\oint \delta Q \geq 0$ ④ $\oint \delta Q \leq 0$

20

두께 1cm, 면적 $0.5m^2$의 석고판의 뒤에 가열판이 부착되어 1,000W의 열을 전달한다. 가열판의 뒤는 완전히 단열되어 열은 앞면으로만 전달된다. 석고판 앞면의 온도는 100℃이다. 석고의 열전도율이 $k =$ 0.97W/m·K일 때 가열판에 접하는 석고 면의 온도는 약 몇 ℃인가?

① 110 ② 125 ③ 150 ④ 212

해설 및 정답

15

$R = \frac{8.314}{30} = 0.277 \, kJ/kg \cdot K$

답 ①

16

- 열역학 제0법칙 : 열평형법칙
- 열역학 제1법칙 : 에너지보존법칙
- 열역학 제3법칙 : 효율은 100%가 될 수 없으므로 절대온도는 0K에 이를 수 없다, 즉, 절대온도가 0K에 이르면 엔트로피는 0에 근접한다.

 ④

17

냉동능력 $= 80 \times (36 - 17) = 1520 \, kJ/h$

 ③

18

$ds = \frac{\delta q}{T} = \frac{Cdt}{T}$

$\therefore \; \Delta S = 4.184 \ln \frac{363}{293} = 0.9 \, kJ/kg \cdot K$

 ②

19

 ②

20

$Q = K \frac{A \Delta T}{t} = 0.79 \times 0.5 \times \Delta T / 0.01 = 1000$

$\Delta T = T_2 - 100 = 25.3$

$\therefore \; T_2 = 125$

답 ②

기계열역학 제9회 기출문제

기계열역학

01

이상기체의 엔탈피가 변하지 않는 과정은?

① 가역단열과정 ② 비가역단열과정
③ 교축과정 ④ 정적과정

02

튼튼한 용기 안에 100kPa, 30℃의 공기가 5kg 들어있다. 이 공기를 가열하여 온도를 150℃로 높였다. 이 과정 동안에 공기에 가해 준 열량을 구하면? (단, 공기의 정적 비열 및 정압 비열은 각각 0.717kJ/kg·K와 1.004kJ/kg·K이다.)

① 86.0kJ ② 120.5kJ ③ 430.2kJ ④ 602.4kJ

03

시스템의 경계 안에 비가역성이 존재하지 않는 내적 가역과정을 온도-엔트로피 선도 상에 표시하였을 때, 이 과정 아래의 면적은 무엇을 나타내는가?

① 일량 ② 내부에너지 변화량
③ 열전달량 ④ 엔탈피 변화량

04

고온측이 20℃, 저온측이 −15℃인 Carnot 열펌프의 성능계수(COP_H)를 구하면?

① 8.38 ② 7.38
③ 6.58 ④ 4.28

해설 및 정답

01

이상기체의 엔탈피가 변하지 않는 과정 : 등온 과정과 교축과정

답 ③

02

등적과정을 의미하므로

$\delta Q = dU = C_v dt$ 에서

$Q = MC_v(t_2 - t_1)$

$= 5 \times 0.717 \times (150 - 30) = 430.2$

 ③

03

T−S 선도에서 S쪽 면적 $\delta Q = TdS$:열량

 ③

04

히터의 성능계수

$\epsilon_R = \dfrac{T_2}{T_1 - T_2} = \dfrac{273 - 15}{25 + 15} = 8.38$

답 ①

05

정압비열이 0.931kJ/kg·K이고, 정적비열이 0.666kJ/kg·K인 이상기체를 압력 400kPa, 온도 20℃로서 0.25kg을 담은 용기의 체적은 약 몇 m^3인가?

① 0.0213 ② 0.0265 ③ 0.0381 ④ 0.0485

해설 및 정답

05

$$V = \frac{MRT}{P}$$
$$= \frac{0.25(0.931 - 0.666) \times 293}{400} = 0.0485$$

답 ④

06

열역학 제2법칙에 대한 설명 중 틀린 것은?

① 효율이 100%인 열기관은 얻을 수 없다.
② 제2종의 영구 기관은 작동 물질의 종류에 따라 가능하다.
③ 열은 스스로 저온의 물질에서 고온의 물질로 이동하지 않는다.
④ 열기관에서 작동 물질이 일을 하게 하려면 그보다 더 저온인 물질이 필요하다.

06

열역학 제2법칙은 비가역을 나타내는 효율 100%인 기관 제작 불가능

답 ②

07

분자량이 28.5인 이상기체가 압력 200kPa, 온도 100℃ 상태에 있을 때 비체적은? (단, 일반기체상수=8.314kJ/kmol·K이다.)

① 0.146kg/m^3 ② 0.545kg/m^3
③ 0.146m^3/kg ④ 0.545m^3/kg

07

$$R = \frac{8.318}{M}$$
$$v = \frac{RT}{P} = \frac{8.314 \times 373}{28.5 \times 200} = 0.545\ m^3/kg$$

답 ④

08

−10℃와 30℃ 사이에서 작동되는 냉동기의 최대성능계수로 적합한 것은?

① 8.8 ② 6.6
③ 3.3 ④ 2.8

08

냉동기의 성능계수

$$\epsilon_h = \frac{T_1}{T_1 - T_2} = \frac{273 + 30}{30 + 10} = 6.6$$

답 ②

09

어느 이상기체 1kg을 일정 체적 하에 20℃로부터 100℃로 가열하는데 836kJ의 열량이 소요되었다. 이 가스의 분자량이 2라고 한다면 정압비열은?

① 약 2.09kJ/kg℃ ② 약 6.27kJ/kg℃
③ 약 10.5kJ/kg℃ ④ 약 14.6kJ/kg℃

09

$$dU = C_v dt$$
$$C_v = \frac{936}{100 - 20} = 10.45$$
$$C_p = C_v + R = 10.45 + \frac{8.314}{2} = 14.6$$

 ④

해설 및 정답

10

이상기체의 등온 과정에서 압력이 증가하면 엔탈피는?

① 증가 또는 감소 ② 증가
③ 불변 ④ 감소

10

 ③

11

피스톤－실린더 장치 단에 300kPa, 100℃의 이산화탄소 2kg이 들어 있다. 이 가스를 $PV^{1.2}$ = constant인 관계를 만족하도록 피스톤 위에 추를 더해가며 이온도가 200℃가 될 때까지 압축하였다. 이 과정 동안의 열전달량은 약 몇 kJ인가? (단, 이산화탄소의 정적비열(C_V) = 0.842kJ/kg·K이며, 각각 일정하다.)

① －189 ② －58 ③ －20 ④ 130

11

폴리트로프과정

$$C_n = \frac{n-k}{n-1}C_v = \frac{1.2-1.29}{1.2-1}\times 0.653$$

$$= -0.294 \left(\text{단, } k = \frac{C_p}{C_v} = \frac{0.843}{0.653}\right)$$

$$\therefore Q = MC_n(T_2 - T_1)$$

$$= -2\times 0.294\times(200-100) = -58$$

 ②

12

증기터빈으로 질량 유량 1kg/s, 엔탈피 h_1 = 3500kJ/kg의 수증기가 들어온다. 중간 단에서 h_2 = 3100kJ/kg의 수증기가 추출되며 나머지는 계속 팽창하여 h_3 = 2500kJ/kg 상태로 출구에서 나온다면, 중간 단에서 추출되는 수증기의 질량 유량은? (단, 열손실은 없으며, 위치에너지 및 운동에너지의 변화가 없고, 총 터빈 출력은 900kW이다.)

① 0.167kg/s ② 0.323kg/s
③ 0.714kg/s ④ 0.886kg/s

12

재생사이클에서 터빈 일

$$W = 1\times(h_1 - h_2) + (1-m)(h_2 - h_3)$$

$$= 3500 - 3100 + (1-m)(3100 - 2500)$$

$$= 900$$

$$\therefore m = 1.667\,\text{kg/s}$$

 ①

13

밀폐용기에 비내부에너지가 200kJ/kg인 기체 0.5kg이 있다. 이 기체를 용량이 500W인 전기 가열기로 2분 동안 가열한다면 최종상태에서 기체의 내부에너지는? (단, 열량은 기체로만 전달된다고 한다.)

① 20kJ ② 100kJ
③ 120kJ ④ 160kJ

13

등적 $Q = \Delta U = U_2 - 200\times 0.5$

$$= 500\times 2\times 60 \div 1000$$

$$\therefore U_2 = 160$$

 ④

14

클라우지우스(Clausius)의 부등식이 옳은 것은?
(단, T는 절대온도, Q는 열량을 표시한다.)

① $\oint \delta Q \le 0$ ② $\oint \delta Q \ge 0$
③ $\oint \frac{\delta Q}{T} \le 0$ ④ $\oint \frac{\delta Q}{T} \ge 0$

14

 ③

15

실제 가스터빈 사이클에서 최고온도가 630℃이고, 터빈효율이 80%이다. 손실 없이 단열팽창 한다고 가정했을 때의 온도가 290℃라면 실제 터빈 출구에서의 온도는? (단, 가스의 비열은 일정하다고 가정한다.)

① 348℃ ② 358℃
③ 368℃ ④ 378℃

16

기체의 초기압력이 20kPa, 초기체적이 $0.1m^3$인 상태에서부터 "PV=일정"인 과정으로 체적이 $0.3m^3$로 변했을 때의 일량은 약 얼마인가?

① 2,200J ② 4,000J
③ 2,200kJ ④ 4,000kJ

17

이상기체의 폴리트로프(polytrope) 변화에 대한 식이 $PV^n = C$라고 할 때 다음의 변화에 대하여 표현이 틀린 것은?

① $n=0$일 때는 정압변화를 한다.
② $n=1$일 때는 등온변화를 한다.
③ $n=\infty$일 때는 정적변화를 한다.
④ $n=K$일 때는 등온 및 정압변화를 한다.(단, k=비열비이다)

18

절대온도가 T_1, T_2인 두 물체 사이에 열량 Q가 전달될 때 이 두 물체가 이루는 계의 엔트로피 변화는? (단, $T_1 > T_2$이다.)

① $\dfrac{T_1 - T_2}{QT_1}$ ② $\dfrac{T_1 - T_2}{QT_2}$

③ $\dfrac{Q}{T_1} - \dfrac{Q}{T_2}$ ④ $\dfrac{Q}{T_2} - \dfrac{Q}{T_1}$

해설 및 정답

15

$$\eta = \frac{T_1 - T_2}{T_1 - T_2'} = 0.8 = \frac{630 - 290}{630 - T_2'}$$

$\therefore\ T_2' = 357$

답 ②

16

$PV = C$

$$W = P_1 V_1 \ln\frac{V_2}{V_1} = 20 \times 0.1 \times \ln\frac{0.3}{0.1} = 2200$$

답 ①

17

답 ④

18

$$\Delta s = \frac{Q}{T_2} - \frac{Q}{T_1}$$

답 ④

해설 및 정답 가나다라

19

밀폐 단열된 방에 다음 두 경우에 대하여 가정용 냉장고를 가동시키고 방안의 평균온도를 관찰한 결과 가장 합당한 것은?

a) 냉장고의 문을 열었을 경우 b) 냉장고의 문을 닫았을 경우

① a), b) 경우 모두 방안의 평균온도는 감소한다.
② a), b) 경우 모두 방안의 평균온도는 상승한다.
③ a), b)의 경우 모두 방안의 평균온도는 변하지 않는다.
④ a)의 경우는 방안의 평균온도는 변하지 않고, b)의 경우는 상승한다.

19

답 ②

20

이상 냉동기의 작동을 위해 두 열원이 있다. 고열원이 100℃이고, 저열원이 50℃이라면 성능계수는?

① 1.00　　② 2.00
③ 4.25　　④ 6.46

20

 ④

기계열역학 제10회 기출문제

기계열역학

01

랭킨 사이클의 열효율 증대 방법에 해당하지 않는 것은?

① 복수기(응축기) 압력 저하
② 보일러 압력 증가
③ 터빈의 질량유량 증가
④ 보일러에서 증기를 고온으로 과열

01
랭킨 사이클 효율증대방법
초압(보일러압력) 크게, 배압(복수기 압력) 낮게, 증기 재가열하여 터빈 일 증가

답 ③

02

실린더 내부에 기체가 채워져 있고 실린더에는 피스톤이 끼워져 있다. 초기 압력 50kPa, 초기 체적 0.05m^{3}인 기체를 버너로 $PV^{1.4}=$ constant가 되도록 가열하여 기체 체적이 0.2m^{3}이 되었다면, 이 과정 동안 시스템이 한 일은?

① 1.33kJ ② 2.66kJ
③ 3.99kJ ④ 5.32kJ

02
$PV^{1.4}=c$일 때 한 일

$$W_{12}=\frac{P_2V_2-P_1V_1}{1-k}=\frac{P_1V_1}{1-k}\left[\left(\frac{V_1}{V_2}\right)^{k-1}-1\right]$$
$$=\frac{50\times0.05}{1-1.4}\left(\frac{0.05}{0.2}-1\right)$$
$$=2.66\,\mathrm{kJ}$$

답 ②

03

증기 압축 냉동기에서 냉매가 순환되는 경로를 올바르게 나타낸 것은?

① 증발기 → 팽창밸브 → 응축기 → 압축기
② 증발기 → 압축기 → 응축기 → 팽창밸브
③ 팽창밸브 → 압축기 → 응축기 → 증발기
④ 응축기 → 증발기 → 압축기 → 팽창밸브

03

답 ②

04

준평형 정적과정을 거치는 시스템에 대한 열전달량은? (단, 운동에너지와 위치에너지의 변화는 무시한다.)

① 0이다. ② 이루어진 일량과 같다.
③ 엔탈피 변화량과 같다. ④ 내부에너지 변화량과 같다.

05

4kg의 공기가 들어 있는 용기 A(체적 $0.5m^3$)와 진공 용기 B(체적 $0.3m^3$) 사이를 밸브로 연결하였다. 이 밸브를 열어서 공기가 자유팽창하여 평형에 도달했을 경우 엔트로피 증가량은 약 몇 kJ/K인가? (단, 온도 변화는 없으며 공기의 기체상수는 0.287kJ/kg·K이다.)

① 0.54 ② 0.49
③ 0.42 ④ 0.37

06

기체가 열량 80kJ을 흡수하여 외부에 대하여 20kJ의 일을 하였다면 내부에너지 변화는 몇 kJ인가?

① 20 ② 60
③ 80 ④ 100

07

다음 중 폐쇄계의 정의를 올바르게 설명한 것은?

① 동작물질 및 일과 열이 그 경계를 통과하지 아니하는 특정 공간
② 동작물질은 계의 경계를 통과할 수 없으나 열과 일은 경계를 통과할 수 있는 특정 공간
③ 동작물질은 계의 경계를 통과할 수 있으나 열과 일은 경계를 통과할 수 없는 특정 공간
④ 동작물질 및 일과 열이 모두 그 경계를 통과할 수 있는 특정 공간

해설 및 정답

04

답 ④

05

체적이 0.5에서 0.3 증가

$V_1 = 0.5\,m^3,\ V_2 = 0.8\,m^3$

$\therefore\ dS = \dfrac{Pdv}{T} = \dfrac{MRdV}{V}$

$\therefore\ \Delta S = MR\ln\dfrac{V_2}{V_1}$

$= 4 \times 0.287\ln\dfrac{0.8}{0.5}$

$= 0.54$

답 ①

06

$Q_2 = \Delta u + {}_1w_2$

$\therefore 80 = \Delta u + 20$

$\Delta u = 60\,kJ$

답 ②

07

답 ②

해설 및 정답

08

체적이 $0.01m^3$인 밀폐용기에 대기압의 포화혼합물이 들어 있다. 용기 체적의 반은 포화액체, 나머지 반은 포화증기가 차지하고 있다면, 포화혼합물 전체의 질량과 건도는? (단, 대기압에서 포화액체와 포화증기의 비체적은 각각 $0.001044m^3/kg$, $1.6729m^3/kg$이다.)

① 전체질량 : 0.0119kg, 건도 : 0.50
② 전체질량 : 0.0119kg, 건도 : 0.00062
③ 전체질량 : 4.792kg, 건도 : 0.50
④ 전체질량 : 4.792kg, 건도 : 0.00062

08

답 ④

09

여름철 외기의 온도가 30℃일 때 김치냉장고의 내부를 5℃로 유지하기 위해 3kW의 열을 제거해야 한다. 필요한 최소 동력은 약 몇 kW인가? (단, 이 냉장고는 카르노 냉동기이다.)

① 0.27 ② 0.54 ③ 1.54 ④ 2.73

09

$\epsilon_R = \frac{268}{25} = \frac{3}{W}$

$\therefore W = \frac{3 \times 25}{268} = 0.278$

답 ①

10

질량이 m이고 비체적이 v인 구(sphere)의 반지름이 R이면, 질량이 $4m$이고, 비체적이 $2v$인 구의 반지름은?

① $2R$ ② $\sqrt{2}R$ ③ $\sqrt[3]{2}R$ ④ $\sqrt[3]{4}R$

10

$V = v \times m$

$V_2 = 4M \times 2R^3 = M(R_2)^3$

$\therefore R_2 = 2R$

답 ①

11

온도 600℃의 구리 7kg을 8kg의 물속에 넣어 열적 평형을 이룬 후 구리와 물의 온도가 64.2℃가 되었다면 물의 처음 온도는 약 몇 ℃인가? (단, 이 과정 중 열손실은 없고, 구리의 비열은 0.386kJ/kg·K이며 물의 비열은 4.184kJ/kg·K이다.)

① 6℃ ② 15℃ ③ 21℃ ④ 84℃

11

연여하 법치에서

$7 \times 0.386(600 - 6402) = 8 \times 4.184(64.2 - t)$

$\therefore t = 21°$

답 ③

12

계가 비가역 사이클을 이룰 때 클라우지우스(Clausius)의 적분을 옳게 나타낸 것은? (단, T는 온도, Q는 열량이다.)

① $\oint \frac{\delta Q}{T} < 0$ ② $\oint \frac{\delta Q}{T} > 0$

③ $\oint \frac{\delta Q}{T} \geq 0$ ④ $\oint \frac{\delta Q}{T} \leq 0$

12

클라우시우스 적분

가역 $\oint \frac{\delta Q}{T} = 0$, 비가역 $\oint \frac{\delta Q}{T} < 0$

답 ①

해설 및 정답

13

비열비가 1.29, 분자량이 44인 이상 기체의 정압비열은 약 몇 kJ/kg·K인가? (단, 일반기체상수는 8.314kJ/kmol·K이다.)

① 0.51
② 0.69
③ 0.84
④ 0.91

13

$$C_p = \frac{kR}{k-1} = \frac{1.29 \times 8.318}{(1.29-1)44} = 0.84$$

답 ③

14

물 2kg을 20℃에서 60℃가 될 때까지 가열할 경우 엔트로피 변화량은 약 몇 kJ/K인가? (단, 물의 비열은 4.184kJ/kg·K이고, 온도 변화 과정에서 체적은 거의 변화가 없다고 가정한다.)

① 0.78
② 1.07
③ 1.45
④ 1.96

14

$$\Delta S = MC\ln\frac{T_2}{T_1} = 2 \times 4.184 \ln\frac{333}{293} = 1.07$$

답 ②

15

한 시간에 3600kg의 석탄을 소비하여 6050kW를 발생하는 증기터빈을 사용하는 화력발전소가 있다면, 이 발전소의 열효율은 약 몇 %인가? (단, 석탄의 발열량은 29900kJ/kg이다.)

① 약 20%
② 약 30%
③ 약 40%
④ 약 50%

15

$$\eta = \frac{6050 \times 3600}{3600 \times 29900} = 0.2$$

답 ①

16

밀폐 시스템이 압력 $P_1 = 200$kPa, 체적 $V_1 = 0.1\text{m}^3$인 상태에서 $P_2 = 100$kPa, $V_2 = 0.3\text{m}^3$인 상태까지 가역팽창되었다. 이 과정이 $P-V$ 선도에서 직선으로 표시된다면, 이 과정 동안 시스템이 한 일은 약 몇 kJ인가?

① 10
② 20
③ 30
④ 45

16

$$W = \frac{(P_2 - P_1)(V_2 - V_1)}{2} + P_1(V_2 - V_1)$$
$$= 100 \times 0.2/2 + 100 \times 0.2$$
$$= 30$$

답 ③

17

2개의 정적과정과 2개의 등온과정으로 구성된 동력 사이클은?

① 브레이턴(brayton)사이클
② 에릭슨(ericsson)사이클
③ 스털링(stirling)사이클
④ 오토(otto)사이클

17

답 ③

18

고온 400℃, 저온 50℃의 온도 범위에서 작동하는 Carnot 사이클 열기관의 열효율은 구하면 몇 %인가?

① 37　　② 42
③ 47　　④ 52

19

내부에너지가 40kJ, 절대압력이 200kPa, 체적이 0.1m^3, 절대온도가 300K인 계의 엔탈피는 약 몇 kJ인가?

① 42　　② 60
③ 80　　④ 240

20

랭킨 사이클을 구성하는 요소는 펌프, 보일러, 터빈, 응축기로 구성된다. 각 구성 요소가 수행하는 열역학적 변화 과정으로 틀린 것은?

① 펌프 : 단열 압축　　② 보일러 : 정압 가열
③ 터빈 : 단열 팽창　　④ 응축기 : 정적 냉각

해설 및 정답

18

$$\eta = 1 - \frac{273+50}{273+400} = 0.52$$

답 ④

19

$W = U + PV$

답 ②

20

보일러(정압), 터빈(단열), 복수기(정압), 펌프(단열, 등적)

답 ④

기계열역학 제11회 기출문제

기계열역학

해설 및 정답

01

질량 1kg의 공기가 밀폐계에서 압력과 체적이 100kPa, $1m^3$이었는데 폴리트로픽 과정($PV^n=$일정)을 거쳐 체적이 $0.5m^3$이 되었다. 최종 온도(T_2)와 내부 에너지의 변화량(ΔU)은 각각 얼마인가? (단, 공기의 기체상수는 287J/kg·K, 정적비열은 718J/kg·K, 정압비열은 1005J/kg·K, 폴리트로프 지수는 1.3이다.)

① $T_2=459.7\text{K}$, $\Delta U=111.3\text{kJ}$
② $T_2=459.7\text{K}$, $\Delta U=79.9\text{kJ}$
③ $T_2=428.9\text{K}$, $\Delta U=80.5\text{kJ}$
④ $T_2=428.9\text{K}$, $\Delta U=57.8\text{kJ}$

01

$$T_1=\frac{P_1V_1}{MR}=\frac{100\times10^3\times1}{1\times287}=348.4\text{K}$$

$$\therefore \frac{T_1}{T_2}=\left(\frac{V_1}{V_2}\right)^{n-1}$$

$$T_2=T_1\left(\frac{V_1}{V_2}\right)^{n-1}=348.4\times\left(\frac{1}{0.5}\right)^{0.3}=428.9\text{K}$$

$$\therefore \Delta u=w(T_2-T_1)$$
$$=0.718\times(428.9-348.4)$$
$$=57.799\text{kJ}$$

답 ④

02

20℃의 공기 5kg이 정압 과정을 거쳐 체적이 2배가 되었다. 공급한 열량은 약 몇 kJ인가? (단, 정압비열은 1kJ/kg·K이다.)

① 1465 ② 2198
③ 2931 ④ 4397

02

$$P=C:\delta Q=dH:\ P=\frac{T_1}{V_1}=\frac{T_2}{V_2}$$

$${}_1Q_2=mCp(T_2-T_1)=5\times1\times(2T_2-T_1)$$
$$=1465\text{kJ}$$

$$T_2=2T_1$$

 ①

03

온도가 150℃인 공기 3kg이 정압 냉각되어 엔트로피가 1.063kJ/K만큼 감소되었다. 이 때 방출된 열량은 약 몇 kJ인가? (단, 공기의 정압비열은 1.01kJ/kg·K이다.)

① 27 ② 379
③ 538 ④ 715

03

$ds=\dfrac{dh}{T}=\dfrac{MCpdt}{T}$: 엔트로피 감소이므로

$$\Delta s=-1.063=3\times1.01\times\ln\frac{T_2}{423}$$

$$\therefore T_2=298$$

$${}_1Q_2=MC_p(T_2-T_1)$$
$$=3\times1.01\times(298-423)$$
$$=-379\text{kJ}$$

 ②

04

밀폐계의 가역 정적변화에서 다음 중 옳은 것은? (단, U: 내부에너지, Q: 전달된 열, H: 엔탈피, V: 체적, W: 일이다.)

① $dU = dQ$ ② $dH = dQ$
③ $dV = dQ$ ④ $dW = dQ$

05

공기 1kg을 정적과정으로 40℃에서 120℃까지 가열하고, 다음에 정압과정으로 120℃에서 220℃까지 가열한다면 전체 가열에 필요한 열량은 약 얼마인가? (단, 정압비열은 1.00kJ/kg·K, 정적비열은 0.71kJ/kg·K이다.)

① 127.8kJ/kg ② 141.5kJ/kg
③ 156.8kJ/kg ④ 185.2kJ/kg

06

냉동기 냉매의 일반적인 구비조건으로서 적합하지 않은 사항은?

① 임계 온도가 높고, 응고 온도가 낮을 것
② 증발열이 적고, 증기의 비체적이 클 것
③ 증기 및 액체의 점성이 작을 것
④ 부식성이 없고, 안정성이 있을 것

07

그림과 같이 중간에 격벽이 설치된 계에서 A에는 이상기체가 충만되어 있고, B는 진공이며, A와 B의 체적은 같다. A와 B 사이의 격벽을 제거하면 A의 기체는 단열비가역 자유팽창을 하여 어느 시간 후에 평형에 도달하였다. 이 경우의 엔트로피 변화 Δs는? (단, C_v는 정적비열, C_p는 정압비열, R은 기체상수이다.)

① $\Delta s = C_v \times \ln 2$
② $\Delta s = C_p \times \ln 2$
③ $\Delta s = 0$
④ $\Delta s = R \times \ln 2$

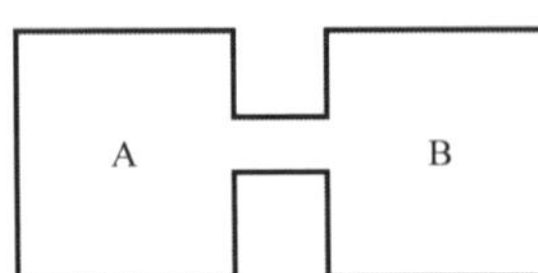

해설 및 정답

04

답 ①

05

$v = c : {}_1Q_2 = 1 \times 0.71 \times 80$

$P = c : {}_2Q_3 = 1 \times 100 \times 100$

$\therefore\ Q = 0.71 \times 80 + 100 = 156.8$

답 ③

06

답 ②

07

등온으로 가정

$ds = \frac{\delta Q}{T} = \frac{pdv}{T} = \frac{Rdv}{v}$

$\Delta s = R \ln \frac{V_2}{V_1} = R \ln \frac{2V}{V} = R \ln 2$

답 ④

08

오토 사이클의 압축비가 6인 경우 이론 열효율은 약 몇 %인가? (단, 비열비 = 1.4이다.)

① 51 ② 54 ③ 59 ④ 62

09

온도 T_2인 저온체에서 열량 Q_A를 흡수해서 온도가 T_1인 고온체로 열량 Q_R를 방출할 때 냉동기의 성능계수(coefficient of performance)는?

① $\dfrac{Q_R - Q_A}{Q_A}$ ② $\dfrac{Q_R}{Q_A}$ ③ $\dfrac{Q_A}{Q_R - Q_A}$ ④ $\dfrac{Q_A}{Q_R}$

10

30℃, 100kPa의 물을 800kPa까지 압축한다. 물의 비체적이 0.001 m³/kg로 일정하다고 할 때, 단위 질량당 소요된 일(공업일)은?

① 167J/kg ② 602J/kg
③ 700J/kg ④ 1400J/kg

11

냉동실에서의 흡수 열량이 5 냉동톤(RT)인 냉동기의 성능계수(COP)가 2, 냉동기를 구동하는 가솔린 엔진의 열효율이 20%, 가솔린의 발열량이 43000kJ/kg일 경우, 냉동기 구동에 소요되는 가솔린의 소비율은 약 몇 kg/h인가? [단, 1냉동톤(RT)은 약 3.86kW이다.]

① 1.28kg/h ② 2.54kg/h
③ 4.04kg/h ④ 4.85kg/h

12

비열비가 k인 이상기체로 이루어진 시스템이 정압과정으로 부피가 2배로 팽창할 때 시스템이 한 일이 W, 시스템에 전달된 열이 Q일 때, $\dfrac{W}{Q}$는 얼마인가? (단, 비열은 일정하다.)

① k ② $\dfrac{1}{k}$ ③ $\dfrac{k}{k-1}$ ④ $\dfrac{k-1}{k}$

해설 및 정답

08

$\eta_0 = 1 - \dfrac{1}{\epsilon^{k-1}} = 1 - \dfrac{1}{6^{0.4}} = 0.51$

답 ①

09

$\epsilon_r = \dfrac{Q_2}{Q_1 - Q_2} = \dfrac{T_2}{T_1 - T_2}$

답 ③

10

${}_1W_{c2} = \int vdp = 0.001 \times 700 \times 1000$
$= 700\text{J/Kg}$

답 ③

11

$\epsilon_R = \dfrac{Q_L}{w}$

$w = \dfrac{5 \times 3.86}{2} = 9650\text{W}$

$\eta = 0.2 = \dfrac{9.65}{43000 \times M}$

$M = 4.04\text{kg/h}$

답 ③

12

$P = C : V_2 = V_1 \times 2$

${}_1q_2 = Cp(T_2 - T_1) = \dfrac{kR}{k-1}(T_2 - T_1)$

${}_1w_2 = p(v_2 - v_1) = R(T_2 - T_1)$

$\dfrac{{}_1w_2}{q_1} = \dfrac{k-1}{k}$

답 ④

13

이상기체에서 엔탈피 h와 내부에너지 u, 엔트로피 s사이에 성립하는 식으로 옳은 것은? (단, T는 온도, v는 체적, P는 압력이다.)

① $Tds = dh + vdP$　　② $Tds = dh - vdP$
③ $Tds = du - Pdv$　　④ $Tds = dh + d(Pv)$

14

밀도 1000kg/m³인 물이 단면적 0.01m²인 관속을 2m/s의 속도로 흐를 때, 질량유량은?

① 20kg/s　　② 2.0kg/s
③ 50kg/s　　④ 5.0kg/s

15

대기압 100kPa에서 용기에 가득 채운 프로판을 일정한 온도에서 진공펌프를 사용하여 2kPa까지 배기하였다. 용기 내에 남은 프로판의 중량은 처음 중량의 몇 % 정도 되는가?

① 20%　　② 2%
③ 50%　　④ 5%

16

열역학적 상태량은 일반적으로 강도성 상태량과 용량성 상태량으로 분류할 수 있다. 강도성 상태량에 속하지 않는 것은?

① 압력　　② 온도
③ 밀도　　④ 체적

17

카르노 열기관 사이클 A는 0℃와 100℃ 사이에서 작동되며 카르노 열기관 사이클 B는 100℃와 200℃ 사이에서 작동된다. 사이클 A의 효율(η_A)과 사이클 B의 효율(η_B)을 각각 구하면?

① $\eta_A = 26.80\%,\ \eta_A = 50.00\%$
② $\eta_A = 26.80\%,\ \eta_A = 21.14\%$
③ $\eta_A = 38.75\%,\ \eta_A = 50.00\%$
④ $\eta_A = 38.75\%,\ \eta_A = 21.14\%$

해설 및 정답

13

답 ②

14

$m = \dot{\rho} A V$

답 ①

15

$T = C:\ P_1V_1 = P_2V_2 (G = rv)$

$\frac{P_2}{P_1} = \frac{V_1}{V_2} = 2\%$ (체적에 비례)

답 ②

16

용량성 : 부피, 질량

답 ④

17

$\eta_A = 1 - \frac{273}{373} = 0.268$

$\eta_B = 1 - \frac{373}{473} = 0.211$

답 ②

18

수소(H_2)를 이상기체로 생각하였을 때, 절대압력 1MPa, 온도 100℃에서의 비체적은 약 몇 m^3/kg인가?
(단, 일반기체상수는 8.3145kJ/kmol·K이다.)

① 0.781
② 1.26
③ 1.55
④ 3.46

19

과열증기를 냉각시켰더니 포화영역 안으로 들어와서 비체적이 0.2327m^3/kg이 되었다. 이때의 포화액과 포화증기의 비체적이 각각 $1.079 \times 10^{-3}$$m^3$/kg, 0.5243$m^3$/kg이라면 건도는?

① 0.964
② 0.772
③ 0.653
④ 0.443

20

그림과 같은 Rankine 사이클의 열효율은 약 몇 %인가? (단, h_1 = 191.8kJ/kg, h_2 =193.8kJ/kg, h_3 =2799.5kJ/kg, h_4 =2007.5kJ/kg이다.)

① 30.3%
② 39.7%
③ 46.9%
④ 54.1%

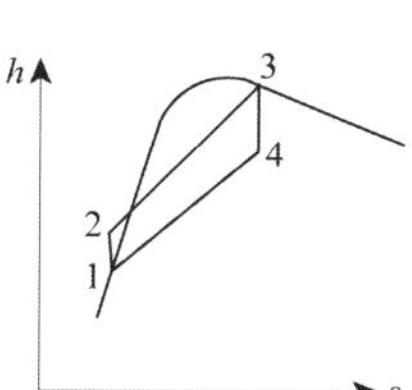

해설 및 정답

18

$$v = \frac{RT}{P} = 1.55$$

답 ③

19

$$v_x = v' + x(v'' - v')$$

$$x = 0.443$$

답 ④

20

$$\eta = 1 - \frac{h_4 - h_1}{h_3 - h_2} = 0.303$$

답 ①

기계열역학 제12회 기출문제

기계열역학

01

다음에 제시된 에너지 값 중 가장 크기가 작은 것은?

① 400N·cm　② 4cal　③ 40J　④ 4000Pa·m^3

02

열역학적 관점에서 일과 열에 관한 설명 중 틀린 것은?

① 일과 열은 온도와 같은 열역학적 상태량이 아니다.
② 일의 단위는 J(joule)이다.
③ 일의 크기는 힘과 그 힘이 작용하여 이동한 거리를 곱한 값이다.
④ 일과 열은 점함수(point function)이다.

03

5kg의 산소가 정압하에서 체적이 $0.2m^3$에서 $0.6m^3$로 증가했다. 산소를 이상기체로 보고 정압비열 $C_p = 0.92$kJ/(kg·K)로 하여 엔트로피의 변화를 구하였을 때 그 값은 약 얼마인가?

① 1.857kJ/K　② 2.746kJ/K
③ 5.054kJ/K　④ 6.507kJ/K

04

온도가 300K이고, 체적이 $1m^3$, 압력이 $10^5N/m^2$인 이상기체가 일정한 온도에서 3×10^4J의 일을 하였다. 계의 엔트로피 변화량은?

① 0.1J/K　② 0.5J/K
③ 50J/K　④ 100J/K

해설 및 정답

01

① 400N·cm=0.4J
② 4cal=4·4.186J
③ 40J
④ 4000Pa·m^3=4000J

답 ①

02

일과 열은 경로함수이지 성질이 아니다.

답 ④

03

$R = \frac{8314}{32}$: $P = C = \frac{T_1}{V_1} = \frac{T_2}{V_2}$

$ds = \frac{\delta q}{T} = \frac{dH}{T} = \frac{GC_p dt}{T}$

$\Delta S = GC_p \ln\frac{T_2}{T_1} = GC_p \ln\frac{V_2}{V_1} = 5\times0.92\ln\frac{0.6}{0.2}$

답 ③

04

$ds = \frac{\delta w}{T}(T = c)$

$\Delta s = \frac{{}_1w_2}{T} = 100\,\text{J/K}$

답 ④

05

어느 이상기체 2kg이 압력 200kPa, 온도 30℃의 상태에서 체적 $0.8m^3$를 차지한다. 이 기체의 기체상수는 약 몇 kJ/(kg·K)인가?

① 0.264　② 0.528
③ 2.67　④ 3.53

06

공기 1kg을 $t_1=10$℃, $P_1=0.1$MPa, $V_1=0.8m^3$ 상태에서 단열 과정으로 $t_2=167$℃, $P_2=0.7$MPa까지 압축시킬 때 압축에 필요한 일량은 약 얼마인가? (단, 공기의 정압비열과 정적비열은 각각 1.0035 kJ/(kg·K), 0.7165kJ/(kg·K)이고, t는 온도, P는 압력, V는 체적을 나타낸다.)

① 112.5J　② 112.5kJ
③ 157.5J　④ 157.5kJ

07

고열원의 온도가 157℃이고, 저열원의 온도가 27℃인 카르노 냉동기의 성적계수는 약 얼마인가?

① 1.5　② 1.8
③ 2.3　④ 3.2

08

공기 표준 Brayton 사이클 기관에서 최고 압력이 500kPa, 최저압력은 100kPa이다. 비열비(k)는 1.4일 때, 이 사이클의 열효율은?

① 약 3.9%　② 약 18.9%
③ 약 36.9%　④ 약 26.9%

09

1kg의 기체가 압력 50kPa, 체적 $2.5m^3$의 상태에서 압력 1.2MPa, 체적 $0.2m^3$의 상태로 변하였다. 엔탈피의 변화량은 약 몇 kJ인가? (단, 내부에너지의 변화는 없다.)

① 365　② 206　③ 155　④ 115

해설 및 정답

05

$$R=\frac{PV}{MT}=\frac{200\times0.8}{2\times(30+273)}=0.264$$

답 ①

06

$$dh-\delta W_c=0$$

$$_1w_{c2}=\Delta H=m\,Cp(T_2-T_1)$$

$$=m\,Cp\,T_1\left(\frac{T_2}{T_1}-1\right)$$

$$=1\times1.0035\times283\left(\frac{150+273}{283}-1\right)$$

답 ②

07

$$\epsilon_r=\frac{T_2}{T_1-T_2}$$

$$=\frac{273+27}{157-27}$$

$$=2.3$$

답 ③

08

$$\eta=1-\frac{T_2}{T_1}=1-\left(\frac{P_2}{P_1}\right)^{\frac{k-1}{k}}$$

답 ③

09

$$\Delta H=\Delta u+P_2V_2-P_1V_1$$

답 ④

10

성능계수가 3.2인 냉동기가 시간당 20MJ의 열을 흡수한다. 이 냉동기를 작동하기 위한 동력은 몇 kW인가?

① 2.25 ② 1.74 ③ 2.85 ④ 1.45

11

실린더 내의 공기가 100kPa, 20℃ 상태에서 300kPa이 될 때까지 가역단열 과정으로 압축된다. 이 과정에서 실린더 내의 계에서 엔트로피의 변화는? (단, 공기의 비열비 $k=1.4$이다.)

① −1.35kJ/(kg·K) ② 0kJ/(kg·K)
③ 1.35kJ/(kg·K) ④ 13.5kJ/(kg·K)

12

압력(P)과 부피(V)의 관계가 'PV^k=일정하다'고 할 때 절대일(W_{12})와 공업일(W_t)의 관계로 옳은 것은?

① $W_t = kW_{12}$ ② $W_t = \frac{1}{k}W_{12}$
③ $W_t = (k-1)W_{12}$ ④ $W_t = \frac{1}{(k-1)}W_{12}$

13

분자량이 29이고, 정압비열이 1005J/(kg·K)인 이상기체의 정적비열은 약 몇 J/(kg·K)인가? (단, 일반기체상수는 8314.5J/(kmol·K)이다.)

① 976 ② 287 ③ 718 ④ 546

14

그림과 같은 이상적인 Rankine cycle에서 각각의 엔탈피는 h_1=168kJ/kg, h_2=173kJ/kg, h_3=3195kJ/kg, h_4=2071kJ/kg일 때, 이 사이클의 열효율은 약 얼마인가?

① 30%
② 34%
③ 37%
④ 43%

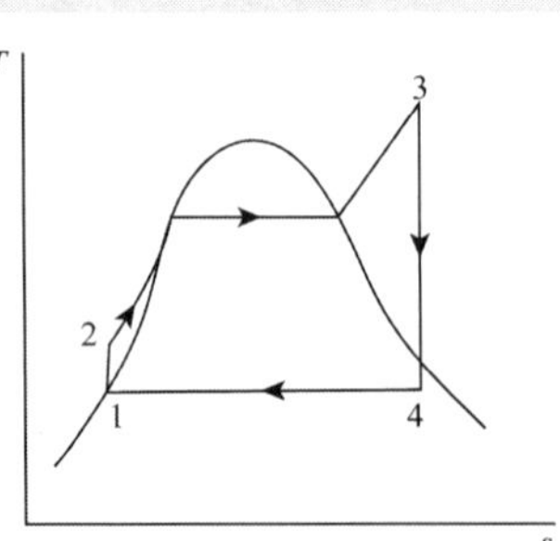

해설 및 정답

10

성능계수 $Q_2 = \frac{20\times10^3}{3600}\text{kJ/s}$

$3.2 = \frac{Q_2}{W}$

$W = \frac{20\times10^3}{3.2\times3600}$

답 ②

11

가역단열과정 $ds = \frac{\delta Q}{T} = 0$

답 ②

12

$W_t = k_1 w_2$

답 ①

13

$R = \frac{8314}{29} = Cp - Cv$

$Cv = Cp - R = 1005 - \frac{8314}{29}$

답 ③

14

$q_1 = h_3 - h_2$

$q_2 = h_4 - h_1$

$\eta = 1 - \frac{q_1}{q_2} = 1 - \frac{2071-168}{3195-173}$

답 ③

해설 및 정답 가나다라

15

이상적인 증기 압축 냉동 사이클의 과정은?

① 정적방열과정 → 등엔트로피 압축과정 → 정적증발과정 → 등엔탈피 팽창과정
② 정압방열과정 → 등엔트로피 압축과정 → 정압증발과정 → 등엔탈피 팽창과정
③ 정적증발과정 → 등엔트로피 압축과정 → 정적방열과정 → 등엔탈피 팽창과정
④ 정압증발과정 → 등엔트로피 압축과정 → 정압방열과정 → 등엔탈피 팽창과정

15

답 ④

16

폴리트로픽 변화의 관계식 "PV^n =일정"에 있어서 n이 무한대로 되면 어느 과정이 되는가?

① 정압과정 ② 등온과정
③ 정적과정 ④ 단열과정

16

$n=\infty : v=c$

$Cn=\infty : T=c$

답 ③

17

물질의 양에 따라 변화하는 종량적 상태량(extensive property)은?

① 밀도 ② 체적
③ 온도 ④ 압력

17

종량성 : 질량 체적

답 ②

18

피스톤－실린더 장치에 들어있는 100kPa, 26.85℃의 공기가 600kPa까지 가역단열과정으로 압축된다. 비열비 $k=1.4$로 일정하다면 이 과정 동안에 공기가 받은 일은 약 얼마인가? (단, 공기의 기체상수는 0.287kJ/(kg·K)이다.)

① 263kJ/kg ② 171kJ/kg
③ 144kJ/kg ④ 116kJ/kg

18

압축일

$\delta q = dh - \delta Wc = 0$

$_1w_{c2} = h_2 - h_1 = Cp(T_2 - T_1)$

$= \frac{kRT_1}{k-1}\left(\frac{T_2}{T_1} - 1\right)$

답 ③

19

0.6MPa, 200℃의 수증기가 50m/s의 속도로 단열 노즐로 유입되어 0.15MPa, 건도 0.99인 상태로 팽창하였다. 증기의 유출 속도는? (단, 노즐 입구에서 엔탈피는 2850kJ/kg, 출구에서 포화액의 엔탈피는 467kJ/kg, 증발 잠열은 2227kJ/kg이다.)

① 약 600m/s　　② 약 700m/s
③ 약 800m/s　　④ 약 900m/s

20

다음 중 비체적의 단위는?

① kg/m^3　　② m^3/kg
③ $m^3/(kg \cdot s)$　　④ $m^3/(kg \cdot s^2)$

해설 및 정답

19

$h_2 = 2850$

$h_3 = 467$

$V = \sqrt{2(h_2 - h_3)} = \sqrt{2(2850 - 467)10^3}$

 ①

20

$v = \frac{V}{kg} m^3/kg$

 ②

기계열역학 제13회 기출문제

기계열역학

01

다음에 열거한 시스템의 상태량 중 종량적 상태량인 것은?

① 엔탈피 ② 온도
③ 압력 ④ 비체적

02

열역학 제1법칙에 관한 설명으로 거리가 먼 것은?

① 열역학적계에 대한 에너지 보존법칙을 나타낸다.
② 외부에 어떠한 영향을 남기지 않고 계가 열원으로부터 받은 열을 모두 이로 바꾸는 것은 불가능하다.
③ 열은 에너지의 한 형태로서 일을 열로 변환하거나 열을 일로 변환하는 것이 가능하다.
④ 열을 일로 변환하거나 일을 열로 변환할 때, 에너지의 총량은 변하지 않고 일정하다.

03

폴리트로픽 과정 $PV^n = C$에서 지수 $n = \infty$인 경우는 어떤 과정인가?

① 등온과정 ② 정적과정 ③ 정압과정 ④ 단열과정

04

온도 300K, 압력 100kPa 상태의 공기 0.2kg이 완전히 단열된 강체 용기 안에 있다. 패들(paddle)에 의하여 외부로부터 공기에 5kJ의 일이 행해질 때 최종 온도는 약 몇 K인가? (단, 공기의 정압비열과 정적비열은 각각 1.0035kJ/(kg·K), 0.7165kJ/(kg·K)이다.)

① 315 ② 275 ③ 335 ④ 255

해설 및 정답

01

답 ①

02

답 ②

03

$PV^n = C$에서 $n = \infty$: $V = C$
$C_n = \infty$: $T = C$

답 ②

04

$\delta Q = dU + \delta W = 0$에서
$W_{12} = -\Delta U = -MC_v(T_2 - T_1)$
$5 = 0.2 \times 0.7165(T_2 - 300)$
$\therefore T_2 = 334.89 ≒ 335\text{K}$

답 ③

05

다음 냉동 사이클에서 열역학 제1법칙과 제2법칙을 모두 만족하는 Q_1, Q_2, W는?

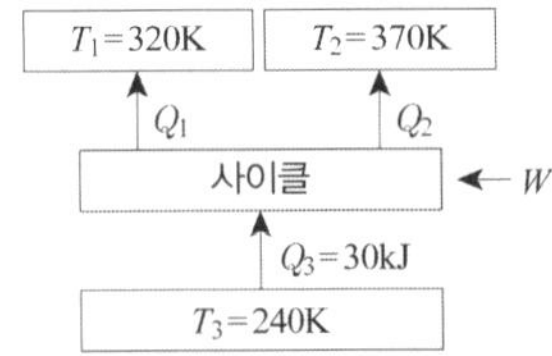

① $Q_1=20\text{kJ}$, $Q_2=20\text{kJ}$, $W=20\text{kJ}$
② $Q_1=20\text{kJ}$, $Q_2=30\text{kJ}$, $W=20\text{kJ}$
③ $Q_1=20\text{kJ}$, $Q_2=20\text{kJ}$, $W=10\text{kJ}$
④ $Q_1=20\text{kJ}$, $Q_2=15\text{kJ}$, $W=5\text{kJ}$

06

1kg의 공기가 100℃를 유지하면서 등온 팽창하여 외부에 100kJ의 일을 하였다. 이 때 엔트로피의 변화량은 약 몇 kJ/(kg·K)인가?

① 0.268 ② 0.373 ③ 1.00 ④ 1.54

07

300L 체적의 진공인 탱크가 25℃, 6MPa의 공기를 공급하는 관에 연결된다. 밸브를 열어 탱크 안의 공기 압력이 5MPa이 될 때까지 공기를 채우고 밸브를 닫았다. 이 과정이 단열이고 운동에너지와 위치에너지의 변화는 무시해도 좋을 경우에 탱크 안의 공기의 온도는 약 몇 ℃가 되는가? (단, 공기의 비열비는 1.4이다.)

① 1.5℃ ② 25.0℃ ③ 84.4℃ ④ 144.3℃

08

Rankine 사이클에 대한 설명으로 틀린 것은?

① 응축기에서의 열방출 온도가 낮을수록 열효율이 좋다.
② 증기의 최고온도는 터빈 재료의 내열특성에 의하여 제한된다.
③ 팽창일에 비하여 압축일이 적은 편이다.
④ 터빈 출구에서 건도가 낮을수록 효율이 좋아진다.

해설 및 정답

05

$Q_{저} + W = Q_{고} = Q_1 + Q_2 = Q_3 + W$

$Q_2 > Q_1$이므로 $T_2 > T_1$

$\therefore\ Q_1 = 20,\ Q_2 = 30,\ W = 20$

답 ②

06

$T = C$

$\therefore\ dS = \frac{\delta Q}{T}$

$\therefore\ \Delta S = \frac{W_{12}}{T} = \frac{100}{373} = 0.268$

답 ①

07

답 ④

08

답 ④

09

증기 터빈의 입구 조건은 3MPa, 350℃이고 출구와 압력은 30kPa이다. 이 때 정상 등엔트로피 과정으로 가정할 경우, 유체의 단위질량당 터빈에서 발생되는 출력은 약 몇 kJ/kg인가? (단, 표에서 h는 단위질량당 엔탈피, s는 단위질량당 엔트로피이다.)

	h(kJ/kg)	s(kJ/(kg·K))
터빈입구	3115.3	6.7428

	엔트로피(kJ/(kg·K))		
	포화액 s_f	증발 s_{fg}	포화증기 s_g
터빈출구	0.9439	6.8247	7.7686

	엔탈피(kJ/K)		
	포화액 h_f	증발 h_{fg}	포화증기 h_g
터빈출구	289.2	2336.1	2625.3

① 679.2　② 490.3
③ 841.1　④ 970.4

해설 및 정답

09

등엔트로피 과정에서

$s = 6.7428 = s' + x(s'' - s')$

$= 0.9439 + x(7.7686 - 0.9439)$

$x = 0.85$

 ③

10

4kg의 공기가 들어 있는 체적 0.4m³의 용기(A)와 체적이 0.2m³인 진공의 용기(B)를 밸브로 연결하였다. 두 용기의 온도가 같을 때 밸브를 열어 용기 A와 B의 압력이 평형에 도달했을 경우 이 계의 엔트로피 증가량은 약 몇 J/K인가? (단, 공기의 기체상수는 0.287kJ/(kg·K)이다.)

① 712.8　② 595.7
③ 465.5　④ 348.2

10

$v_1 = 0.4,\ \ v_2 = 0.4 + 0.2 = 0.6$

$T = c,\ ds = \dfrac{\delta q}{T} = \dfrac{pdv}{T} = \dfrac{MRdv}{v}$

$\therefore\ \Delta s = MR\ln\dfrac{v_2}{v1} = 4 \times 287 \times \ln\dfrac{0.6}{0.4} = 465.5$

 ③

11

압력 5kPa, 체적이 0.3m³인 기체가 일정한 압력하에서 압축되어 0.2m³로 되었을 때 이 기체가 한 일은? (단, +는 외부로 기체가 일을 한 경우이고, −는 기체가 외부로부터 일을 받은 경우이다.)

① −1000J　② 1000J
③ −500J　④ 500J

11

$W_{12} = p(v_2 - v_1) = 5000 \times (0.2 - 0.3) = -500$

 ③

12

14.33W의 전등을 매일 7시간 사용하는 집이 있다. 1개월(30일) 동안 약 몇 kJ의 에너지를 사용하는가?

① 10830 ② 15020
③ 17420 ④ 22840

13

오토 사이클로 작동되는 기관에서 실린더의 간극 체적이 행정 체적의 15%라고 하면 이론 열효율은 약 얼마인가? (단, 비열비 $k=1.4$이다.)

① 45.2% ② 50.6%
③ 55.7% ④ 61.4%

14

분자량이 M이고 질량이 $2V$인 이상기체 A가 압력 p, 온도 T(절대온도)일 때 부피가 V이다. 동일한 질량의 다른 이상기체 B가 압력 $2p$, 온도 $2T$(절대온도)일 때 부피가 $2V$이면 이 기체의 분자량은 얼마인가?

① $0.5M$ ② M
③ $2M$ ④ $4M$

15

다음 압력값 중에서 표준대기압(1atm)과 차이가 가장 큰 압력은?

① 1MPa ② 100kPa
③ 1bar ④ 100hPa

16

물 1kg이 포화온도 120℃에서 증발할 때, 증발잠열은 2203kJ이다. 증발하는 동안 물의 엔트로피 증가량은 약 몇 kJ/K인가?

① 4.3 ② 5.6
③ 6.5 ④ 7.4

해설 및 정답

12

$W = 14.33 \times 30 \times 7 \times 3600 \div 1000 = 10830$

 ①

13

$\epsilon = 1 + \frac{1}{0.15} = 7.667$

$\eta = 1 - \frac{1}{7.667^{0.4}} = 0.557$

 ③

14

$p_a \times v = 2v \times \frac{8314}{M} \times T$

$2p \times 2v = 2v \times \frac{8314}{M_b} \times 2T$

$\therefore \frac{1}{4} = \frac{M_b}{M} \times \frac{1}{2}$

$\therefore M_b = 0.5M$

 ①

15

1MPa=10^6Pa, 100kPa=10^5Pa=1bar=100hPa

 ①

16

온도 일정

$\Delta s = \frac{Q_{12}}{T} = \frac{1 \times 2203}{273 + 120} = 5.6$

 ②

해설 및 정답

17

단열된 가스터빈의 입구측에서 가스가 압력 2MPa, 온도 1200K로 유입되어 출구측에서 압력 100kPa, 온도 600K로 유출된다. 5MW의 출력을 얻기 위한 가스의 질량유량은 약 몇 kg/s인가? (단, 터빈의 효율은 100%이고, 가스의 정압비열은 1.12kJ/(kg·K)이다.)

① 6.44　　② 7.44
③ 8.44　　④ 9.44

17

$\eta = 100\% = 1 = \dfrac{5\times10^6}{Mc_p(t_2-t_3)}$

$= \dfrac{5}{M\times1120(1200-600)}$

$\therefore\ M = 7.44$

 ②

18

10℃에서 160℃까지 공기의 평균 정적비열은 0.7315kJ/(kg·K)이다. 이 온도 변화에서 공기 1kg의 내부에너지 변화는 약 몇 kJ인가?

① 101.1kJ　　② 109.7kJ
③ 120.6kJ　　④ 131.7kJ

18

내부에너지$= \Delta U = m\,C_v dt$

$= 1\times0.7315\times150$

$= 109.725$

$\therefore\ 109.7\,\mathrm{kJ}$

답 ②

19

이상적인 증기-압축 냉동사이클에서 엔트로피가 감소하는 과정은?

① 증발과정　　② 압축과정
③ 팽창과정　　④ 응축과정

19

 ④

20

피스톤-실린더 시스템에 100kPa의 압력을 갖는 1kg의 공기가 들어있다. 초기 체적은 $0.5\mathrm{m}^3$이고, 이 시스템에 온도가 일정한 상태에서 열을 가하여 부피가 $1.0\mathrm{m}^3$이 되었다. 이 과정 중 전달된 에너지는 약 몇 kJ인가?

① 30.7　　② 34.7
③ 44.8　　④ 50.0

20

$PV = C$

${}_1W_2 = \int p\,dv = \int \dfrac{c}{v}dv = P_1V_1\ln\dfrac{V_2}{V_1}$

$= 100\times0.5\times\ln\dfrac{1}{0.5} = 34.7$

 ②

기계열역학 제14회 기출문제

기계열역학

01

역 Carnot cycle로 300K와 240K 사이에서 작동하고 있는 냉동기가 있다. 이 냉동기의 성능계수는?

① 3 ② 4 ③ 5 ④ 6

01

$$\epsilon_R = \frac{T_2}{T_1 - T_2} = \frac{240}{300 - 240} = 4$$

답 ②

02

그림의 랭킨 사이클[온도(T)−엔트로피(s) 선도]에서 각각의 지점에서 엔탈피는 표와 같을 때 이 사이클의 효율은 약 몇 %인가?

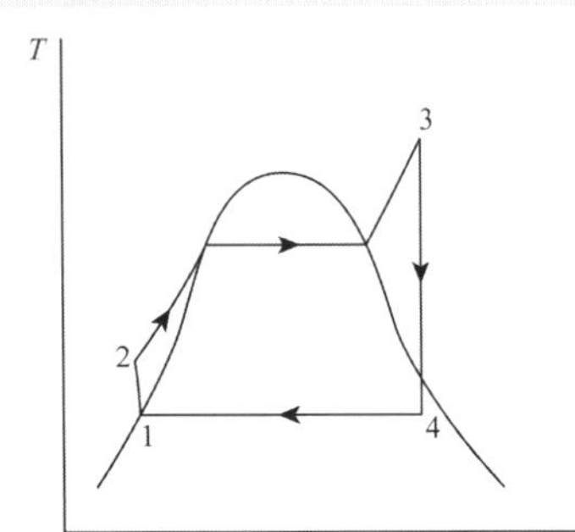

	엔탈피(kJ/kg)
1지점	185
2지점	210
3지점	3100
4시점	2100

① 33.7% ② 28.4% ③ 25.2% ④ 22.9%

02

$$\eta_R = 1 - \frac{q_2}{q_1} = 1 - \frac{h_3 - h_1}{h_4 - h_2}$$
$$= 1 - \frac{2100 - 185}{3100 - 210} = 0.337$$

답 ①

03

보일러 입구의 압력이 9800kN/m^{2}이고, 응축기의 압력이 4900N/m^{2}일 때 펌프가 수행한 일은 약 몇 kJ/kg인가? (단, 물의 비체적은 0.001m^3/kg이다.)

① 9.79 ② 15.17 ③ 87.25 ④ 180.52

03

펌프 일

$$W_p = v(p_2 - p_1) = 0.001(9800 - 4.9) = 9.79$$

답 ①

04

다음 중 정확하게 표기된 SI 기본단위(7가지)의 개수가 가장 많은 것은? (단, SI 유도단위 및 그 외 단위는 제외한다.)

① A, Cd, ℃, kg, m, Mol, N, s
② cd, J, K, kg, m, Mol, Pa, s
③ A, J, ℃, kg, km, mol, S, W
④ K, kg, km, mol, N, Pa, S, W

05

압력이 10^6N/m^2, 체적이 1m^{3}인 공기가 압력이 일정한 상태에서 400kJ의 일을 하였다. 변화후의 체적은 약 몇 m^{3}인가?

① 1.4　　② 1.0
③ 0.6　　④ 0.4

06

8℃의 이상기체를 가역단열 압축하여 그 체적을 1/5로 하였을 때 기체의 온도는 약 몇 ℃인가? (단, 이 기체의 비열비는 1.4이다.)

① −125℃　　② 294℃
③ 222℃　　④ 262℃

07

그림과 같이 상태 1, 2 사이에서 계가 1 → A → 2 → B → 1과 같은 사이클을 이루고 있을 때, 열역학 제1법칙에 가장 적합한 표현은? (단, 여기서 Q는 열량, W는 계가 하는 일, U는 내부에너지를 나타낸다.)

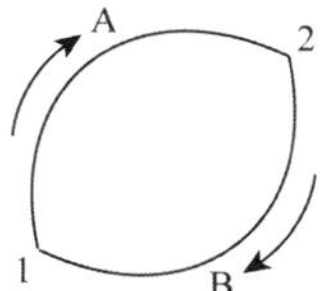

① $dU = \delta Q + \delta W$　　② $\Delta U = Q - W$
③ $\oint \delta Q = \oint \delta W$　　④ $\oint \delta Q = \oint \delta U$

해설 및 정답

04

SI 단위가 아닌 것 : 섭씨온도
유도단위 : km, watt

 ②

05

$P = C,\ W_{12} = P(V_2 - V_1)$
$400 \times 10^3 = 10^6(V_2 - 1)$
$\therefore\ V_2 = 1.4\,\text{m}^3$

 ①

06

$T_2 = (273 + 8)\left(\frac{1}{5}\right)^{1.4-1}$
$= 147.6\,\text{K}$
$= -125℃$

답 ①

07

답 ③

08

열교환기를 흐름 배열(flow arrangement)에 따라 분류할 때 그림과 같은 형식은?

① 평행류
② 대향류
③ 병행류
④ 직교류

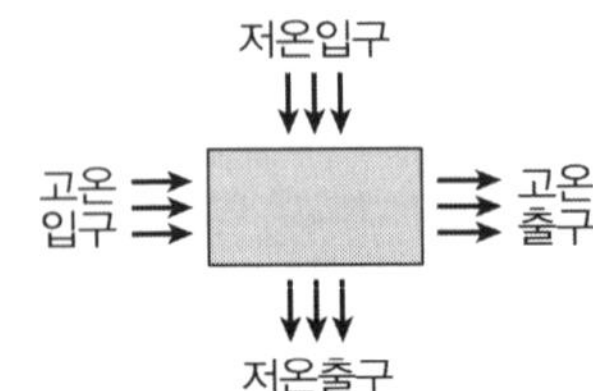

09

100kPa, 25℃ 상태의 공기가 있다. 이 공기의 엔탈피가 298.615kJ/kg 이라면 내부에너지는 약 몇 kJ/kg인가? (단, 공기는 분자량 28.97인 이상기체로 가정한다.)

① 213.05kJ/kg ② 241.07kJ/kg
③ 298.15kJ/kg ④ 383.72kJ/kg

10

다음 중 비가역 과정으로 볼 수 없는 것은?

① 마찰 현상
② 낮은 압력으로의 자유 팽창
③ 등온 열전달
④ 상이한 조성물질의 혼합

11

열역학 제2법칙과 관련된 설명으로 옳지 않은 것은?

① 열효율이 100%인 열기관은 없다.
② 저온 물체에서 고온 물체로 열은 자연적으로 전달되지 않는다.
③ 폐쇄계와 그 주변계가 열교환이 일어날 경우 폐쇄계와 주변계 각각의 엔트로피는 모두 상승한다.
④ 동일한 온도 범위에서 작동되는 가역 열기관은 비가역 열기관보다 열효율이 높다.

해설 및 정답 가나다라

08

답 ④

09

$v=\dfrac{RT}{P}=\dfrac{8.314\times 298}{100\times 28.97}=0.855$

$u=h-pv=298.615-100\times 0.855=213.1$

답 ①

10

답 ③

11

답 ③

12

온도 15℃, 압력 100kPa 상태의 체적이 일정한 용기 안에 어떤 이상 기체 5kg이 들어있다. 이 기체가 50℃가 될 때까지 가열되는 동안의 엔트로피 증가량은 약 몇 kJ/K인가? (단, 이 기체의 정압비열과 정적 비열은 각각 1.001kJ/(kg·K), 0.7071kJ/(kg·K)이다.)

① 0.411 ② 0.486 ③ 0.575 ④ 0.732

해설 및 정답

12

$V=C,\ dS=\frac{dU}{T}=MC_v\frac{dT}{T},$

$\therefore\ \Delta S=-MC_v\ \ln\frac{T_2}{T_1}=5\times0.717\ln\frac{323}{288}$

$=0.41$

 ①

13

저열원 20℃와 고열원 700℃ 사이에서 작동하는 카르노 열기관의 열효율은 약 몇 %인가?

① 30.1% ② 69.9% ③ 52.9% ④ 74.1%

13

$\eta=1-\frac{293}{773}=0.699$

답 ②

14

어느 증기터빈에 0.4kg/s로 증기가 공급되어 260kW의 출력을 낸다. 입구의 증기 엔탈피 및 속도는 각각 3000kJ/kg, 720m/s, 출구의 증기 엔탈피 및 속도는 각각 2500kJ/kg, 120m/s이면, 이 터빈의 열손실은 약 몇 kW가 되는가?

① 15.9 ② 40.8 ③ 20.0 ④ 104

14

$Q_{12}+Mh_1+\frac{MV_1^2}{2}=W_t+Mh_2+\frac{MV_2^2}{2}$

$Q_{12}=260+0.4(2500-3000)$

$+\frac{0.4(120^2-720^2)}{2\times10^3}$

$=40.8$

답 ②

15

압력이 일정할 때 공기 5kg을 0℃에서 100℃까지 가열하는데 필요한 열량은 약 몇 kJ인가? (단, 비열(C_p)은 온도 T(℃)에 관계한 함수로 C_p(kJ/(kg·℃))=1.01+0.000079× T이다.)

① 365 ② 436 ③ 480 ④ 507

15

$\delta Q=MC_pdt$

$\therefore\ Q_{12}=5\times\int 1.01+0.000079t\ dt$

$=5\times\left(1.01\times100+\frac{0.000079\times100^2}{2}\right)$

$=506.9$

답 ④

16

다음 온도에 관한 설명 중 틀린 것은?

① 온도는 뜨겁거나 차가운 정도를 나타낸다.
② 열역학 제0법칙은 온도 측정과 관계된 법칙이다.
③ 섭씨온도는 표준 기압하에서 물의 어는점과 끓는점을 각각 0과 100으로 부여한 온도 척도이다.
④ 화씨온도 F와 절대온도 K 사이에는 K=F+273.15의 관계가 성립한다.

16

답 ④

17

오토(Otto) 사이클에 관한 일반적인 설명 중 틀린 것은?

① 불꽃 점화 기관의 공기 표준 사이클이다.
② 연소과정을 정적 가열과정으로 간주한다.
③ 압축비가 클수록 효율이 높다.
④ 효율은 작업 기체의 종류와 무관하다.

17

 ④

18

출력 10000kW의 터빈 플랜트의 시간당 연료소비량이 5000kg/h이다. 이 플랜트의 열효율은 약 몇 %인가? (단, 연료의 발열량은 33440 kJ/kg이다.)

① 25.4%　② 21.5%　③ 10.9%　④ 40.8%

18

$$\eta = \frac{3600 \times 10000}{33440 \times 5000} = 0.215$$

답 ②

19

밀폐계에서 기체의 압력이 100kPa으로 일정하게 유지되면서 체적이 $1m^3$에서 $2m^3$으로 증가되었을 때 옳은 설명은?

① 밀폐계의 에너지 변화는 없다.
② 외부로 행한 일은 100kJ이다.
③ 기체가 이상기체라면 온도가 일정하다.
④ 기체가 받은 열은 100kJ이다.

19

외부에 행한 일

$W_{12} = P(V_2 - V_1) = 100 \times (2-1) = 100$

답 ②

20

10kg의 증기가 온도 50℃, 압력 38kPa, 체적 $7.5m^3$일 때 총 내부에너지는 6700kJ이다. 이와 같은 상태의 증기가 가지고 있는 엔탈피는 약 몇 kJ인가?

① 606　② 1794
③ 3305　④ 6985

20

엔탈피 $H = U + PV = 6700 + 38 \times 7.5 = 6985$

 ④

기계열역학 **제15회 기출문제**

해설 및 정답

기계열역학

01

다음 중 등 엔트로피(entropy) 과정에 해당하는 것은?

① 가역 단열 과정
② polytropic 과정
③ Joule-Thomson 교축 과정
④ 등온 팽창 과정

01

답 ①

02

227℃의 증기가 500kJ/kg의 열을 받으면서 가역 등온 팽창한다. 이때 증기의 엔트로피 변화는 약 몇 kJ/(kg·K)인가?

① 1.0　② 1.5　③ 2.5　④ 2.8

02

등온이므로 $ds = \dfrac{\delta Q}{T}$

$\therefore \ \Delta S = \dfrac{Q_{12}}{T} = \dfrac{500}{273+227} = 1$

답 ①

03

최고온도 1300K와 최저온도 300K 사이에서 작동하는 공기표준 Brayton 사이클의 열효율은 약 얼마인가? (단, 압력비는 9, 공기의 비열비는 1.4이다.)

① 30%　② 36%　③ 42%　④ 47%

03

Brayton 사이클

$\eta = 1 - \dfrac{1}{\gamma^{\frac{k-1}{k}}} = 1 - \dfrac{1}{9^{\frac{0.4}{1.4}}} = 0.467$

답 ④

04

포화증기를 단열상태에서 압축시킬 때 일어나는 일반적인 현상 중 옳은 것은?

① 과열증기가 된다.　② 온도가 떨어진다.
③ 포화수가 된다.　④ 습증기가 된다.

04

답 ①

05

물의 증발열은 101.325kPa에서 2257kJ/kg이고, 이 때 비체적은 0.00104m³/kg에서 1.67m³/kg으로 변화한다. 이 증발 과정에 있어서 내부에너지의 변화량(kJ/kg)은?

① 237.5 ② 2375 ③ 208.8 ④ 2088

06

가스 터빈 엔진의 열효율에 대한 다음 설명 중 잘못된 것은?

① 압축기 전후의 압력비가 증가할수록 열효율이 증가한다.
② 터빈 입구의 온도가 높을수록 열효율은 증가하나 고온에 견딜 수 있는 터빈 블레이드 개발이 요구된다.
③ 터빈 일에 대한 압축기 일의 비를 back work ratio라고 하며, 이 비가 클수록 열효율이 높아진다.
④ 가스 터빈 엔진은 증기 터빈 원동소와 결합된 복합시스템을 구성하여 열효율을 높일 수 있다.

07

1MPa의 일정한 압력(이 때의 포화온도는 180℃) 하에서 물이 포화액에서 포화증기로 상변화를 하는 경우 포화액의 비체적과 엔탈피는 각각 0.00113m³/kg, 763kJ/kg이고, 포화증기의 비체적과 엔탈피는 각각 0.1944m³/kg, 2778kJ/kg이다. 이 때 증발에 따른 내부에너지 변화(u_{fg})와 엔트로피 변화(s_{fg})는 약 얼마인가?

① u_{fg} =1822kJ/kg, s_{fg} =3.704kJ/(kg·K)
② u_{fg} =2002kJ/kg, s_{fg} =3.704kJ/(kg·K)
③ u_{fg} =1822kJ/kg, s_{fg} =4.447kJ/(kg·K)
④ u_{fg} =2002kJ/kg, s_{fg} =4.447kJ/(kg·K)

08

온도 5℃와 35℃ 사이에서 역카르노 사이클로 운전하는 냉동기의 최대 성적 계수는 약 얼마인가?

① 12.3 ② 5.3 ③ 7.3 ④ 9.3

해설 및 정답

05

증발열 = 내부증발열 + 외부증발열

$\gamma = \Delta u + p$

$\therefore\ 2257 = \Delta u + 101.325 \times (1.67 - 0.001)$
$= 2088$

답 ④

06

답 ③

07

$\Delta u = \gamma - p(v'' - v')$

$\therefore\ \Delta u = (2778 - 763) - 10^3 \times (0.1944 - 0.00113)$
$= 1821.73$

$\Delta s = \dfrac{\gamma}{T} = \dfrac{2778 - 763}{273 + 180} = 4.447$

답 ③

08

$\epsilon_R = \dfrac{T_2}{T_1 - T_2}$

답 ④

09

압력 $1N/cm^2$, 체적 $0.5m^3$인 기체 1kg을 가역과정으로 압축하여 압력이 $2N/cm^2$, 체적이 $0.3m^3$로 변화되었다. 이 과정이 압력-체적($P-V$)선도에서 선형적으로 변화되었다면 이 때 외부로부터 받은 일은 약 몇 N·m인가?

① 2000　② 3000　③ 4000　④ 5000

10

밀폐된 실린더 내의 기체를 피스톤으로 압축하는 동안 300kJ의 열이 방출되었다. 압축열의 양이 400kJ이라면 내부에너지 변화량은 약 몇 kJ인가?

① 100　② 300　③ 400　④ 700

11

두께가 4cm인 무한히 넓은 금속 평판에서 가열면의 온도를 200℃, 냉각면의 온도를 50℃로 유지하였을 때 금속판을 통한 정상상태의 열유속이 $300kW/m^2$이면 금속판의 열전도율(thermal conductivity)은 약 몇 W/(m·K)인가? (단, 금속판에서의 열전달은 Fourier 법칙을 따른다고 가정한다.)

① 20　② 40　③ 60　④ 80

12

고열원과 저열원 사이에서 작동하는 카르노사이클 열기관이 있다. 이 열기관에서 60kJ의 일을 얻기 위하여 100kJ의 열을 공급하고 있다. 저열원의 온도가 15℃라고 하면 고열원의 온도는?

① 128℃　② 288℃　③ 447℃　④ 720℃

13

20℃, 400kPa의 공기가 들어 있는 $1m^3$의 용기와 30℃, 150kPa의 공기 5kg이 들어 있는 용기가 밸브로 연결되어 있다. 밸브가 열려서 전체 공기가 섞인 후 25℃의 주위와 열적평형을 이룰 때 공기의 압력은 약 몇 kPa인가? (단, 공기의 기체상수는 0.287kJ/(kg·K)이다.)

① 110　② 214　③ 319　④ 417

해설 및 정답

09

압축시는 압축 일이어야 하나 절대 일을 구하라는 의미이므로 V쪽 면적을 구한다.

$$W_{12} = \frac{(2-1)\times 0.2}{2} + 0.2\times 1 = 3000$$

답 ②

10

$Q_{12} = \Delta U + W_{12}$에서 $-300 = \Delta U - 400$

답 ①

11

$$Q = -K\frac{\Delta T}{t} = 300\times 10^3 = K\frac{(200-50)}{0.04}$$

$K = 80$

 ④

12

$$\eta = \frac{W}{Q_1} = 1 - \frac{T_2}{T_1}$$

$$\therefore \frac{60}{100} = 1 - \frac{288}{T_1}$$

답 ③

13

$$M_1 = \frac{P_1V_1}{RT} = \frac{400\times 1}{0.287\times 293} = 4.72,$$

$$V_2 = \frac{5\times 0.287\times 303}{150} = 2.89$$

$V = V_1 + V_2 = 1 + 2.89 = 3.89,$

$M = M_1 + M_2 = 4.72 + 5 = 9.72$

$$\therefore P = \frac{93.72\times 0.287\times 298}{3.89} = 213.7 = 214$$

 ②

14

다음 장치들에 대한 열역학적 관점의 설명으로 옳은 것은?

① 노즐은 유체를 서서히 낮은 압력으로 팽창하여 속도를 감속시키는 기구이다.
② 디퓨저는 저속의 유체를 가속하는 기구이며 그 결과 유체의 압력이 증가한다.
③ 터빈은 작동유체의 압력을 이용하여 열을 생성하는 회전식 기계이다.
④ 압축기의 목적은 외부에서 유입된 동력을 이용하여 유체의 압력을 높이는 것이다.

14

답 ④

15

상온(25℃)의 실내에 있는 수은 기압계에서 수은주의 높이가 730mm 라면, 이 때 기압은 약 몇 kPa인가? (단, 25℃ 기준, 수은 밀도는 13534kg/m³이다.)

① 91.4 ② 96.9 ③ 99.8 ④ 104.2

15

$P = \rho g h$

답 ②

16

자동차 엔진을 수리한 후 실린더 블록과 헤드 사이에 수리 전과 비교하여 더 두꺼운 개스킷을 넣었다면 압축비와 열효율은 어떻게 되겠는가?

① 압축비는 감소하고, 열효율도 감소한다.
② 압축비는 감소하고, 열효율은 증가한다.
③ 압축비는 증가하고, 열효율은 감소한다.
④ 압축비는 감소하고, 열효율도 증가한다.

16

답 ①

17

100℃와 50℃ 사이에서 작동되는 가역열기관의 최대 열효율은 약 얼마인가?

① 55.0% ② 16.7% ③ 13.4% ④ 8.3%

17

$\eta = 1 - \dfrac{323}{373} = 0.134$

답 ③

18

냉매의 요구조건으로 옳은 것은?

① 비체적이 커야 한다.
② 증발압력이 대기압보다 낮아야 한다.
③ 응고점이 높아야 한다.
④ 증발열이 커야 한다.

19

섭씨온도 -40℃를 화씨온도(°F)로 환산하면 약 얼마인가?

① -16°F　② -24°F
③ -32°F　④ -40°F

20

어떤 냉매를 사용하는 냉동기의 압력－엔탈피 선도($P-h$ 선도)가 다음과 같다. 여기서 각각의 엔탈피는 $h_1 = 1638$kJ/kg, $h_2 = 1983$kJ/kg, $h_3 = h_4 = 559$kJ/kg일 때 성적계수는 약 얼마인가? (단, h_1, h_2, h_3, h_4는 $P-h$ 선도에서 각각 1, 2, 3, 4에서의 엔탈피를 나타낸다.)

① 1.5
② 3.1
③ 5.2
④ 7.9

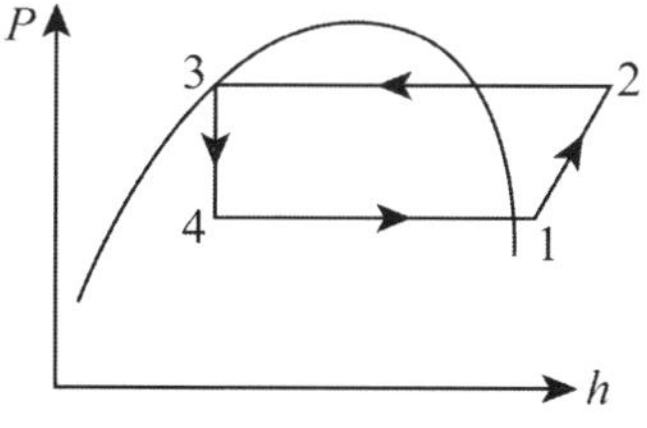

해설 및 정답

18

답 ④

19

$$t\,°F = \frac{9}{5}t° + 32 = \frac{9}{5} \times (-40) + 32 = -40$$

답 ④

20

$$\epsilon_r = \frac{Q_2}{W} = \frac{h_1 - h_4}{h_2 - h_1} = \frac{1638 - 559}{1983 - 1638} = 3.13$$

답 ②

기계시리즈 2

열 역 학

갑 20,000원

저 자	김	정	배
발행인	문	형	진

2014년 1월 10일 제1판 제1쇄 발행
2016년 4월 12일 제1판 제2쇄 발행
2017년 4월 5일 제2판 제1쇄 발행
2018년 4월 11일 제3판 제1쇄 발행

발행처 세 진 사

㈮02859 서울특별시 성북구 보문로 38 세진빌딩
TEL : 02)922-6371~3, 923-3422 / FAX : 02)927-2462
Homepage : www.sejinbook.com
〈등록. 1976. 9. 21 / 서울 제307-2009-22호〉

※ 파본도서는 구입하신 서점에서 교환해 드립니다.
※ 이 도서의 무단복제 및 전재를 법으로 금합니다.